本书为国家社科基金重点项目
《我国区域自然资源生态补偿的机制、模式与政策保障体系研究》
（15AJY004）的阶段性成果

中国公益林生态补偿机制研究

ZHONGGUO GONGYILIN SHENGTAI BUCHANG JIZHI YANJIU

李国志 著

人民出版社

前　言

　　森林作为陆地生态系统的主体，是人类以及其他各种生物赖以生存和发展的基础。过去由于人类对自然资源掠夺性开发和以牺牲环境为代价发展经济，造成森林资源的锐减和环境退化，也导致近年来我国频繁出现了重大环境问题，基于对森林日益深刻的认识，人类对森林的利用也由单纯地对自然索取向人与自然协调、由单目标利用向多目标利用、由专项经营向系统经营、由工业利用向发挥森林多种效益方面转变，森林分类经营思想越来越明确。林业分类经营理念中，最核心的内容为将公益林从森林资源中单独划分出来，并对其采用特定的发展和利用方式。

　　公益林是以发挥生态效益为首要任务的森林，其发挥的调节气候、涵养水源、保持水土、保护生物多样性等巨大生态功能是其他资源无法替代的。公益林提供的生态效益使全社会受益，而成本却由广大林区贫困农民负担，这直接导致了林农参与公益林建设的积极性不足，出现"市场失灵"现象。纠正"市场失灵"的办法只有对公益林的生态效益进行补偿，使公益林的生产投入得到合理回报，从而激励公益林的营造。基于上述背景，本书对中国公益林生态补偿机制问题进行研究。

　　本书研究内容主要包括：1. 公益林生态补偿相关理论基础。包括生态系统服务理论、外部性理论、公共物品理论、可持续发展理论和博弈论等。2. 中国公益林建设及生态补偿政策演进。包括中国林业发展历程及现状、森林生态效益补偿政策演变过程和公益林区划界定等方面。3. 公益林生态补偿机制的理论框架。包括生态补偿机制建立的原则、构成要素、配套机制和基本运行框架等方面。4. 公益林生态补偿主客体界定及博弈关系。包括生态补偿主客体界定方法、补偿主客体的演化博弈、中央政府与地方政府的演化博弈等方面。5. 公益林生态补偿标准研究。包括补偿标准确定的依据、以浙江省为例进行公益林生态补偿标准的实证研究等方面。6. 公益林生态补偿资金分摊机制。包括利用层次分析法计算公益林各种具体效益占总效益的比重、利用结构熵权法分析补偿主体在公益林单项效益补偿中所承担的比重等方面。7. 公益林生态补偿支付意愿及受偿意愿。包括城镇居民对公益林生态补偿的支付意愿、农户对公益林生态补偿的受偿意愿，以及支付意愿和受偿意愿的比较等。8. 公益林生态补偿契约设计与激励约束机制。主要以退耕还林为例，分析生态补偿契约设计的效率问题，并构建退耕还林生态补偿激励约束机制。9. 公益林生态补偿的国际经验及借鉴。包括欧盟的森林生态补偿制度、日本的公益林补偿政策工具、美国的森林生态效益补偿制度、哥斯达黎加森林生态补偿制度及对我国的启示等。

本书研究结论主要包括：

1. 中国森林生态效益补偿政策演进过程可以分为四个阶段：第一阶段为早期实践与思想萌芽阶段，时间跨度为 20 世纪 70 年代末至 80 年代末；第二阶段为摸索前进与政策准备阶段，时间跨度为 20 世纪 80 年代末至 90 年代末；第三阶段为试点阶段，时间跨度为 1998 年至 2004 年；第四阶段为实施阶段，时间跨度为 2004 年后。

2. 公益林生态补偿机制运行框架应包括补偿原则、补偿要素构成（补偿主客体、补偿标准、补偿模式、补偿方式等）、配套机制（资金分摊机制、激励约束机制、保障机制、绩效评价机制）等主要组成部分。

3. 公益林生态补偿主体包括各级政府及部门、公益林资源使用者（或受益者），补偿客体包括公益林所在地原土地使用权拥有者、公益林建设和维护者。如果缺乏上级政府（部门）行政约束，仅仅依靠生态补偿主客体双方进行决策，很容易陷入"囚徒困境"，无法形成有效的合作。

4. 应逐步提高公益林生态补偿标准，可分阶段实施：第一阶段，全额补偿公益林生产运营成本（主要包括造林成本和管护成本）；第二阶段，维持公益林简单再生产的最低补偿标准（包括基本运营成本和机会成本）；第三阶段，推动公益林扩大再生产的适宜补偿标准（按一定系数进行折算，并逐步提高）；第四阶段，公益林生态效益补偿标准（最高补偿标准）。

5. 各补偿主体在公益林生态补偿资金中分摊权重为：中央政府 18.37%、省级政府 18.44%、公益林所在区域政府 17.67%、公益林管理部门 8.88%、重要流域下游省级政府 6.45%、森林旅游景区 11.36%、水资源利用企业

5.39%、科教文卫相关企事业单位6.08%、其他资源利用者7.36%。

6. 居民受偿意愿要明显高于支付意愿，约为支付意愿的1.7倍，72.32%的受访者愿意为公益林建设进行付费，实施公益林生态补偿居民付费制度具有较强的现实基础。

7. 在对称信息情况下，农户所获得的生态补偿刚好能够抵消其付出正努力水平带来的负效用；在信息不对称情况下，如果实现高造林产量时，农户获得了比对称信息情况下更高的生态补偿，如果实现低造林产量时，农户获得了比对称信息情况下更低的生态补偿。不对称信息情况下，基层地方政府激励农户付出正努力水平的成本要高于对称信息下的成本。

目　录

第一章　绪　论

一、研究背景及意义

（一）研究背景

森林作为陆地生态系统的主体，以其复杂的系统结构、丰富的物质生产功能、强大的生态环境服务功能而成为人类以及其他各种生物赖以生存发展的基础。人类的进化经历了一条"完全依赖森林——逐步走出森林——迫切回归森林"的道路。人类是从森林里走出来的，是由类人猿中的森林古猿演变而来。森林是孕育人类文明的摇篮，人类的智慧是在树木绿荫的庇护下成熟的。树木给了人类智慧最初的灵感，没有树木，没有森林，智慧的闸门就会永远关闭，文明的源泉也会枯竭。"树木撑起了天空，如果森林消失，世界之顶的天空就会塌落，自然和人类就会一起灭亡。"森林的兴衰与人类文明的进程息息相关。森林资源从实物形态上看是一种包括森林、林木、林地以及依托森林、林木、林地生存的野生动物、植物和微生物的资源；从价值形态上看具有其特殊性，是可以再生增殖，具有多种功能的生态群落整体价值的资源性资产。森林资源的价值体现除了木材和林副产品产生的经济效益以外，还具有生态效益和社会效益。过去由于人类对自然资源掠夺性开发和以牺牲环境为代价发展经济，森林资源锐减和环境退化。森林植被遭到大量砍伐与破坏，导致近年来我国频繁出现了重大环境问题，如沙尘暴、气候异常、洪涝旱灾、江河断流、水土流失、荒漠化等，人们由此才开始重新审视森林资源具有的庞大生态价值。

基于对森林日益深刻的认识，人类对森林的利用也由单纯地对自然索取向人与自然协调、由单目标利用向多目标利用、由专项经营向系统经营、由工业利用向发挥森林多种效益方面转变，森林分类经营思想越来越明确。从20世纪80年代起，新西兰进行了一场引人瞩目的"新西兰试验"，也就是将国有林中具有商业属性的、迅速崛起的，并实行集约经营，担负起天然林原来所承担的木材生产任务的工业人工用材林划分为商业性林，把天然林划为非商业性林，并对其加强管理，充分发挥其生态效益和社会效益。法国、日本、加拿大等国家也开始实践森林分类经营或多目标经营模式。我国从20世纪80年代以前的开发利用森林资源为主，现已经过渡到目前的注重生态环境和森林资源保护时期。我国森林法将森林划分为重点防护林、特种用途林、用材林、经济林和薪炭林五大林种，并规定各省（区、市）行政区域内的重点防护林和特种用途林的面积，不得少于本行政区域内森林总面积的30%。[①]

林业分类经营理念中，最核心的内容即为将公益林从森林资源中单独划分出来，并对其采用特定的发展和利用方式。发展到今天，公益林已经成为森林的重要组成部分。2001年，原国家林业局植树造林司对公益林的定义做了权威性的解释：公益林就是为维护和改善生态环境，保持生态平衡，保护生物多样性等满足人类社会的生态、社会需求和可持续发展为主体功能，主要提供公益性、社会性产品或服务的森林、林木、林地（国家林业局植树造林司，2001）。可见，公益林的划分和单独经营的主要目的是为了发挥其森林生态效益和社会效益。公益林的生态效益是无形的，难以贮存和移动，具有显著的外部经济性。这种外部经济性在现有市场下无法通过正常的交易实现，导致公益林所有者的私人受益小于社会受益。公益林提供的生态效益使全社会受益，而成本却由广大林区贫困农民负担，这违背了公益林全社会受益和全社会负担的原则，制约了贫困地区的经济发展，也直接导致了林农参与公益林建设的积极性不足，即出现"市场失灵"现象。纠正"市场失灵"的办法只有对公益林的生态效益进行补偿，使公益林的生产投入得到合理回报，从而激励公益林的营造。

目前国际上对森林生态效益的补偿主要通过两条途径来实现：其一，公共财政补偿途径，即政府承担起森林生态效益补偿的责任，由政府通过财政对森林的经营者进行补偿；其二，市场化补偿途径，即政府通过制定政策，引导森林生态服务市场逐步建立，以促进森林生态服务的市场化交易。随着

---

① 参见《中华人民共和国森林法实施条例》（2017年版）。

中国综合国力的增强和人们生活水平的提高，国家已经有相当的财力用于公益林建设，人们有支付能力的生态需求也在迅速扩大。再加上占国土面积6%的宜林荒山荒地、大量的农村剩余劳动力、相对发达的林业技术，中国应该具备建立解决公益林生态补偿问题的基本条件。但是目前中国的公益林生态补偿仍存在很多问题，包括补偿范围窄、补偿标准低等，以至于生态环境"局部改善、整体恶化"的局面迟迟得不到彻底改观，原因何在？除了公益林生态补偿涉及政府、企业、林农等诸多主体，不同主体之间利益关系错综复杂外，缺乏一套科学有效的符合市场经济运行规律的公益林生态补偿机制是重要原因之一。中国政府在2001年底正式启动了公益林生态补偿试点工作，但公益林生态补偿机制的建立是一个渐进过程。有关公益林生态补偿机制研究，依然是林业可持续发展进程中急待解决的重要课题。毫无疑问，符合社会主义市场经济体制要求的公益林生态补偿机制的构建，必将有利于加快公益林的建设步伐。

（二）研究意义

公益林是人类生态系统中非常重要的自然资源、生态资源和经济资源，完善公益林生态补偿制度，是实施可持续发展战略的基本需求。给予公益林建设者与维护者一定的经济补偿，增加其对公益林建设与维护的积极性和主动性，能够促进经济发展和生态保护的"双赢"。因此，本书对公益林生态补偿机制进行研究，具备较强的理论和实践意义。

1. 理论意义

公益林生态补偿是目前学术界研究的一大热点，我国很多学者围绕公益林生态补偿机制的建立进行了大量的研究，但对公益林生态补偿的理论基础、补偿模式、补偿主体等缺乏系统而深入的研究，而这些恰恰是建立公益林生态补偿机制的关键。本书力图在前人研究的基础上，系统地阐述公益林生态补偿的理论基础，揭示中国公益林生态补偿存在的问题，构建中国公益林生态效益公共财政补偿机制，并对公益林生态效益市场化补偿途径以及补偿资金分摊机制等进行探索性研究，以期进一步完善公益林生态补偿理论，并为公益林生态补偿机制构建提供一定的指导意义。

2. 实践意义

第一，有助于坚定社会公众参与保护公益林的意识。过去我们对森林生态功能认识不到位，过多地强调木材生产，强调森林的经济价值，导致森林的过度砍伐，森林面积锐减。现在，我们对森林的认识已经上升到经济和生态效益兼顾的层面，已经认识到有必要进行森林生态补偿。但目前社会公众对公益林作用的认知尚存在严重不足，大多集中在提供绿色覆盖、美化生活环境、改善空气质量、丰富休闲观光等。然而，绝大多数社会公众对公益林生态效益的大小没有概念，因而对公益林重要性认识不深刻，公益林的自觉保护意识更是远远还没有形成。本书通过分析公益林的生态服务功能以及效益，可使社会公众感知公益林生态作用的存在状态，进而坚定社会公众对公益林重要性的认识，最终形成自觉保护公益林的意识。这对于夯实公益林事业存在与持续发展的全民支持基础十分重要。

第二，有助于提高社会资金投入公益林补偿的积极性。众所周知，在市场经济条件下，任何经济事项决策都要分析实施该经济事项所需要的成本开支和完成经济事项的效益收获。公益林建设作为一项公共事业，需要巨大的资金支持，如果全部依靠政府财政投入，势必存在资金缺口，导致补偿标准偏低而影响公益林的持续发展。如果政府和社会资金拥有者对公益林生态和社会效益了解不清，对公益林事业的注资自然犹豫。本书客观评价公益林的生态和社会效益，以展示公益林与国计民生的密切关系，彰显公益林对国家和民族的重要性，进而增强各级政府、相关团体与民间资金所有者对公益林建设重要性和必要性的认识，以调动他们向公益林事业投入的积极性。这样，有助于增加和拓展公益林建设、经营与维护的补偿资金。

第三，有助于合理确定公益林生态补偿方式及补偿标准。中国对公益林实行公共财政补偿的做法已实施多年，并收到了一定的补偿效果。然而，由于补偿渠道不多、补偿方式简单、补偿标准不高，致使通过补偿调动公益林经营管理者的积极性十分有限。尤其是在经济不发达的山区，"靠山吃山"是当地群众生活方式的必然选择，而这些地区公益林建设任务又大，群众生存困难与公益林建设之间矛盾十分突出，甚至激化成群体事件。可以说，合理确定公益林生态补偿方式及其补偿标准，已成为保障公益林管护和推动公益林建设与发展的瓶颈。开展公益林生态服务功能效益分析与补偿机制研究，不仅为公益林资源定价和公益林生态效益大小判定提供依据，而且为公益林生态补偿主体确定、补偿方式配置、补偿标准核定和补偿工作程序等方面的决策提供理论与实践指导。这对于公益林生态补偿工作有序展开，并通过生态补偿推动公益林健康持续发展十分重要。

二、公益林生态补偿研究现状

理论界对公益林生态补偿的研究最初起源于对森林生态效益补偿的研究[①]，而对森林生态效益补偿的研究则是基于对森林不同效益的研究和认知，其理论渊源可以追溯到经济学家庇古对经济活动中外部性和市场失灵问题的研究。针对外部性问题，庇古提出了补偿或者征收税金等手段。随着外部性理论研究的深入，迄今为止，有关利用外部性的理论解决环境等问题仍是经济学家、生态学家、环境学家的难题。

1953 年，德国林业学者第坦利希展开了对森林生态效益领域的研究，并提出了"林业政策效益理论"，主张以国家为主体加大对林业的投入，有助于集中发挥森林的多种效益相互协调发展；还有一些人提出林业和谐化理论，促进了森林永续利用及可持续发展理论形成，如美国学者富兰克林于 1985 年提出"新林业理论"（刘永春，2002）；美国学者克劳森（1970）提出林业经营应该按照功能区分不同利用方向，即森林多效益性；美国学者肯尼斯·鲍尔丁（1968）在他的著作"生态经济学"中提出利用市场机制来调节资源分配等，发展了森林多效益综合经营。到 20 世纪末，关于森林生态效益补偿问题的研究逐渐发展和成熟。特别是以 Daily 主编的《自然服务功能：人类社会对自然生态系统的依赖性》一书为标志，一个研究生态功能与效益的热潮在西方兴起，分析与评价森林生态系统服务功能的价值成为生态学、林学与生态经济学等学科的前沿课题。

（一）公益林生态补偿内涵

在国外，通常将生态价值称为生态服务功能价值，而生态补偿则被称为对生态环境为人类提供服务的费用支付，即生态服务付费（Payments for Ecological Services，PES），旨在通过对一些提供生态服务功能价值的土地拥有者或使用者支付费用，来激励人们更好地保护环境，并通过这种方式为贫困土地所有者提供一定额度的收入来源，进而改善他们的生活，并更加激励他

---

① 国外通常将森林划分为商业人工林、多用途人工林和天然林，而公益林的概念是伴随着 20 世纪 70 年代林业分工理论的兴起而产生的，在国外并没有将公益林作为独立的分类进行研究。因此，国外学者的观点并不是单纯针对公益林的，但与公益林密切相关。

们更好地保护环境。

虽然国外自 20 世纪 50 年代就开始进行生态补偿的研究和实践，但由于侧重点不同及生态补偿本身的复杂性，生态补偿的理论并不成体系，对生态补偿的概念界定至今并未形成统一的定义。总体而言，生态补偿含义概括起来大体有三类。

第一，生态补偿单纯指自然生态补偿。这是一种自然主义的定义，是从自然生态系统本身所具有的适应性和修复性等角度进行的解释。代表性观点是"自然生态系统对于社会、经济活动造成的生态环境破坏所起的缓冲性补偿作用"（叶文虎等，1998）。显然，这是一种生态补偿的初级定义，随着认识的深入，已经逐渐被淘汰。

第二，生态补偿是指人类对生态系统的补偿。这是一种基于生态管理领域的定义，指的是人们通过直接的措施来保护或恢复生态环境和生态功能，从而保持在特定范围内的生态系统具备稳定性。典型观点包括：1992 年，联合国发布《里约环境与发展宣言》及《21 世纪议程》，对生态补偿的内涵做了一定表述，认为在生态补偿的过程中，应该更注重市场化的手段，而政府的财政手段只能发挥辅助性作用，这种补偿费用的支付应该和商品的生产和消费相类似，在生产者和消费者之间进行交易，交易所产生的经济价值既是对生产者或者说环境保护者的激励和督促，也能够增强消费者对生态系统的认识。Cuperus 等（1996）将生态补偿定义为"对在发展中造成生态功能和质量损害的一种补助，这些补助的目的是为了提高受损地区的环境质量或者用于创建新的具有相似生态功能和环境质量的区域"。

第三，生态补偿是指保护生态环境的经济手段。这是基于人类社会对生态环境的需求角度的定义，指的是通过制定相应的经济政策实现生态环境保护行为的经济外部性的内在化，倡导的是通过制度创新来确保生态投资者获得合理回报。典型观点包括：Pagiola 等（2002）认为，生态补偿是一种高效率的市场化环境手段，通过生态补偿市场化机制的运作，可以更有效实现资源优化配置；Engel 等（2008）认为生态补偿是一种自愿交易，具有明确的生态系统服务或能保障这种服务的土地利用，至少有一个生态系统服务购买者和一个生态系统服务提供者，当且仅当服务提供者能够保障服务供给。

从对生态补偿研究的历史进程来看，这些概念并不是顺次产生的，而是在同一时期并存和交叉产生的，生态补偿的概念直到现在仍然是理论界研究内容之一，相信随着时间的推移还会有新的丰富和发展。近年来，国内部分学者对森林生态补偿概念进行了界定，简要归纳于表1.1。

表 1.1　森林生态补偿概念

概念表述	文献来源
调整利用与保护森林生态效益的主体间利益关系的一种综合手段，是保护森林生态效益的一种手段和激励方式	李文华等（2007）
既包括对森林生态效益提供者的正向激励，如补助费、直接投资等，也包括对生态效益受益者的负向激励，如森林生态效益使用者付费	吴红军等（2010）
森林生态效益的受益方补偿森林生态效益的提供者，以弥补其保护和改善森林生态效益的过程中所投入的成本和承担的损失	李琪等（2016）
根据生态系统的服务价值、保护成本等标准，综合运用相关手段来调节森林生态效益利用与保护主体之间利益关系的制度安排	刘晶（2017）
国家通过向森林生态效益受益人收取生态效益补偿费用等途径设立森林生态效益补偿基金，用于提供生态效益的防护林和特种用途林的森林资源、林木的营造、抚育、保护和管理的一种法律制度	张茂月（2014）
采取一定的措施将森林生态效益的外部性内部化，对提供森林生态效益的私人或组织所产生的成本或所遭受的损失进行补偿	梁丹（2008）
旨在提高森林可持续经营能力，兼顾相关主体利益，协调经济发展与森林保护矛盾，切实发挥森林各方面功能的制度设计	张媛（2015）

除了上述森林生态（效益）补偿的概念外，关于林业领域的补偿问题，学术界还有其他一些类似的提法，如森林生态产品价值补偿（吕洁华等，2015）、森林成本补偿（王娇等，2015）、公益林生态效益补偿（张爱美等，2014），等等。概括而言，价值补偿、效益补偿和成本补偿的提法主要是针对补偿的具体内容而言，而公益林补偿则是以森林分类经营为基础的，是由于公益林建设导致经营者利益受损而给予经营者一定的补偿，是森林生态补偿的具体对象。

（二）公益林生态补偿标准

补偿标准的核定是森林生态补偿的关键和难点所在（杨光梅等，2007）。补偿标准过高，将超出补偿主体承受范围，也易造成新的不公平；补偿标准过低，则难以调动补偿客体的积极性，补偿效果将打折扣（李芬等，2010）。补偿标准的估算方法是确定森林生态补偿标准的依据，国内外许多学者对此进行了研究，归纳起来主要有三类：成本标准、效益标准和价值标准。

其一，成本标准。这种观点认为，森林是典型的公共物品，其经营单位应该是公益性组织，经营者不应追求营利（高素萍，2006）。因此，森林生态补偿标准应为森林生产经营过程中的社会平均成本（包括直接投入成本和管护成本），不包括利润（陈钦和刘伟平，2000）。王娇等（2015）、施海智（2015）利用成本法分别对辽宁省、宁夏六盘山区森林生态补偿的具体标准进行了测算。成本标准可以理解为森林生态补偿的最低标准。

其二，效益标准。这种观点认为，生态补偿的原因是由于森林存在巨大的生态效益，因此森林生态补偿标准与森林生态系统服务的效益密切相关（Deng等，2011）。从森林生态效益构成及其价值核算方法来看，森林的正外部性价值应该得到全部补偿，此即理论上的最大补偿量（李文华，2007）。当然，在实际运行中，由于森林生态效益价值巨大，得出的最高补偿标准往往过高，因此有学者提出可以利用生态补偿系数进行折算（李华，2016）。田红灯等（2013）基于生态效益价值，认为贵阳市公益林生态补偿标准应为1160.85－1348.40元/（公顷·年）。李芬等（2010）根据森林生态系统服务的分类及生态补偿系数的结果，计算出分三个阶段执行的生态补偿标准：在第一阶段，补偿标准为947元/公顷·年；第二阶段补偿标准提高为1946元/公顷·年；第三阶段补偿标准为2966元/公顷·年。效益标准可以理解为森林生态补偿的最高标准。

其三，价值标准。这种观点基于马克思的劳动价值理论和再生产理论，认为森林生态补偿标准应是价值补偿，为了森林面积持续增大，必须保证经营者获得一定利润（万志芳和蒋敏元，2001）。因此森林生态补偿标准应包括原始投资成本和社会无风险报酬以及机会成本，其中机会成本体现为森林划为公益林后由于禁伐带来的经济损失（段显明等，2001）。如 Macmillan 等（1998）、Engel 等（2008）认为森林生态补偿标准应不低于生态服务提供者的机会成本；Wunscher 等（2008）提出应结合机会成本、交易成本和保护成本等来确定补偿标准；Kremen 等（2000）认为运用成本收益方法确定森林生态补偿标准比完全的生态效益补偿更具有可操作性；Sierra 等（2006）认为当非木材林产品收益不能完全补偿木材产品机会成本时，政府应制定政策弥补差额部分；陈钦等（2017）基于经济损失视角对不同林分、不同林种公益林生态标准进行测算；Horne（2006）运用实验方法对3000名非国有林所有者进行研究，发现为弥补木材收入损失和森林保护成本，平均补偿标准为224欧元/年。通常而言，价值标准介于成本标准和效益标准之间。

部分学者将经营成本标准、效益标准、价值标准及其他估算方法结合起来，对森林生态补偿标准进行综合分析，包括如价值标准和成本收益标准相结合（Mantymaa 等，2009）、机会成本法和意愿调查法相结合（杨浩等，2016）、生态服务功能价值法和机会成本法相结合（马宏薇和吴相利，2014）、森林碳密度法和 GDP 总量配比法相结合（李华和李顺龙，2015）、层次分析法和生态效益调整系数法相结合（李炜等，2012）、问卷调查法和条件价值评估法相结合（王雅敬等，2016）等。

（三）公益林生态补偿模式研究

关于公益林生态补偿模式，从国内外研究成果来看，无外乎三大类：政府补偿、非政府补偿和混合补偿。

1. 政府补偿

从政府补偿角度来看，主要方式包括国家财政预算、补偿基金、开征生态税、发行国债等。PES 项目实施的前提是明确产权（Vatn，2010），而森林生态效益的所有权和消费往往难以界定，环境产品的交易成本也相当高，有效补偿的主体只能是政府（Deng 等，2011）。在有些学者看来，由于产权确定和市场交易困难，PES 本质上是一种转移支付手段（Muradian 等，2010）。森林生态补偿需要大量资金，完全靠政府财政预算支出压力较大，必须要建立多元化的生态补偿融资渠道（何桂梅等，2011），如征收生态服务税和碳税（陈建铃等，2015）、征收森林资源使用补偿费（邹佰峰和刘经纬，2015）、发行生态彩票（李国志，2016）等，同时充分吸收来自非政府组织如环境资源保护协会等方面的资金以及社会自愿减排资金（简盖元等，2013）。李文华等（2007）提出了森林生态补偿资金来源的"三步走"战略，即近期阶段建立森林生态效益补偿基金，中长期阶段为补偿基金与生态税双轨并行阶段，长期阶段为生态税独立运行阶段。

2. 非政府补偿

非政府补偿主要包括自我补偿、受益者补偿以及市场交易补偿等模式。有学者提出，应该注重林下非木材产品的市场培育（徐莉萍等，2016），这样不仅能够提高林地利用率，还可以增加林农经济效益（冯骥等，2015）。同时，由于森林生态效益使全社会受益，根据"谁受益、谁付费"的补偿原则，森林建设和保护费用应该由受益者共同承担（白斯琴和陈钦，2015），要建立森林生态产品供求双方交易机制，拓宽补偿渠道（王秋菊和王立群，2012）。部分森林生态系统服务具有全球效应，其补偿需要全球合作，由国际受益方向受损方付费（李琪等，2016）。

从世界范围来看，森林生态效益市场化补偿是生态补偿机制发展的必然趋势。随着各国碳减排压力日益增大，森林碳汇发展十分迅速，是目前市场补偿的重要途径（Hannes，2008），但也有学者认为碳封存具有一定的不确定性（Marika 等，2015）。此外，森林生态旅游（刘灵芝和范俊楠，2014）、森林水文流域补偿（Trung 等，2013）也逐渐兴起，成为森林生态效益市场化补偿的有力补充。生态产品市场交易机制可有效解决财政机制下生态产品供需"不挂钩"的弊端，未来可进一步探索生物多样性银行（曾以禹等，2014）、生态产品标签和生态购买（李洁等，2017）、特许经营权（Katharine，2014）等其他市场化补偿机制。随着森林生态产品市场交易日益频繁，森林生态效益认证机构、市场化补偿风险管理机构等的建立也迫在眉睫（曹小玉和刘悦翠，2011）。

3. 混合补偿

政府补偿与市场化补偿结合的混合补偿模式也引起了很多学者的关注。有学者发现，PES 在政府治理无效的领域具有吸引力，但其本身可能弊大于利，不能以市场完全替代政府管理（Hecken 等，2012）。一般来说，使用者支付模式常被用于易于用户识别和接受的水服务等生态服务类型，政府支付项目则应关注那些对整个社会重要的环境服务类型（Pagiola 等，2007）。关于混合补偿模式，国内学者观点非常一致，认为现阶段要以政府补偿为主、市场补偿为辅，以此来减轻国家财政的压力（刘晶，2017；李洁等，2016；蔡艳芝和刘洁，2009）。即使在长期内，公共财政补偿也不能退出，对于市场机制难以有效处理的外部性明显的领域以及关系到社会公平的领域，比如最低补偿标准等，都是公共财政的作用范围（于同申和张建超，2015）。

在实际运行中，森林生态补偿方式主要包括货币补偿、政策补偿、实物补偿、技术补偿等（沈田华，2013）。其中，资金补偿方便灵活，是森林补偿实践中最常见的一种形式，也最受受访者青睐（郭梅等，2013），但有时实物补偿（农具等）更为有效（Adhikari 和 Boag，2013）。除了经济补偿外，还需加大对农户的技术补偿，从根本上实现由"被动输血"向"主动造血"补偿的转变（王雅敬等，2016），从而降低对财政补贴的依赖（杨浩等，2016）。也有受访者希望政府能协助解决养老、看病就医、再就业等基本民生问题

（郭梅等，2013）。此外，要重视对经济林、花卉、木本粮油、森林旅游、竹木等产业扶持政策的实施，加大就业培训力度（梁宝君等，2014）。当然，在现实中不同利益相关者对公益林补偿政策的需求不同，应建立多元化的补偿途径，使公益林补偿资金效用最大化（刘梦婕等，2013）。

（四）公益林生态补偿效应及绩效评价

1. 公益林生态补偿效应

学术界主要从生态环境效应和经济效应两个角度来分析公益林生态补偿效应。

（1）生态环境效应

生态补偿是人类对于破坏自然价值损失的一种纠正（Marie 等，2013）。研究发现，森林生态补偿对于生物多样性的恢复有着十分重要的作用（Williams 等，2006），受补偿区域已成为小型哺乳动物重要的避难所，对其栖息地环境的改善起着非常重要的作用（Janine 等，2005）。如瑞士在实施生态补偿期间，当地的啄木鸟和红背伯劳等鸟类数量在 1998 年和 2003 年之间翻了一番（Simon 等，2007）。Rodrigo 和 Eric（2006）对森林资源保护计划和森林生态环境服务价值支付两种方法的效率进行比较，认为森林生态环境服务价值支付对森林保护的影响较大，而森林资源保护计划的影响是间接的，实现起来具有相当的滞后性。也有学者发现森林生态补偿的有效性只能作用于有限的空间内（Meineri 等，2015），在实际运行中，人们更加重视的是生态补偿项目的实施，而忽略了实施框架和方法的规划（Carlo，2013）。

（2）经济效应

森林等 PES 项目的经济效应引起了国外学者的广泛关注，内容主要集中于补偿效果、机制障碍、减贫效应等方面（Alix 和 Wolff，2014）。有学者认为森林生态补偿具有帮助穷人应对甚至摆脱贫困的潜力（Mahanty 等，2006），有利于经济社会环境的可持续发展（Brown 等，2014）。但也有学者持不同意见，认为森林 PES 计划增加了参与家庭的额外收入，但在林产品和农产品方面的收入有所减少（Hegde 等，2011），加上中介机构的参与减少了项目收益，以及付款进度未覆盖 PES 合同的存续期等原因，导致所获得收益远低于机会成本（Mahanty 等，2012）。如应宝根等（2011）认为公益林补偿对多数农户的收入影响甚微，且补偿基金中包含损失性补偿和建设成本，模糊了"补偿"概念；李军龙（2013）认为只有建立多样化、差别化的森林生态补偿方式和配套政策，才能有效提高农户的生计资本能力。同时，由于森林 PES 项目的机会成本和生态系统服务价值估计较困难，加上土地利用等方面存在冲突（Ghazoul 等，2009），导致生态补偿的直接效果往往不够明显，因此有学者认为高效的生态补偿应面向需补偿的人而非需补偿的地区（Sierra 等，2006）。还有学者提出森林 PES 项目不仅要考虑经济效率与生态绩效，还要考虑社会、政治与制度环境等因素（Adhikari 等，2013）。

2. 公益林生态补偿绩效评价

关于公益林生态补偿绩效评价，学术界主要是通过构建评价指标体系，并利用层次分析法、模糊综合评价法等对生态补偿效应进行综合评价。如高岚等（2008）构建了北京市山区生态公益林补偿政策实施评价指标体系，并运用层次分析法建立评价模型；陈建铃等（2015）基于绩效棱柱法构建了公益林补偿政策效果评价指标，并运用模糊综合评价法对补偿政策执行效果进行综合评价；李波（2016）构建了包括资金投入、过程管理、目标实现和社会满意四项一级指标的评价体系，对广州市森林生态效益补偿专项资金绩效进行第三方评价；支玲等（2017）从经济效益、社会效益、生态效益三个方面构建西部天保工程区集体公益林生态补偿效益评价指标体系，并以云南省玉龙县、贵州省修文县、陕西省靖边县为例，采用层次分析法对集体公益林生态补偿效益进行评价。此外，还有部分学者基于农户视角对公益林生态补偿政策满意度及实施效率进行评价。如李洁等（2016）基于实地调查数据，运用有序 Logistic 模型，分析了林农对生态补偿政策的满意度及影响因素。郑宇（2013）认为农户基于森林资源占有量和收入结构的决策选择及博弈结果决定了生态公益林补偿政策的实施效率。

（五）公益林生态补偿意愿研究

公益林建设及生态补偿牵涉主体众多，包括公益林建设者、受益者等，各主体的参与意愿、支付意愿及受偿意愿对公益林生态补偿机制构建及公益林可持续发展非常重要。

1. 公益林建设和生态补偿的参与意愿

农户广泛参与是推动森林生态建设和生态补偿的重要因素。部分学者对农户参与森林生态建设和生态补偿意愿及影响因素进行实证研究，如 Zbindenm 和 Lee（2005）运用多元 Logistic 回归评价了哥斯达黎加农民和森林所有者参与 PSA 项目的意愿；Kosoy 等（2008）研究了影响社区参与墨西哥

Lacandon 雨林保护计划的因素。研究发现，影响农户参与森林生态建设和生态补偿意愿的主要因素包括林农对补偿额度的评价（李坦等，2015）、林农生计方式对林业资源的依赖程度（吴伟光等，2008）、林地生态区位和户主年龄及文化特征等（郭孝玉等，2017）。目前，森林碳汇经营是市场化生态补偿的主要形式，有学者利用实验经济学和 Logit 模型对农户参与碳汇项目的影响因素进行研究，发现风险厌恶者和时间偏好低的农户更愿意开展森林碳汇经营项目（白江迪等，2016）。此外，户主年均接受营林培训次数、农户经营态度、农户对碳汇认知程度、户主文化水平等因素对碳汇经营意愿也有显著影响（宁可等，2014；洪明慧等，2017）。

2. 森林生态补偿的支付意愿

特定区域内的社会民众是森林生态效益受益者，理应支付一定的费用。国内部分学者利用多种方法，如 Heckman 两阶段模型（李国志，2016）、Logistic 模型（白斯琴和陈钦，2015）、支付卡式问卷调查（石玲等，2014）、探索性因素分析（李晓等，2015）等，分析了居民对森林生态补偿支付意愿的影响因素，发现户主受教育程度、户外锻炼时间（张眉，2012）、环境保护认知、参与态度（戴小廷和杨建州，2014）、家庭特征和对补偿政策的认知（宗明绪和夏春萍，2013）等因素对居民支付意愿影响显著，认为应建立受益者对森林生态效益补偿的机制。还有学者对居民生态补偿支付意愿进行了测算，如杨帆等（2015）发现成都市民对森林碳汇最高支付意愿为 310.08 元/年；关海玲和梁哲（2016）发现游客对五台山国家森林公园愿意支付的平均补偿费用为 62.95 元/年；张颖和倪婧婕（2014）发现居民对森林生物多样性保护平均支付意愿值为 7.20－31.40 元/年，其中对森林生物多样性了解程度较高的居民总体上支付意愿更强。

3. 森林生态补偿的受偿意愿

作为补偿客体，农户的受偿意愿（WTA）是制定森林生态补偿标准的重要依据。研究发现，林农参与环保项目的动机不是利润最大化，不会要求全额的收入损失补偿，因此利用林农的 WTA 来核算补偿额度是有成本效率的（Raunikar 和 Buongiorno，2006）。基于此，部分学者利用条件价值法对农户受偿意愿进行研究，如 Bateman 等（1996）和 Buckley 等（2009）分别分析了英格兰和爱尔兰的林农对于将自家林地建成休闲林地或向公众开放的受偿意愿；Amigues 等（2002）和 Kline 等（2000）分别对法国和美国的林农保护林地栖息地建设的接受意愿进行研究；Wunscher 等（2010）基于经济学视角，构建了哥斯达黎加 Nicoya 半岛居民的受偿意愿模型；Kramer 和 Mercer（1997）发现美国居民关于热带雨林保护的受偿意愿为 21－31 美元/户；Sattout 等（2007）以黎巴嫩的三个主要城市和两个自然保护区周边的村庄为调查对象，结果显示每个村民的受偿意愿约为 20 美元/户；关海玲和梁哲（2016）对五台山国家森林公园的游客进行受偿意愿调查，发现平均受偿意愿为 62.95 元/人·年；还有学者基于农户最低受偿意愿数据，模拟出生态公益林供给曲线，并构建了政府赎买公益林的生态补偿机制（杨小军等，2016）。

（六）公益林生态补偿机制构建的依据、问题及对策

公益林生态补偿是中国最早开展生态补偿的领域，虽然遇到一些法律、制度、技术和操作层面的难题，但生态补偿机制的构建与执行仍取得一些成绩。目前，学术界主要从公益林生态补偿机制的理论依据及建立原则、国际经验借鉴、存在的问题及对策等方面进行研究。

1. 公益林生态补偿机制的理论依据及建立原则

公益林生态补偿机制的建立必须遵循一定的理论基础以及机制建立所依据的原则。不同学者从不同角度分析公益林生态补偿机制，虽然理论基础大体上保持一致，但是也存在着一定差异。如杨晓阳等（2007）提出了价值理论、地租理论、公共物品理论；陈钦和魏远竹（2007）利用福利经济学理论、产权理论和公平理论进行分析；刘晶（2017）基于环境正义理论分析了森林生态补偿中的各种非正义现状；张媛（2015）认为应从生态资本角度来分析；肖彦山（2015）认为根据环境共同体理论进行解释更具科学性；邹佰峰和刘经纬（2015）从代际公平视角切入森林资源代际补偿的理论基础。

对于公益林生态补偿机制建立所遵循的原则，主要观点包括：李华和李顺龙（2015）认为应遵循向受益者征收、差异性、主导功能为依据、优先补偿、取之于民用之于民、公平性、保护与发展相协调等 7 项原则；钟晓玉和董希斌（2008）认为包括谁受益谁补偿原则、效用原则、公平合理原则、主功能为依据原则等。樊淑娟（2014）认为对森林生态效益补偿必须遵循"谁受益，谁付费"和"谁破坏，谁付费"的理论原则，同时兼顾公共分担、破坏者负担和受益者承担等现实原则。

2. 公益林生态补偿机制的国际经验及借鉴

森林生态系统服务及其补偿与市场化问题成为国际社会关注的焦点。与森林相关的全球环境公约，如《生物多样性公约》《联合国气候变化框架公

约》《京都议定书》《联合国防治荒漠化公约》等，均强调可采取范围广泛的多种市场机制筹措资金，其中包括创新的金融工具，例如生态服务收费制度和生态系统服务市场，切实支持在国家、区域和国际层面上采用市场机制。目前，国内部分学者对公益林生态补偿机制的国际经验进行了研究。主要包括：梁增然（2015）分析了美国、德国、日本等发达国家森林生态补偿法律制度；朱小静等（2012）分析了哥斯达黎加森林生态服务补偿机制演进历程；吴水荣和顾亚丽（2009）对国际上森林生态补偿实践的主要模式进行了总结；蔡艳芝和刘洁（2009）对美国、德国和日本等国森林生态补偿制度创新进行比较；赵杏一（2016）对美国、德国、日本三个国家的森林生态补偿法律制度进行比较分析；陈曦和李姜黎（2011）以 LIFE 环境金融工具为例，对欧盟森林生态补偿制度进行研究。

　　3. 公益林生态补偿机制存在的问题

　　中国已经初步建立了公益林生态补偿制度，但是由于制度自身设计以及运作过程存在的系统缺陷，以及林业分类经营制度、林权制度和林业市场经济体制的不完善，导致公益林生态补偿制度存在若干问题。部分学者对公益林生态补偿机制的问题进行了研究，可以概括为：其一，生态补偿标准较低且存在"一刀切"现象。如韦贵红（2011）认为公益林生态补偿并未实现对当地农民经济损失的完全补偿；梁宝君等（2014）认为按公益林面积发放补偿基金，未考虑生态区位、林分类型、林分质量等差异化因素；张茂月（2014）、常丽霞（2014）等均认为"一刀切"的补偿标准难以适应不同林情需要。其二，补偿主体单一。如梁增然（2015）认为政府几乎是森林生态补偿的唯一责任主体，缺乏市场化补偿机制；杨利雅和张立岩（2010）认为隐性受益人没有支付相应费用；张露予（2010）、于同申和张建超（2015）均认为缺乏横向生态补偿机制，导致跨区域受益者的生态补偿行为难以制度化。其三，补偿效率较低。如吴萍等（2012）认为公益林补偿范围的界定不甚合理，制约了林权改革的成效；彭亚勇（2014）认为现行补偿模式容易造成资金损失；何桂梅等（2011）认为山区生态林补偿具有"项目制"特征，不是长效机制。

　　4. 公益林生态补偿机制构建的对策

　　公益林生态补偿作为涉及不同制度、不同利益主体、不同经济层次的系统工程，是生态林业也是生态文明的重要制度建设，因此需要在对整个系统进行顶层设计的前提下实现不同制度、利益主体和经济层次间的完善和配合。

国内部分学者对公益林生态补偿机制构建提出了许多针对性的对策建议。如李文华等（2007）提出了森林生态补偿的"三步走"战略，即补偿基金完善阶段、补偿基金与生态税双轨并行阶段、生态税独立运行阶段；刘灵芝和范俊楠（2014）、王清军和陈兆豪（2013）等提出应实行分级和分类相结合的区别化补偿标准体系；李琪等（2016）认为政府主导和第三方介入是补偿资金来源和补偿的主要方式；汪海燕和张红霄（2012）认为应公平界定不同级别和不同区域地方政府间的补偿主体责任；曾以禹等（2014）、张峰等（2017）提出了基于碳汇管理和碳交易的生态补偿机制设计构想，以解决财政机制下生态服务提供者和使用者之间供需"不挂钩"的弊端。

（七）研究展望

公益林生态补偿是一个系统工程，牵涉到补偿主客体界定、补偿标准制定、补偿模式选择、激励约束机制构建、政策绩效评价等众多方面。根据前文所述，现有文献在很多方面还存在研究盲点，部分领域研究尚有待深入。

其一，差异化补偿标准问题。主要包括：①地域因素。不同地域生态系统重要性及生态系统服务功能差异较大，对重点生态功能区域，如水源涵养、调蓄洪水、生物多样性保护、水土保持等区域公益林应进行重点生态效益补偿。②林种、树种。不同林种、树种的造林成本和生态效益不同。即使是同一树种，不同林龄、林分质量的生态效益也不同。因此，应综合考虑林种、树种、林龄、林分质量等因素差异化制定公益林生态补偿标准。③造林方式。人工造林、飞播造林、封山育林等造林方式的造林成本有很大差异，在确定公益林生态补偿标准时应综合考虑。④地方经济发展水平。不同地区经济发展水平具有差异性，农户从事公益林建设和保护的机会成本也不同，因此制定公益林生态补偿标准时应结合地区经济发展水平，给出合理的补偿标准。

其二，不同补偿主体间补偿资金分摊问题。公益林生态补偿本质上是受益主体和公益林建设者之间关于公益林生态产品的交易过程，是一个补偿资金从补偿主体流向补偿客体的过程。公益林生态补偿主体众多，但由于公益林生态产品的"非排他性"特征，"搭便车"现象普遍存在，各补偿主体不愿为其消费支付代价，最终只能由政府埋单，导致国家财产被其他补偿主体变相侵占，也给政府财政造成了巨大负担。这既违背了经济学基本原理，也有损公平。因此，将公益林生态补偿所需资金在各补偿主体之间按一定比例分摊，实现"利益共享、成本共担"，是推动公益林生态补偿机制有序发展、促进社会公平的有效手段。至于具体的分摊比例如何测算，则是学术界值得研究的问题。

其三，不同补偿模式耦合的临界点问题。前文已述，公益林生态补偿本质上是公益林生态产品的交易问题。从理论上来讲，只有通过市场机制才能充分调动农户生态建设的积极性和能动性，推动公益林资源持续发展，发挥巨大的生态效益。但同时，公益林生态产品具有典型的公共品特征，不能单纯依赖市场作用的发挥，政府必须加强调控与监管。因此，如何把握政府管理和市场参与的边界，寻求政府补偿与市场补偿模式耦合临界点是值得研究的问题。不同的公益林生态补偿模式中，各利益主体之间博弈关系有所不同，其间产生的交易成本也很多样。如何对公益林生态补偿机制运行过程中产生的交易成本进行测度，是一个需要突破的理论难点问题。

其四，公益林生态补偿激励相容机制。公益林生态补偿具有一定的委托代理性质，作为委托人的补偿主体和作为代理人的补偿客体的利益目标函数是不一致的，补偿主体由于"搭便车"行为存在，必然希望支付的补偿金额尽可能低，而补偿客体则希望补偿标准越高越好，这就出现了矛盾。因此，必须构建公益林生态补偿的激励相容机制，通过增加各利益相关者背离补偿机制的成本来修正其利益函数，从而使各利益相关者的行为回归到预定轨道上来，以保障公益林生态补偿机制有效运行。此外，不同补偿模式和补偿机制的激励相容效果也存在差异，如何对公益林生态补偿模式和机制的激励相容度进行测度，以构建最优的补偿模式和机制，是值得理论界进一步研究的内容。

此外，如上文所述，公益林生态补偿对特定区域的社会、文化、政治等方面的影响机理和效应，以及公益林生态补偿资金的利用绩效等问题，也都是值得深入探讨的内容。

第二章　公益林生态补偿相关概念及理论基础

一、公益林生态补偿相关概念

(一) 林业中的补助与补偿

在内涵上，补助与补偿具有较大差异。根据现代汉语词典释义，补助指补贴及帮助，是对收入较低者的经济帮扶，是一种福利行为；而补偿是指抵消损耗或弥补缺陷，是对行为者损失的弥补，是一种经济行为。

由于林业行业特殊性，林业经营者很难获得社会平均利润，国家为了鼓励林业的发展，需要利用经济杠杆，保证林业生产要素都能获得正常利润，否则这些资源就会配置到报酬更高的非林行业，林业发展就成了无源之水。根据姚顺波和郑少锋（2005）的观点，林业补助是指各级政府为促进林业发展，对林业经营主体所进行的各种经济性补助措施（包括补贴、信贷、减免税收、减免地租等）。林业补助的目的是"助"，是促进林业发展；手段是"补"，是对林业经营主体不能获得社会平均利润的一种弥补。因此，林业补助是政府干预林业经济的行政行为。政府为什么要干预林业生产行为呢？因为林业生产具有周期长、风险大、地域广等特点，需政府采取补助措施，促使市场配置林业生产要素的基础作用得以发挥，提高林木供给水平。

表 2.1　林业补助和林木补偿的区别

区别	林业补助	林木补偿
概念	政府为鼓励林业生产而对林业经营活动进行补助的制度设计	政府为了生态安全限制林木所有权行使对林木所有者造成经济损失的一种弥补措施
目的	鼓励林业经营	公共利益（生态安全）
理论依据	市场机制：生产要素流动回报率高产业	法律上的既得权利说、特别牺牲学、公平负担说
补偿主体	政府	政府
补偿对象	林业经营者	非国有林木所有者
补偿金额	以保证林业经营者获取社会平均利润为限	以林木所有者经济损失为限
补偿方式	货币	补贴、贷款、税收、地租

资料来源：姚顺波、郑少锋：《林业补助与林木补偿制度研究——兼评森林生态效益研究的误区》，《开发研究》2005 年第 1 期，第 35—37 页。

林木补偿是指各级政府为了改善生态环境，向社会提供生态安全公共服务，限制森林所有者对林木自由处置，为弥补森林所有者由于限伐禁伐导致的利益损失而在经济上给予相应的补偿。森林所有者造林的主要目的并非自用，而是通过林木交易获得利润。然而政府认为如果任由森林所有者自由地处置林木，会造成生态环境破坏，影响环境质量。因此为了公共利益，政府对森林所有者的林木处置设置了种种限制条件，如严格的采伐许可证制度甚至禁伐制度[①]，这无疑限制了私人财产权的行使。法律上虽然承认政府为了公共利益，可以对私人财产权加以限制甚至剥夺，私人有服从的理由与义务，但对私人利益因国家、社会而蒙受的损失和牺牲，站在公平的立场上，应由政府给予适当的补偿。从经济学角度看，林木补偿就是基于经济投资回报角度，对森林所有者由于政府政策造成的权益损失的补偿。

在现实中，中国林业政策中补助与补偿通常是被混淆在一起的。如 2014 年颁布的《中央财政林业补助资金管理办法》（财农〔2014〕9 号）中第二条明确规定：中央财政林业补助资金是指中央财政预算安排的用于森林生态效益补偿、林业补贴、森林公安、国有林场改革等方面的补助资金。2016 年颁布的《林业改革发展资金管理办法》（财农〔2016〕196 号）中第二条规定：

---

① 如《国家级公益林管理办法》（林资发〔2017〕34 号）明确规定：一级国家级公益林原则上不得开展生产经营活动，严禁打枝、采脂、割漆、剥树皮、掘根等行为。

林业改革发展资金是指中央财政预算安排的用于森林资源管护、森林资源培育、生态保护体系建设、国有林场改革、林业产业发展等支出方向的专项资金。其中，森林资源管护支出包括天然林保护管理补助和森林生态效益补偿补助；林业产业发展支出包括林业科技推广示范补助、林业贷款贴息补助、林业优势特色产业发展补助。

显然上述文件提到的"林业补助资金""林业发展改革资金"等现行补偿资金的性质是补助，而不是补偿。这一定程度上混淆了补助与补偿的区别。林业补助是从扶困的角度出发，是对林业部门资金投入不足的一种经济帮助。这样从补助主体——政府来说，可以理解为愿意补就补，不愿意补就不补，愿意补多少就补多少，是由补助主体的意愿决定的。而补偿是对经济损失的弥补，而不是投入不足的补充，因此从经济角度出发，林业补偿应是一种符合经济运行规律的必需的经济行为，而不是福利性的恩赐。只有明确了两者的区别，才能使补偿主体明晰补偿是自身应尽的义务，而不是可做可不做的恩赐行为；只有明确了两者的区别，才能使森林生态补偿政策制定合情合理，使补偿制度的推行更加顺利。笔者以为，在明确补助与补偿的区别后，中国森林生态效益补偿基金制度应真正从补偿角度考虑，采取多种筹资方式，从少量补偿开始努力向完全补偿发展，并使该项制度长期固定下来，才能达到有效发展森林经营规模，尤其是公益林经营规模，达到生态效益与社会、经济效益协调的目的。

（二）公益林与公益林建设

20 世纪 70 年代，美国林业经济学家克劳森、塞乔等人进行了林业分工理论的研究，提出了森林多效益主导利用经营模式。这一经营模式认为森林具有提供林产品、保持水土、改良环境、游憩等多种经济和生态功能，应根据森林区域、林分、树种等方面的不同进行分工，突出其主导功能，即一方面主要通过集约经营、建立工业人工林基地，满足社会对木材及各种林产品的需要；另一方面在生态区位重要的地区培育公益林以满足社会的生态需求。世界各国开始按照森林主导功能不同，探索森林分类经营模式。

20 世纪 90 年代，中国开始积极探索符合中国国情，具有中国特色的森林经营管理模式。如 1995 年颁布的《林业经济体制改革总体纲要》就提出了林业分类经营的发展思路，将全国林业区分为公益林和商品林两大类。公益林以维护和改善生态环境、保持生态平衡、保护生物多样性等为主体功能；商品林以发挥经济效益为主，主要利用木材及其他林产品。并提出要对公益林与商品林采取不同的管理体制、经营机制和政策措施，通过林业分类经营建立起比较完备的林业生态体系和比较发达的林业产业体系，充分发挥公益林的生态效益和商品林的经济效益。

表 2.2　公益林分类

类别	亚类	具体种类	功能
防护林	水土保持林	含护坡林、沟头防护林、沟壑防护林、林缘缓冲林、山脊林等	防止水土流失
	水源涵养林	含水源地保护林、河流保护林、湖库保护林、冰川雪线维护林、绿洲水源林等	涵养水源，保护水资源
	农田牧场防护林	含农田防护林（林带、片林）、农林复合经营林、牧场防护林等	保护农田牧场免受风沙侵袭
	防风固沙林	含防风林、固沙林、海防林、荒漠林、珊瑚岛常绿林等	降低风速，固定沙地
	护路护岸林	含路旁林、渠旁林、护堤林、固岸林、护滩林、减波防浪林等	防止雨水冲刷，固定河床
	其他防护林	含防火林、防雪林、防雾林、防烟林、护渔林、红树林等	防火、防雪、防雾等
特种用途林	国防林	含国境线保护林、国防设施屏蔽林等	军事隐蔽需要
	实验林	含科研实验林、教学实习林、科普教育林、定位观测林等	科研价值等
	种子林	含良种繁育林、种子园、母树林、种子测定林、采穗圃、树木园、基因保护地等	保持生物多样性
	环境保护林	含城市及城郊接合部森林，厂矿、居民区与村镇绿化美化林等	保护美化环境
	风景林	含风景名胜区、森林公园、度假区、滑雪场、狩猎场、城市公园、乡村公园及游览场所森林等	休闲旅游
	文化纪念林	含历史与革命遗址保护林、自然遗产地森林、纪念林、文化林	历史文化尊存在价值
	自然保存林	含自然保护区森林、地带性顶级群落，以及珍稀、濒危动物栖息地与繁殖区，珍稀植物原生地和具有特殊价值的森林等	自然保护及其他特殊价值

1996 年颁发的《森林资源规划设计调查主要技术规定》中，将公益林定义为：以保护和改善人类生存环境、保护生态平衡、保存物种资源、科学实验、森林旅游、国土保安等需要为主要经营目标的森林和灌木林。2000 年，原国家林业局发布了《公益林与商品林的分类技术指标》，对公益林、商品林进行了系统定义：公益林是以维护和创造优良生态环境、保持生态平衡、保护生物多样性等满足人类社会的生态需求和可持续发展为主体功能，主要是提供公益性、社会性产品或服务的森林、林木、林地。与之对应的商品林是指以生产木（竹）材和提供其他林特产品，获得最大经济产出等满足人类社会的经济需求为主体功能的森林、林地、林木，主要是提供能进入市场流通的经济产品。这两个定义都把防护林和特种用途林两个林种组作为特指范围。[1] 为了更好地保护公益林资源，国家已将未成林但有公益保护价值的林木、林地等纳入公益林界定范围。根据森林的主导功能，将公益林分为防护林和特种用途林两大类、13 个亚类。其中防护林含 6 个亚类，特种用途林含 7 个亚类（表 2.2）。

公益林建设是以公益林及其相关的植物、动物、微生物等所组成的森林生态系统为建设对象，并以公益林的外部功能促进整个陆地生态系统的良性循环和动态平衡的过程。包括维护现有的公益林植被、生态系统以及重建新的公益林环境，以实现改善公益林生态系统的功能，大幅度提高公益林生态系统总体的生产力和稳定性，使公益林生态系统进入正向的良性循环。所以，公益林建设是公益林营造、管护、经营、采伐、再营造的完整的过程。营造包括种苗准备、林地处理、播种栽植、成林验收等阶段。公益林经营是在不改变公益林目标的前提下，以现有林和合格的新成林为对象提高产量质量、增加收益的各类措施，如管护、抚育、改造和更新等（图 2.1）。

---

[1] 目前被普遍接受的是后一个定义，理由是将森林和灌木林并列表述，不够准确；森林的形态是可变的，可能导致同一块林地是否为公益林随着森林存在与否而发生变化。

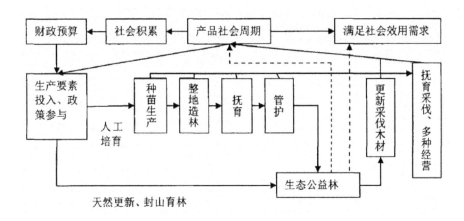

图 2.1　公益林经营环节

（三）生态补偿

生态补偿的概念最初起源于人类对自然生态系统功能和效益的分析与研究。人类的生产生活行为均依赖于自然生态系统。首先，自然生态系统为人类提供经济产品，这是自然生态系统的最基本的功能，是人类存续的基础。其次，自然生态系统为人类提供生态产品，如森林系统为人类提供的吸收二氧化碳、释放氧气等生态功能，这些生态产品对人类生产生活甚至人类延续的重要性已毋庸置疑。最后，自然生态系统还为人类提供社会产品，如湿地生态系统为人类提供的旅游休闲产品等。可见，自然生态系统在人类生产和生活中发挥着无可替代的重要作用，尽管其中的一部分已经可以通过市场获得价值实现（如旅游门票收入、森林碳汇交易等），但是由于人类认识和自然生态系统演化的历史渐进性，还是有很大一部分产品或服务功能处于免费状态。长此以往，将没有人或组织愿意提供维护或建设自然生态系统的劳动，自然生态系统将变得越来越脆弱，最终将无法承载人类的生产甚至生活。基于此，人们开始研究并逐渐实践对自然生态系统的补偿问题。

20 世纪 90 年代，生态补偿的概念随着生态与自然环境问题的日益凸显进入人们的视野，它是生态学、环境学与经济学交叉研究形成的一个概念。国外学者对生态补偿的研究较之我国起步要早，如 Loomis 和 Walsh（1986）提出对遭受破坏的生态系统进行修复或异地重建来弥补生态损失的做法即为生态补偿；而 Chomitz 等（1999）认为生态补偿是为了维护生态系统服务功能的长期安全，通过可持续利用土地的方式，由受益者对提供这些服务的保护者进行补偿的行为。国际上常用的概念是"生态服务付费"（Payments of Ecological Services，PES），指的是为了提高自然资源管理者的积极性，依据生态服务功能的价值量向他们支付相应的费用，实际上就是生态补偿。

图2.2展示了生态补偿的基础逻辑（Pagiola，2008）。图中的生态系统经营者，不管是农民、牧民、樵夫，或是保护区的管理者，他们通常从环境保护活动（如保护森林）中获得的收益较少，而他们从替代土地利用方式（如森林转化为草地）中获得的收益相对更多。虽然这种土地利用方式的转变给生态系统经营者带来更多的收益，但是这种转变给其他人造成了损失，如水的过滤、生物多样性损失、碳汇损失、减少的水服务等，即替代的土地利用方式引起了环境负外部性。如果生态系统的使用者支付一定的费用给生态系统的经营者且生态系统的经营者获得的净收益（从森林保护中获得的收益加上生态系统使用者的付费）超过其将森林转化为草地的收益，同时这种付费小于森林转化为草地给他们造成的损失，那么就能促进生态系统的经营者保护森林，提供更多的生态系统。同时生态系统的使用者也能以较少的付费获得更多的收益，实现双赢的局面。

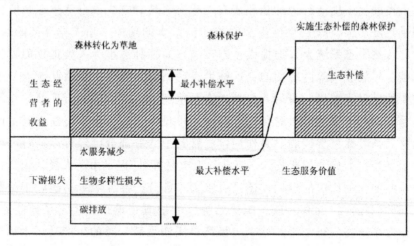

来源：Pagiola（2008）。

图2.2　生态补偿的基础逻辑

从图2.2中还可以看出生态补偿的最小补偿、实际补偿和最大补偿。其中，最小补偿为森林转化为草地与保护森林之间的收益之差，最大补偿为损失的生态系统服务的价值总和，而实际补偿则是两种土地利用行为的受益之差与生态系统使用者支付给生态系统提供者的费用之和。若补偿小于两种土地利用行为的收益之差，人们不会主动去改变土地利用方式；若补偿大于损失的生态系统服务的价值总和，生态系统使用者不愿意去支付。因此，这两种情景下生态补偿都是没有意义的，实际的补偿是介于这两者之间的。

（四）公益林生态补偿

与一般的森林资源相比，公益林具有特殊的资源特性和经济特性。公益林资源特性包括：①生态功能的不可替代性。公益林是以发挥生态效益为首要任务的森林，其发挥调节气候、涵养水源、保持水土、保护生物多样性等巨大生态功能是其他资源无法替代的，也是区别于商品林的重要特点之一。②资源生长的低效性。公益林建设布局多在生态环境脆弱地区和生态地位重要地区，由于土地条件较差，林木生长缓慢，因此形成能够发挥较大生态功能的林地需要较长的周期，且一旦破坏，恢复更加缓慢。

公益林经济特性包括：①公益林具有公共物品特性。公益林提供的生态产品在消费上具有显著的"非竞争性"和"非排他性"特征，是典型的公共物品，若由市场单独提供，将无法避免"搭便车"现象从而导致供给不足，因此必须由政府介入来增加公益林的供给。②公益林的经济外部性。公益林为社会生产提供了大量生态产品，且被社会上的其他人无偿享有，因此公益林具有显著的经济正外部性。按照市场规律，如果公益林提供者长期不能获得相应的补偿和收益，积极性将受到抑制，市场在提供公益林产品时就会出现失灵。另外，公益林在具有正外部性的同时，对于局部地区或个人而言也可能具有负外部性特征。主要原因是公益林多位于经济落后地区，居民收入水平较低，生态意识较为落后，而森林则是他们赖以生存的空间以及主要的经济来源。国家将这些地区划定为公益林区后，严格限制林木的采伐和开发利用，使得农户收入受损严重。从这个角度来看，公益林建设对当地居民来说就是一种负的外部性行为，如果这种负外部性得不到相应的补偿，就会妨碍公益林可持续发展。③公益林提供的生态产品市场交易困难。公益林所提供的产品——生态功能如涵养水源、保持水土、调节气候、改善环境、保护生物多样性等属于无形产品，其价值难以用货币进行计量，无法用价格来表现，都难以在现有的市场体系中通过经营者与受益者的直接交换完成价值的实现。

尽管公益林存在巨大生态效益和社会效益，但由于上述资源特性和经济特性的存在，没有人愿意投入人力与财力进行公益林建设而不从中获取利益，这将严重制约公益林供给。为了提升林木所有者参与公益林建设积极性，政府必须给予一定的生态补偿。从这个角度来说，公益林生态补偿从根本上说是公益林提供的生态产品或服务功能价值实现的一种途径。其概念可表述为：特定区域内全体公民或企事业单位等公益林生态效益受益者，依据相关法律法规，通过纳税或其他方式向政府缴纳生态补偿经费，政府通过转移支付或设立基金等方式对公益林建设、保护和管理者进行补偿。

从上述对公益林生态补偿的概念界定来看，公益林生态补偿具备经济学中交易的一般形态，其实质是一种交易，但与普通的商品交易相比还存在一定的差别。主要包括以下几个方面：其一，公益林生态补偿无法自发进行。公益林的生态产品和服务功能是随着公益林的生长和发展而自然生成的，其中大部分的产权不具备严格意义上的排他性，现实中很难界定其边界范围，人们很难自发对公益林的维护者和建设者进行补偿。其二，公益林生态补偿可采用多种媒介进行。一般说来，普通商品交易的媒介是货币，而公益林生态补偿则除货币补偿之外，还存在其他形式的补偿，如政策补偿、实物补偿、技术补偿等形式。其三，公益林的供给在一定范围内不受补偿标准的影响。普通商品供给是由商品价格决定的，价格越高，供给越多；反之，则供给越少。而公益林的供给则有所不同，其供给曲线如图 2.3 所示。

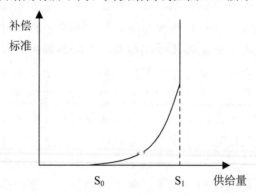

图 2.3　公益林供给曲线

由于公益林在人类经济社会发展中的特殊地位，往往是通过行政等强制性手段规定其最低供给水平（图中点 S_0），在该水平之内，公益林的维护者和建设者无法根据价格调整其供给。同时，由于地域面积的限制，公益林供给不可能是无限制的，即到了一定水平（图中点 S_1）时，补偿标准再高也无法增加公益林的供给。

（五）公益林生态补偿机制

"机制"在《现代汉语词典》中解释为"泛指一个系统中，各元素之间的相互作用的过程和功能"。后来借用于其他学科，泛指事物或自然现象的作用原理、作用过程及其功能。一般来讲其含义有三：一是指事物各组成要素的相互联系，即结构；二是指事物在有规律的运动中发挥的作用效应，即功能；三是指发挥功能的作用过程和作用原理。在现代经济学中，"机制"一词被用来说明经济系统通过它各个不同功能组成部分相互衔接的作用以实现总功能的机理，其实质是系统内各组成部分相互联系、相互作用所产生的促进维持系统运行的内在工作方式。我们现在常说的机制，泛指一个工作系统的组织或部分之间相互作用的过程和方式，如市场机制、竞争机制、用人机制等。相近的含义是指做事情的方式、方法，简单说，机制就是制度加方法或者制度化了的方法。

生态补偿机制是"生态补偿"与"机制"相结合而形成的概念。根据前述关于生态补偿和机制概念的阐述，可以发现生态补偿机制的内涵应包括以下内容：①生态补偿涉及的相关利益主体有哪些？补偿主体、补偿对象、生态建设的组织和协调者分别应该是谁？即生态补偿这个系统的构成要素问题。②对相关利益主体之间关系、相互作用的方式和规律等进行分析，以确定合理的补偿方式和途径。③构建评价指标体系，对生态系统服务价值及生态建设成本等进行科学评估，以科学制定生态补偿标准。④基于生态补偿原则，构建制度体系，对补偿主体和补偿对象进行激励，以保障生态补偿机制有序运行。

关于生态补偿机制的含义，学术界部分文献进行了研究。如任勇等（2006）认为生态补偿机制是调整不同利益主体分配关系，使外部成本内部化，维护和改善生态系统服务功能的制度安排。曹明德（2005）认为生态补偿机制的含义包括两部分：其一，自然资源具有经济价值，使用权人支付相应费用，是实现所有权人经济利益的方式；其二，生态建设者为保护生态环境付出成本和努力，理应得到补偿，而生态受益人则应当支付一定费用。国家环保总局环境规划院（2005）认为生态补偿机制的含义包括：①生态补偿机制目的是维护和改善生态系统服务功能；②以内化外部成本为原则；③实现途径包括公共政策和市场手段两类；④是保护生态环境的经济手段。中国生态补偿机制与政策研究课题组（2007）认为在设计生态补偿机制时，应考虑以下几方面内容：①对生态服务价值的付费；②对生态环境本身的补偿；③内化经济活动的外部成本；④对生态环境保护行为进行补偿；⑤对重要生态功能区增加保护性投入。

基于上述分析，本书将生态补偿机制内涵界定为：生态补偿机制是以维护和改善生态系统服务功能为目的，以内化外部成本为原则，通过一定方式对相关利益主体因环境保护（或破坏）而产生的利益分配关系进行协调的制度安排。

公益林生态补偿机制可以定义为：为了维护和发展公益林建设，实现公益林生态补偿而设立的制度、方法和组织安排，具体应包括补偿要素和运行模式。补偿要素应包括：补偿主体、补偿对象、补偿标准和补偿范围；运行模式应包括：补偿渠道与途径、补偿方式以及相关的责权利安排的管理方式。同时在建立起补偿机制的同时，还应有相应的激励约束与保障机制、评价监督机制来保证工作的落实、推动、纠错、评价等，保障公益林生态补偿机制长久而有效地运行。

二、公益林生态补偿的理论基础

（一）生态系统服务理论

1. 生态系统服务及其对人类福祉的影响

（1）生态系统服务含义

生态系统回馈人类社会的方式主要是提供生态系统产品和生态系统服务。其中生态系统产品是指木材、农产品、矿产等实物型产品，其价值可以通过市场交易得以实现，是非公共物品；而生态系统服务则是指水质净化、气候调节、固碳释氧、生物多样性保护等非实物性功能，对人类非常重要但其价值难以通过市场交易实现，具有典型的公共物品特征。

美国的 George 是最早关注生态系统服务的学者之一，其在 "Men and Nature"中通过大量案例分析了地中海地区森林河流干涸和土壤流失的现状。自 20 世纪 40 年代以来，随着经济快速发展和由此带来的生态环境破坏现象，生态系统服务的重要性逐渐被人们所认可。如 Leopold（1949）认为人类并不是自然界的统治者，人类自身的生产是很难代替生态系统服务功能的。这些观点对生态系统服务理论形成和生态补偿概念发展具有重要的影响。20 世纪70 年代，生态系统服务（Ecosystem Services，简称 ES）一词在"Study of Critical Environmental Problems"文献中正式出现。Holdren 和 Ehrlich 等（1974）对生态系统服务与科学技术、生物多样性等的关系，及生态系统服务在肥力维持和基因库保护中的作用等问题进行研究，认为生态系统服务难以被其他产品替代，而生物多样性对生态系统服务至关重要。关于生态系统服务的含义，学者们的表述存在一定差异（表2.3）。

表 2.3　不同学者关于生态系统服务的定义

生态系统服务定义	分类系统	文献来源
自然过程和组分提供产品和服务，直接或间接满足人类需要的能力	调节功能、栖息地功能、生产功能、信息功能 4 大类，23 小类	Degroot 等（2002）
人类直接或间接地从生态系统功能获取的收益	17 类	Costanza 等（1997）
自然生态系统或物种用于构成、维持和满足人类生活的状态和过程	N/A	Daily（1997）
生态系统服务是人类从生态系统中获得的收益	供给服务、调节服务、支持服务、文化服务 4 大类	MA（2005）
最终生态系统服务是直接被享用、消费，或使用以产生人类福祉的自然组分	N/A	Boyd 等（2007）
生态系统服务是生态系统过程产生的特定结果，用于直接维持、提高人类生活或维护生态系统产品的质量	N/A	Brown 等（2007）
人类从生态系统中获得的收益（强调目的）	充足的资源、捕食者/疾病/寄生虫保护、友好自然和化学环境、社会文化成就 4 大类	Wallace（2007）
生态系统对人类福祉的直接和间接贡献	供给服务、调节服务、栖息地服务、文化服务 4 大类，22 子类	TEEB（2010）
生态系统服务是生态系统用于（主动或被动）产生人类福祉的方面	中间服务、最终服务	Fisher 等（2009）
生态系统对人类福祉的贡献，来源于生物和非生物部分的相互作用	供给、调节和维护、文化服务 3 大类，9 亚类，23 组	CICES（2010）

资料来源：作者自行整理。

不同的定义源于学者们对生态系统服务形成过程的不同理解。根据表 2.3 给出的各种关于生态系统服务含义的表述，可以概括出生态系统服务概念的框架包括三部分内容，即生态系统要素、人类价值取向和服务实体（图 2.4）。上述概念中，虽然关于生态系统要素和人类价值取向的表述略有不同，但本质内容是一致的：即生态系统服务来源于生态系统各要素本身功能及要素间相互作用，且生态系统服务满足人类生产生活需求。上述概念的根本不同在于对服务实体认识的差异，其跨越程度从纯粹的自然范畴（如生态组分）到人类价值范畴（如人类福祉），这种差异对生态系统服务理论认知和实践应用有直接影响。

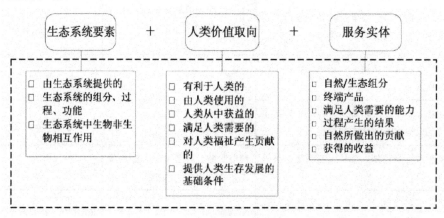

图 2.4　生态系统服务定义的分解框架

资料来源：李琰等（2013）。

（2）生态系统服务与人类福祉之间的关系

生态系统服务无疑对人类福祉具有重要贡献，联合国《千年生态系统评估》（Millennium Ecosystem Assessment，MA）报告首次将生态系统服务与人类福祉联系起来。根据 MA（2005）观点，生态系统服务包括供给服务、调节服务、文化服务和支持服务。其中，供给服务指生态系统提供给人类的各种产品，如食物、淡水、燃料、木材和纤维等；调节服务指生态系统的调节功能带给人类的收益，如调节气候、调节洪水、调控疾病和净化水质等；文化服务指人类从生态系统获得的美学、精神、教育和消遣等方面的非物质收益；支持服务指生态系统的基础功能，为其他服务功能提供相应支持，如养分循环、形成土壤和初级生产等。关于人类福祉，MA（2005）认为其组成要素可分为五个层次：①安全。包括人身安全、资源安全和免于灾难等；

②维持高质量生活的基本物质需求。包括足够的生计之路、充足的食物、安全的住所和商品获取等。③健康。包括体力充沛、精神舒畅、呼吸清新空气和饮用纯净水等；④良好的社会关系。包括社会凝聚力、互相尊重、帮助别人的能力等；⑤选择与行动的自由。指能够获得个人认为有价值的生活的机会。这五个层次与马斯洛需求理论本质上非常类似，说明人类福祉是多要素和分层次的复杂体系。生态系统服务各项功能与人类福祉组成要素之间的关系如图 2.5 所示：

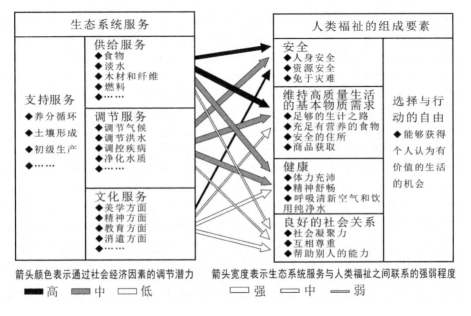

图 2.5　生态系统服务与人类福祉之间的关系

资料来源：赵士洞和张永民（2006）。

当然，生态系统服务提供的贡献只是构成人类福祉体系的一个组成部分，其他社会、经济等非生态因素对人类福祉的影响广泛。人类福祉既依赖于生态系统服务，又与社会资本、生产技术和制度体系等密切相关，不同层次的福祉对生态系统服务的依赖程度不同。基本福祉更多地依赖生态系统服务，而高层次福祉则可能对人文因素更加依赖。

2. 生态系统服务价值

（1）价值及其分类

从认识论上来说，价值指客体能够满足主体需要的一种效益关系，更广泛意义上理解价值就是客体对主体的意义。根据主体需要、客体作用、价值状态等角度，可将价值划分为以下不同类型（表2.4）：

表 2.4 价值的分类

参考系	价值类型
主体	社会价值、群体价值、个体价值
主体需要	生存价值、享受价值、发展价值、胜利价值、安全价值、社交价值、信誉或尊严价值、自我实现价值等
满足主体需要	物质价值（自然价值、人化自然价值、经济价值）、精神价值、社会价值、人的价值
客体对主体的作用	经济价值、政治价值、科学文化价值、医疗价值等
客体作用的时间	历史价值、现实价值、将来价值（包括长远价值）
客体价值的效果	正价值、负价值
价值的现存状态	潜在价值、现实价值、自在价值、自为价值

资料来源：作者自行整理。

（2）生态系统服务价值

生态系统服务价值指生态系统直接或间接为人类提供的各种利益，包括向经济社会系统输入物质和能量、吸收来自经济社会系统的废弃物，以及直接向人类提供清洁空气、干净水源等生态产品。联合国环境规划署（UNEP）将生态系统服务价值分为有或无明显实物性的直接用途、间接用途、存在价值和选择用途等五种；Pearce（1995）则将生态系统服务价值分为两大类，即使用价值和非使用价值，其中使用价值包括直接使用价值、间接使用价值和伸用价值，非使用价值包括保留价值和存在价值；而 Barbier（1994）则认为使用价值中不包括选择价值；DeGroot 等（2002）认为生态系统服务价值可分为生态价值、社会文化价值和狭义的经济价值，其中生态价值包括生境提供功能和生态系统调节功能，社会文化价值与信息功能相关，经济价值分为市场价值、意愿价值等。综合现有文献关于生态价值的论述，生态系统服务价值构成可归纳为（表2.5）：

表 2.5　生态系统服务价值构成

生态环境总价值（TEV）	使用价值（UV）	直接使用价值（DUV）	可直接消耗的量	●食物 ●原材料（生物、非生物） ●娱乐 ●健康
		间接使用价值（IUV）	功能效益	●生态服务功能 ●生物控制 ●防护
	非使用价值（NUV）	存在价值（EV）	继续存在的知识价值	●濒危物种 ●生存栖息地
		遗赠价值（BV）	为后代遗留下的价值	●生存栖息地 ●不可逆改变
		选择价值（OV）	未来的直接或间接价值	●生物多样性 ●保护生存栖息地

使用价值分为直接使用价值和间接使用价值。直接使用价值指生态系统能直接满足人们生产和消费的价值，分为物质性价值和非物质性价值。其中物质性价值是对生态系统进行适度开发得到生物量的价值，包括植物价值、动物价值等；非物质性价值指生态系统在科研、教育和旅游开发等方面的经济效益。间接使用价值指生态系统为人类及其他生物提供的功能性价值，分为可利用价值和非可利用价值。其中可利用价值包括固碳释氧、水质净化、气候调节和营养物质循环等生态性功能价值；非可利用价值包括历史价值、美学价值和满足人类的精神价值等。非使用价值分为选择价值、遗赠价值和存在价值。其中选择价值是对某种生态系统服务未来利用的支付意愿，是潜在利用价值；遗赠价值是为子孙后代能享受生态系统服务的支付意愿；存在价值指为了自然生态系统资源继续存在的支付意愿，是人们对生态系统价值的道德上的评判。

3. 生态系统服务与生态补偿的关系

（1）生态系统服务是生态补偿的基础

生态补偿与生态系统服务具有一定的因果关系。自然生态系统是一个相对稳定的整体，如果没有人类的利用和改造，其自身只要借助太阳能的补偿就可以实现自我修复和可持续发展。随着经济快速发展，人类对自然生态系统的利用和改造日益深入，严重破坏了生态系统结构的稳定性和完整性，如果单纯依靠太阳能的补偿，生态系统已经难以完成自我修复，无法保障人类生产生活需要。因此，人类需要对生态系统进行补偿以维持其可持续发展。生态系统服务是典型的公共物品，消费上具有非排他性，生态系统建设者付出了成本，得不到相应的回报，而受益者则不支付任何费用，这是不公平的，也制约了生态系统建设者的积极性。因此，我们必须设计一定的机制，要求受益者对生态系统建设者进行一定的经济补偿。

（2）生态系统服务的外部性制约了生态补偿的积极性

从经济学视角来看，生态补偿和生态系统服务可以理解为一种投入产出关系，即人类通过生态补偿投入使生态系统结构得到优化，进而获得相应的生态效益。但是，由于生态系统服务的外部性特征，导致生态系统资源产权不清晰，助长了人类对生态资源环境的过度消费和破坏，导致生态系统服务的数量和保障能力呈现不可逆的下降，已经威胁到人类社会生存和发展。同时，生态系统服务的外部性也制约了地方政府和社会机构对生态补偿的积极性，进而导致生态补偿成效不显著。因此，应当制定强制性的、有约束力的政策，推动生态补偿可持续进行。

（3）生态系统服务价值是确定生态补偿标准的重要依据

前文已述，生态补偿可理解为人类为保障生态系统服务可持续发展的投入。对生态系统服务价值进行评估，能增强人类对生态系统服务重要性的直观认知，根据生态系统服务价值来制定生态补偿标准，具有较强科学性也容易被接受。环境经济评价的基础是人们愿意为环境改善的支付意愿，或者愿意为环境损失的受偿意愿，生态系统服务价值评估也是类似。具体的评价方法包括机会成本法、市场价值法、重置成本法、人力资本法等。在现有评价技术下，生态系统服务的使用价值和非使用价值比较容易区分，但存在价值、遗赠价值和选择价值之间有一定重叠，要完全分开并不容易。同时，目前关于生态系统服务的价值构成分类也不是尽善尽美，可能有一些人类尚未知晓的基础功能价值并未包括进去。此外，目前学术界在估算生态系统服务总价值时，都是先对各类价值分别计算后简单加总，这种方法可能会存在一些问题，因为各种生态系统服务之间会存在相互依赖的复杂关系。在现有技术条件下，生态系统服务的非使用价值很难估算，并且估算出的经济价值可能会远超使用价值，因此，在目前应首先补偿生态系统的使用价值，尤其是直接使用价值。

总之，生态系统服务价值是确定生态补偿标准的重要依据，但是由于评价方法的科学性和评价标准的不统一等原因，生态系统服务价值只能作为生态补偿的上限标准。

（二）外部性理论

1. 外部性的含义

外部性又称外部影响，是指在经济活动中，某一生产者（或消费者）的行为对其他人产生的超越主体范围的影响，是一种"非市场性"的附加影响。庇古是外部性理论创始人之一，他认为外部性是指某经济主体福利函数的自变量中包括了他人的行为，但该经济主体并未向他人索取补偿或提供报酬。用数学符号可表示为：

$$U_j = U_j(X_{1j}, X_{2j}, \cdots, X_{nj}, X_{mk}), \quad j \neq k \tag{2.1}$$

式 2.1 中：j 和 k 是不同的经济主体，U_j 表示主体 j 的福利函数，X_i（$i=1$，2，$\cdots$，n，m）指各种经济活动。该函数表明，经济主体 j 的福利除了受自身的经济活动 X_i（$i=1$，2，$\cdots$，n）影响外，还受到另一主体 k 的特定经济活动 X_m 的影响，说明了外部性的存在。

外部性的影响可能是有利的也可能是有害的。有利的影响称为正外部性，指某经济主体的行为给他人（或社会）带来额外收益，但该主体并未获得任何报酬，最终导致私人受益小于社会受益；有害的影响称为负外部性，指某经济主体的行为给他人（或社会）带来额外损失，但该主体并未付出任何成本，最终导致私人成本小于社会成本。无论是正外部性还是负外部性，都会影响到资源配置效率，使社会总体的均衡点偏离帕累托最优点。不妨以矿产资源开采导致的负外部性为例进行分析：

如果矿产资源开采没有环境污染，根据私人边际成本＝私人边际收益，即 $PMC = PMR$，可确定市场最优产量为 Q^*。但在实际中，矿产资源开采将对土地、空气等造成比较严重的破坏，但开采者付出的成本仅仅是自身生产经营的成本，而环境修复和土地破坏的成本均由社会承担，导致社会边际成本超过私人边际成本（$SMC > PMC$），SMC 曲线将位于 PMC 曲线之上（图 2.6）。因此，根据 $SMC = SMR$（SMR 为社会边际收益），可确定社会福利最大化的产量，即产量 Q。可见，由于负外部性存在，按照企业利润最大化原则确定的市场产量 Q^* 要高于按照社会福利最大化原则确定的产量 Q，说明矿产资源开采企业为了自身利润最大将不断扩大生产，造成污染物过度排放。

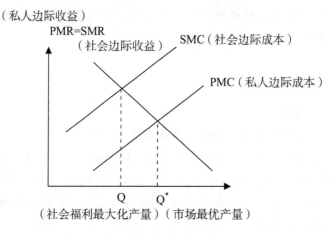

图 2.6　负外部性的影响

2. 生态补偿的实质是外部性的内部化

外部性的存在导致资源配置低效，社会福利未能达到帕累托最优，必须通过一些措施来解决外部性问题。解决外部性问题代表性的理论有两种：其一是以庇古为代表的"政府干预"理论；其二是以科斯为代表的"市场机制"理论。

（1）庇古税理论

1920 年，庇古出版了《福利经济学》一书，首次通过现代经济学方法对外部性问题进行系统研究。书中提出了"内部不经济""外部不经济""边际私人净收益""边际社会净收益"等重要概念，将外部性问题研究从单纯研究外部因素对企业的影响效果，转为研究企业（或居民）行为对其他企业（或居民）的影响效果，进一步完善了外部性理论。

根据庇古的观点，当边际私人成本与边际社会成本、边际私人收益与边际社会收益相背离时，单独依靠市场机制是难以实现社会福利最大化目标的，因此政府必须进行干预。具体政策是：当某部门边际私人成本小于边际社会成本（即存在负外部性）时，政府向其征税，以限制其产量；当某部门边际私人收益小于边际社会收益（即存在正外部性）时，政府给予一定补贴，以鼓励其增加产量。通过征税和补贴，可以有效实现外部影响的内部化，将产量调节到社会福利最大化产量，这就是"庇古税"的核心内容。

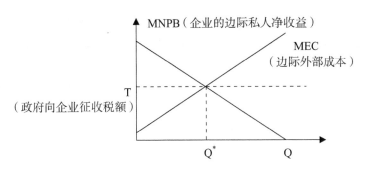

图 2.7　庇古税效应

如图 2.7 所示，$MNPB$ 为企业的边际私人净收益，MEC 为边际外部成本。为了实现利润最大化，只要 $MNPB>0$，企业将继续增加生产，因此最终的产量将最大化到 Q。而根据社会经济福利最大化的要求，当 $MEC>MNPB$ 时就应该停止生产，此时最优的产量为 Q^*。为了将产量控制为社会最优产量，政府向企业征收税额为 T，T 等于 $MNPB$ 曲线与 MEC 曲线交点值。显然，当 $T>MNBP$ 时，企业的净收益将为负值而不再生产，这样企业的最大产量即为 Q^*，与社会最优产量相同，实现了社会福利最大，而税收 T 将作为生态补偿以弥补社会环境成本损失。

（2）科斯定理

1960 年科斯发表了《社会成本问题》，提出了另一种解决外部性问题的思路，即利用产权制度，此即为后来所称的科斯定理。科斯认为，之所以出现外部性问题，主要是因为产权不清晰，如果能清晰界定产权，通过市场制度就可以较好地解决外部性问题，实现资源的最优配置。科斯定理的核心内容包括：只要交易费用为零，不管初始产权如何界定，通过市场谈判就能有效解决外部性问题，实现资源配置的帕累托最优；如果交易费用不为零，则初始产权界定不同会导致资源配置效率也不同，因此产权制度的设计是优化资源配置的基础。

利用科斯定理来分析环境污染负外部性的治理，结果如图 2.8 所示。假设初始产权界定给污染受害者，说明受害者有权不被污染，而排污者没有权利排污。此时，谈判的起点在原点 O，此时产量为零，完全没有污染，但这并非最终的均衡结果，因为双方还可以进行谈判。假设谈判结果由 O 点移动到 B 点，那么排污者获得的净收益为 S_{OBDA}，而受害者付出的成本为 S_{OBC}。由于 $S_{OBDA}>S_{OBC}$，所以排污者可以支付一定的货币来补偿受害者以弥补其损失，补偿额度介于 S_{OBC} 与 S_{OBDA} 之间（具体额度取决于双方谈判能力），这样受害者和排污者都将获益。这说明，由 O 点移动到 B 点属于帕累托改进。以此类推，由 B 点继续向右移动到 Q^* 点也是帕累托改进。当产量达到 Q^* 之后，如果继续向右移动，此时受害者增加的损失将超过排污者增加的收益，排污者将无法提供足够的补偿来弥补受害者损失，双方谈判的基础就不存在了。因此，最终的均衡点为 Q^*。

反之，假设初始产权界定给排污者，说明排污者有权利排污。此时，谈判起点在 Q 点，是排污者最大的产量，污染比较严重，但这并非最终的均衡结果，双方谈判结果可能由 Q 点移动到 F 点。当产量由 Q 点移动到 F 点时，排污者净收益将下降 S_{QFG}，受害者损失将下降 S_{QFHJ}。由于 $S_{QFHJ} > S_{QFG}$，所以受害者可以支付一定的货币来补偿排污者的损失，补偿额度介于 S_{QFHJ} 与 S_{QFG} 之间，这样双方都将获益。这表明由 Q 点向 F 点移动也属于帕累托改进。以此类推，由 F 点向 Q^* 点移动也是帕累托改进。所以，无论初始产权界定给受害者还是排污者，通过双方谈判，资源配置均可达到社会最优。

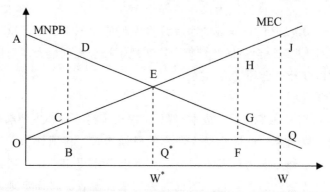

图 2.8 科斯定理

（3）庇古思路与科斯思路的比较

第一，庇古思路以征税和补贴为主要措施，主要依靠政府干预起作用，而科斯思路以自愿协商和排污权交易为主，主要依靠市场机制起作用。当出现市场失灵时，庇古思路往往更加有效；而当出现政府失灵时，科斯思路往往更加有效。或者反过来思考，利用庇古思路解决外部性问题时，要注意避免政府失灵问题；而利用科斯思路解决外部性问题时，要注意避免市场失灵问题。

第二，无论是庇古思路还是科斯思路，都有可能实现资源配置的帕累托最优，这点上两者并无区别。但从以往实践经验来看，庇古思路对计划经济体制和市场经济体制均能较好适用，因此实践运用案例较多。但由于官僚机构效率低下、激励机制不健全、信息不充分以及寻租等问题的存在，政府失灵现象普遍存在。同时随着产权制度和市场机制不断健全，科斯思路的应用前景可以预见非常广阔。

第三，无论是庇古思路还是科斯思路，都要求对产权进行清晰界定，当然相比较而言，科斯思路对产权清晰的要求更高。但是生态环境是典型的公共物品，其产权界定及保护非常困难，这样限制了科斯思路的广泛运用。

第四，两种思路的成本构成有所差异，其中庇古思路交易成本低而管理成本（或组织成本）高，科斯思路则交易成本高而管理成本（或组织成本）低。当交易成本非常高时，科斯思路往往无效；而当管理成本（或组织成本）过高时，庇古思路往往无效。

第五，相比较而言，政府往往愿意选择庇古思路，而公众和企业往往更加偏好科斯思路。因为按庇古思路制定政策，除了可以实现相应的环境、经济效益外，政府还可以获得环境税、排污费等额外的收入；而在产权清晰的情况下，公众和企业等市场主体可以通过协商和谈判等解决外部性问题，避免了政府过度介入。当然，从更广泛视角考虑，两种思路是相辅相成的，要妥善解决外部性问题需要政府和市场共同参与。市场交易效率较高，但需要有明确的产权界定，而完善产权制度和制定外部性规制政策则是政府的主要职责。

（4）庇古思路与科斯思路的生态补偿政策含义

根据前文所述，庇古思路与科斯思路都可能实现资源配置最优，两者的适用条件和范围有所不同。在实际制定生态补偿政策时，要根据具体的公共物品类型及产权是否明晰等进行细分。

第一，如果通过政府干预的交易成本低于通过市场谈判的交易成本，则选择庇古思路，即通过向生态环境破坏者（或受益者）征收一定环境税（费）来解决外部性问题。比如对于重要生态功能区而言，由于其提供的生态系统服务流动性大，受益范围广泛，导致产权界定比较困难，产权保护成本很高，受益者众多且容易隐藏自身偏好，所以生态功能区经营主体要与所有的受益者直接谈判并达成交易的成本巨大。此时，科斯思路是不可行的，政府必须进行干预。目前，影响较广的典型做法包括有些国家的环境税、碳税以及我国的资源税、退耕还林政策、排污费等。在现实中，庇古思路的应用也可能面临一些困难，如生态系统服务的受益范围和收益大小难以确定，即使能够确定受益范围，受益者的效用评价也会存在很大差异，因此要对生态环境外部性及征税（费）额度进行精确计量非常困难。

第二，如果通过政府干预的交易成本高于通过市场谈判的交易成本，则选择科斯思路，即通过市场主体的自愿协商和谈判来解决外部性问题。在各国生态补偿实践中，科斯思路被广泛运用。如一些国家对自然资源产权进行界定，包括渔业、森林等资源的私有化，有效地推动了这些资源的可持续利用；还有一些国家建立排污权交易制度，这是对科斯思路的创新，也大幅降低了环境污染。前文已述，科斯定理要成立必须满足一定前提条件，包括产权界定非常明确，交易成本为零（或非常低），外部性影响范围较小等。但在生态补偿实践中，这些条件要全部满足还是有相当难度。一方面，产权在理论上界定比较容易，而在实践中操作比较困难；另一方面，谈判双方为了自身利益最大化，往往会给对方制造一些障碍（如隐瞒信息等），使交易成本增加。

第三，如果通过政府干预的交易成本等于通过市场谈判的交易成本，则两种思路均可选择。值得说明的是，无论是市场谈判还是政府干预，在解决生态环境外部性问题时均可能存在失灵现象，即所谓的"市场失灵"和"政府失灵"。所以我们在设计生态补偿机制时，要尽量将两种思路结合起来，而不是简单的非此即彼。

（三）公共物品理论

1. 公共物品的内涵

1954 年，保罗·萨缪尔森发表了《公共支出的纯理论》，利用数学公式来划分私人物品和公共物品。他在文中首先将社会物品分为两类，即"私人消费品"和"集体消费品"。根据萨缪尔森的观点，"私人消费品"的消费总量等于所有消费者对该物品的消费量之和。可用公式表示为：

$$X_j = \sum_{i=1}^{s} X_j^i \qquad (j = 1, 2, \cdots, n; i = 1, 2, \cdots, s) \qquad (2.2)$$

其中，i 表示不同的消费者，j 表示不同的物品。

而"集体消费品"指的是消费者的消费行为不会影响其他消费者对该物品的消费。可用公式表示为：

$$X_{n+j} = X_{n+j}^i \qquad (2.3)$$

萨缪尔森进一步求出了公共物品最优边际条件即"萨缪尔森条件"。公式为：

$$\frac{u_j^i}{u_r^i} = \frac{F_j}{F_r} \qquad (i = 1, 2, \cdots, s; r, j = 1, 2, \cdots, n) \qquad (2.4)$$

$$\sum_{i=1}^{s} \frac{u_{n+j}^i}{u_r^i} = \frac{F_{n+j}}{F_r} \qquad (j = 1, 2, \cdots, m; r = 1, 2, \cdots, n) \qquad (2.5)$$

$$\frac{U_i u_k^i}{U_q u_k^q} = 1 \qquad (i, q = 1, 2, \cdots, s; k = 1, 2, \cdots, n) \qquad (2.6)$$

其中：式（2.4）表示私人消费品的均衡，其含义是私人物品 j 在生产中的边际转换率与每个消费者对私人物品 j 的边际替代率相等；式（2.5）表示集体消费品的均衡，其含义是集体物品 $n+j$ 在生产中的边际转换率与所有消费者对集体物品 $n+j$ 的边际替代率之和相等；式（2.6）是社会福利函数达到最优状态时的均衡条件。

纯公共物品与私人物品相比较，在消费上具有两个显著特征，即非排他性和非竞争性。除了纯公共物品和纯私人物品外，现实中还有大量介于它们之间的经济物品，可称为准公共物品，主要包括俱乐部物品和公共资源型物品（表 2.6）。

表 2.6　经济物品的分类

竞争性	排他性	
	有	无
有	纯私人物品	公共资源
无	俱乐部产品	纯公共物品

由于非排他性和非竞争性的特点，导致对公共物品的利用容易出现"公地的悲剧"和"搭便车"等问题。1968 年，加勒特·哈丁教授发表《公地的悲剧》，文中提到英国的一种土地制度——公地，即封建主拿出一些未耕种的土地无偿向牧民开放。由于是无偿放牧，牧民为了个人利益最大，明知公地会退化，仍尽可能增加牲畜数量，最终导致牧场的彻底退化，牧民的牲畜也将被饿死。这就是"公地的悲剧"，又称为"公有资源的灾难"，其定义可以概括为：如果一种资源具有非排他性，那么会引起过度利用，最终损害全体成员利益。这是由于产权不清所导致的严重问题。"搭便车问题"最早是 1740 年由休谟提出。他认为，只要存在公共物品，就会出现免费搭车者。因为政府对公众的偏好及效用函数不清楚，加上公共产品的非排他性特征，所以公众为了减少其出资份额（自愿捐献或缴税），会故意隐瞒其从公共物品消费中

获得的真实收益。这样，人们完全有可能不支付任何代价而享受由他人付费提供的公共物品，即出现"搭便车现象"①。

2. 作为公共物品的生态系统服务分类

（1）属于纯公共物品的生态系统服务

纯公共物品在消费上必须同时具备非排他性和非竞争性两个特点。国家级重要生态功能区就是典型的纯公共物品，其所提供的生态功能是整个国家生态安全的重要屏障。从非排他性和非竞争性来看，一方面，重要生态功能区扩散范围非常广泛，无法排除他人直接享受；另一方面，从全局来看，重要生态功能区的生态功能数量巨大，增加一个人消费并不会对他人的消费产生影响。此外，全球森林和生物多样性保护等国际补偿问题也具有纯公共物品的特征。

（2）属于公共资源的生态系统服务

公共资源的特征是在消费上有非排他性，但没有非竞争性，如跨省流域的上下游补偿问题。首先，流域跨度范围大，在技术上很难排除他人利用；其次，如果上游居民（或企业）对流域资源进行过度开发和利用，甚至造成水资源污染，必然会影响他人（尤其是下游居民）消费。当然，这种划分标准也只是相对的。在流域生态补偿中，有些可能更接近纯公共物品，比如大江大河等较大流域的生态补偿；有些流域补偿的相关主体比较明确，如南水北调工程中的水源涵养等，则更接近俱乐部物品。

（3）属于俱乐部物品的生态系统服务

俱乐部物品的特征是在消费上有非竞争性，但没有非排他性，如城市水源地保护及某一行政辖区内小流域生态补偿问题。由于空间距离较远，其他行政区域的人很难享受该区域的生态系统服务，因此排他性容易实现；但是对本区域内部而言，增加一个人消费并不会对其他人消费产生影响，因此具有非竞争性。当然，这种划分也是相对的。从整个国家尺度来看，地方性公共物品可以视为俱乐部物品，但如果从某一个省（或特定行政区域）来分析，则又可能是纯公共物品。与纯公共物品相比较，俱乐部物品生态补偿中的相关利益主体比较明确，因此可以通过自愿协商和谈判交易来解决外部性。

（4）属于准私人物品的生态系统服务

准私人物品特征是消费上既没有非排他性，也没有非竞争性，但是与纯

---

① 显然，如果所有社会成员都选择"搭便车"，谁都不愿意付费，那最终必然导致公共物品供给不足。

私人物品有所不同，因为产权归属国家，具有一定的公共物品性质，因此称为准私人物品。比如，矿产资源开发等生态补偿问题就可归属为准私人物品。主要原因为：一方面，矿产资源开发的产品多为私人物品，矿业企业作为环境污染问题的责任主体非常明确；另一方面，矿产资源产权归属国家，矿产资源开发产生的污染虽然大多为点源污染，但具有部分公共物品性质。总体而言，矿产资源开发生态补偿相关利益主体比较明确，主要是矿业企业、地方政府和当地居民（社区）的关系。

3. 公共物品属性与生态补偿政策边界

公共物品属性导致了自然生态系统及其提供的生态服务、生态功能面临过度利用或供给不足等现实问题。生态补偿就是在对不同类型公共物品补偿主客体进行界定的基础上，通过相关制度设计，规定相关主体的权利、责任和义务等，以协调各主体之间的利益关系，激励生态建设者的供给积极性，妥善解决公共物品的过度利用或供给不足问题。在生态补偿实践中，我们在设计生态补偿政策框架时，必须明确生态补偿政策边界或者政策作用范围，比如不同类型公共物品的哪些生态功能或生态损失需要给予补偿。如果生态补偿政策边界不清晰，可能会导致生态补偿政策的偏差。

（1）对纯公共物品的生态补偿政策边界

国家自然保护区、大江大河水系、江河源头区以及生态敏感和脆弱区等都属于国家重要生态功能区，是典型的纯公共物品。纯公共物品的生态补偿政策需要解决两个层次的问题，即平等的发展权问题和平等的责任问题。

第一，平等的发展权问题。生态区群众与非生态区群众具有平等的发展权，但由于国家对重要生态功能区自然资源利用和生态环境保护的约束非常严格，制定了大量限制开发和禁止开发的制度，导致生态功能区所在地政府和居民的发展权部分甚至完全丧失，而生态功能区提供的生态服务功能却被其他受益者无偿享用，这是非常不公平的。所以生态补偿政策首先应对这种发展权的丧失进行补偿，这也是生态补偿的最低标准。

第二，平等的责任问题。理论上，生态系统服务的提供者和受益者在生态环境保护方面具有平等的责任。但在现实中，国家对重要生态功能区生态环境保护的要求更加严格，所以生态功能区为保护生态环境而付出的成本更大，因此受益者应当对生态环境保护者给予一定补偿，以弥补生态功能区居民付出的额外成本。关于此类生态补偿主客体界定，由于国家重要生态功能区的受益者是国家全体公民，因此补偿主体应是作为全体受益者代表的中央政府；而补偿客体则是生态功能区所在地的政府、企业和居民。

对于全球范围内的纯公共物品，如全球森林和生物多样性保护，补偿主体应是所有的受益国，各国承担的具体责任可以通过多边协定来确定。如果生态系统服务可以量化确定，比如森林的固碳功能，则可以通过市场贸易和碳交易等方式进行补偿。

（2）对公共资源的生态补偿政策边界

公共资源的生态补偿主要发生在跨省流域的上下游之间，主要包括下游对上游的生态补偿和上游对下游的污染赔偿。① 一方面，流域上游地区有义务按照法律要求或者初始权利界定对本区域水源进行治理，保证水质达到国家要求。为此，上游地区可能会丧失部分发展权或者付出额外的治理成本，而下游地区则从中受益。因此，下游地区的地方政府作为受益者集体代表应成为补偿主体，而补偿客体则应是上游参与水源治理的地方政府、企业和社区居民等。对于这类生态补偿，补偿模式可以选择市场交易模式，也可以选择公共购买模式，具体取决于相关利益主体的意愿及实施条件是否成熟。当然，无论选择何种模式，都需要上级政府的监督协调，特别是当利益主体根据科斯思路进行协商谈判时，上级政府要搭建相应的工作平台。另一方面，如果上游地区没有履行好自身义务，造成水源污染或水质未达到国家标准时，给下游地区带来损失，则必须向下游地区进行赔偿。此时，支付赔偿的主体应是上游地区污染企业或地方政府，而接受赔偿的主体应是下游地区遭受损失的地方政府、企业和社区居民等。

（3）对俱乐部物品的生态补偿政策边界

俱乐部物品生态补偿主要针对的是省级及以下行政辖区内生态系统的补偿问题。前文已述，俱乐部物品主要是对整个国家尺度而言，如果空间尺度为一个省（或特定行政区域），则俱乐部物品又可以进一步细分为纯公共物品、公共资源、准私人产品。因此俱乐部物品的生态补偿政策边界可参照国家尺度上其他类型物品的补偿，只不过生态补偿相关主体均限于本行政辖区内。

---

① 新安江流域生态补偿为全国首个跨省流域生态补偿机制的试点。2011 年，新安江流域生态补偿机制正式启动（首轮试点已结束）。首轮试点期限内，补偿资金额度为每年 5 亿元，其中中央财政出资 3 亿元，安徽、浙江两省分别出资 1 亿元，年度水质达到考核标准（P≤1），浙江拨付给安徽 1 亿元；水质达不到考核标准（P＞1），安徽拨付给浙江 1 亿元；不论上述何种情况，中央财政 3 亿元全部拨付给安徽省。

（4）对准私人产品的生态补偿政策边界

矿产资源开发等生态补偿问题具有准私人物品的性质。在现实中，矿产资源开发导致的负外部性问题包括：其一，矿产资源开发直接引起的空气、水、地表等生态要素的污染或破坏，这些污染企业自身有能力进行治理。对这一类问题，可以根据"谁污染，谁付费"原则，由矿产资源开发企业自行解决污染及破坏问题，如矿山复垦等。其二，矿产资源开发导致的区域性生态环境问题，如区域性地表塌陷、地下水污染等，这些问题企业自身很难解决，需要由地方政府进行补偿和修复，但企业应支付一定费用，如保证金等。其三，生态环境污染或破坏对矿区居民带来的不利影响及损失，也应该由矿产资源开发企业进行补偿。

（四）可持续发展理论

1. 可持续发展内涵

可持续发展的提出最早源于 1980 年的《世界环境保护纲要》[①]。1981 年，布朗出版《建设一个可持续发展的社会》，提出通过控制人口增长和开发再生能源等途径实现可持续发展。1987 年，联合国世界环境和发展委员会出版《我们共同的未来》，首次对可持续发展进行定义，即既能满足当代人的需要，又不对后代人满足其需要的能力构成危害的发展。1992 年，联合国召开"环境与发展大会"，通过了《里约环境与发展宣言》《21 世纪议程》等以可持续发展为核心的重要文件。随后，中国政府发布《中国 21 世纪人口、资源、环境与发展白皮书》，首次将可持续发展战略纳入国家经济社会发展长远规划。

可持续发展一般包括经济、社会和环境三部分，其主导因素有人口、污染、贫穷、资源损耗、环境问题等。可持续发展与环境、贫穷之间的关系如图 2.9 所示：

---

① 《世界环境保护纲要》由国际自然资源保护联合会、世界野生生物基金会和联合国环境规划署共同拟定，提出"必须研究自然的、社会的、生态的、经济的以及利用自然资源过程中的基本关系，以确保全球的可持续发展"。

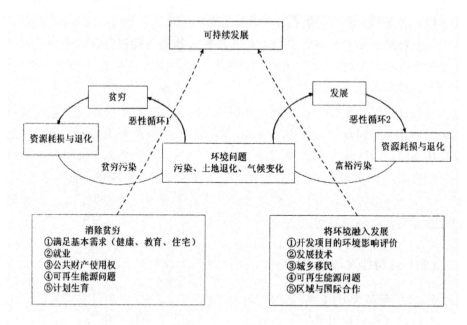

图 2.9 可持续发展、环境与贫穷之间的关系

左边的循环解释了贫穷如何引起资源损耗与退化。贫穷时，为了满足生存需要，会引起土壤侵蚀和环境污染，而土壤侵蚀和环境污染则会进一步加剧贫困；右边的循环解释了发展如何引起资源损耗、退化及气候变化，这些生态环境问题反过来又将影响发展进程。因此，要实现可持续发展，必须通过强有力的干预措施，打破这两个恶性循环。

可持续发展内涵包括：其一，突出发展主题。发展是集经济、社会、文化、科技、环境等一体的综合现象，与经济增长有本质差异，任何国家都享有平等的发展权利。其二，发展的可持续性。人类经济社会发展必须在资源与环境的承载范围内，否则会出现灾难性后果。其三，人与人关系的公平性。包括代内公平和代际公平，代内公平指同代人之间一部分人的发展不能损害他人的利益；代际公平指当代人的发展不能损害后代人的发展机会。其四，人与自然的协调共生。人类必须学会尊重自然、师法自然、保护自然，与自然和谐相处。

2. 可持续发展与生态补偿关系

可持续发展是一种新型发展观，要求人类经济社会发展必须在资源与环境的承载范围内，对于发展过程中产生的对自然生态系统的破坏，应当进行补偿。可持续发展视角下的生态补偿内涵应包括：

第一，生态补偿政策应纳入国家整个经济——社会——环境协调发展框架内。可持续发展意味着发展过程中人口、经济、社会、生态环境等要素相互协调，人类社会对生态资源的消耗不能超出生态系统的承载能力，同时生态补偿也应在社会经济承受能力范围内。

第二，代内的公平。生态危机的爆发，既有贫困地区为了解决温饱问题而对资源进行掠夺性开发，更有发达地区为了追求奢侈生活而过度利用资源的原因。经济发达地区通过维持或增加其高额资源和环境消耗而抵消由此产生的环境成本，却要求欠发达地区为保护生态环境牺牲自己的发展权利，这显然是不公平的。贫困阶层往往分担过多的环境负担，与富裕阶层相比，他们却并不是经济增长的最大受益者。同时，社会两极分化带来的不稳定因素也会影响社会的稳定性和可持续性。可持续发展要求以"谁污染、谁负担；谁受益、谁负担；谁破坏、谁负担"的原则，公平分担对被破坏的生态系统的补偿费用，并由政府通过转移支付等方式对贫困地区予以资助，协调区域间的生态补偿能力。

第三，代际的公平。代际公平是可持续发展理论的一个重要方面。它是指人类的每一代人都是其后代人的地球权益的托管人，在不同代际之间，人类开发、利用自然资源方面的权利应当是平等的。通过生态补偿制度，维持生态系统内各种物质和能量存量的稳定性，防止生态环境与自然资源发生代际退化，是可持续发展的要求。代际公平要求我们在消耗自然资源时，考虑到对后代生态价值的影响。通过生态补偿恢复已被破坏、污染的生态环境，提供健康、完整的环境以便后代人满足自己的需求，这是每一个当代人不可推卸的责任。

（五）博弈和演化博弈论

1. 博弈论基本概念

博弈论译自英文"game theory"，也称对策论。谢识予（2002）曾对博弈做过一个比较直白的定义，即博弈是指一些个体、队组或其他组织面对某种环境条件，在既定的约束条件下，依据各自所掌握的信息，同时或先后，一次或重复多次，从各自允许选择的行为或策略集中进行选择并实施，各自取得相应结果的过程。博弈论的基本概念包括参与人、行动、信息、策略、支付、结果和均衡，其中参与人、策略和支付函数是描述一个博弈所需要的最少要素。

按照不同的分类角度，可以把博弈问题划分成不同的类别。通常把博弈按照三个角度进行分类：①按照参与人决策的先后顺序，分为静态博弈和动态博弈。静态博弈是指参与人同时决策或虽然不同时决策但相互之间不知道对方的策略；动态博弈是指参与人决策有先后顺序并且后决策的参与人可以观察到对手的决策。②按照参与人对其他参与人的了解程度，分为完全信息博弈和不完全信息博弈。完全信息博弈是指在博弈过程中，每一个博弈参与人对其他参与人的特征、策略空间及收益函数等都有准确的了解。否则，即为不完全信息博弈。③按照参与人之间是否有合作，分为合作博弈和非合作博弈。合作博弈是指参与人之间具有约束力的协议，彼此在协议范围内进行博弈。否则，为非合作博弈。

非合作博弈是指博弈者独立自主做出决策，并不通过合谋，是一个策略选择问题，如经典的"囚徒困境"案例就是非合作博弈。非合作博弈可分为四种不同的类型：完全信息静态博弈、完全信息动态博弈、不完全信息静态博弈、不完全信息动态博弈。与上述四种博弈相对应，有四种均衡概念，即纳什均衡、子博弈精炼纳什均衡、贝叶斯纳什均衡、精炼贝叶斯纳什均衡。

纳什均衡是非合作博弈论的重要基础，是指一组满足给定对手的行为时，各参与者所做出的是它所能做的最好的策略（或行为）。由于各参与者没有偏离策略的冲动，因此这种策略组合是稳定的。用数学表达纳什均衡定义就是：

对于标准式博弈 $G = \{S_1, S_2, \cdots, S_n; u_1, u_2, \cdots, u_n\}$ 中，如果在某个策略组合（$s_1^*, s_2^*, \cdots s_n^*$）中，任一博弈方 i 的策略 s_i^* 都是应对其余博弈方策略组合（$s_1^*, \cdots s_{i-1}^*, s_{i+1}^* \cdots s_n^*$）的最佳策略，也即 $u_i(s_1^*, \cdots s_{i-1}^*, s_i^*, s_{i+1}^* \cdots s_n^*) \geqslant u_i(s_1^*, \cdots, s_{i-1}^*, s_{ij}, s_{i+1}^*, \cdots s_n^*)$ 对任意 $s_{ij} \notin S_i$ 都成立，则称（$s_1^*, s_2^*, \cdots s_n^*$）为 G 的一个纳什均衡。

2. 演化博弈内涵

传统的博弈理论是基于两个基本假定基础上的，即理性人假定和完全信息假定，这是不符合现实情况的。对现实中的参与者来说，由于知识储备的不足，是很难做到完全理性的，同时由于经济环境本身的复杂性，参与者对信息的完全掌握也是不可能的。与传统博弈理论有所不同，演化博弈理论并不是建立在理性人和完全信息这两个假定上的。如西蒙（Simon）利用博弈方法分析决策问题时，提出人的行为只能是"有限理性"。

一般而言，选择和突变是建立一个演化博弈模型的基础。所谓选择，是指在博弈中更多的参与者都将采用能够获得较高支付的策略；而突变是指所有的参与者中，有部分个体将随机采用不同于群体的策略，这个策略可能获得较高的支付，也有可能获得较低的支付。从本质上来看，突变也是一种选择，是一个不断试错的过程，但是最后能生存下来的只有好的策略。所以，突变是一个学习与模仿的过程，并且在突变过程中，适应性在不断改进。只有同时具备选择和突变这两个方面的模型才是演化博弈模型，否则不是。演化博弈理论有两个核心概念：

第一，演化稳定策略。所谓演化稳定策略是指，如果整个种群的每一个成员都采取这一策略，那么在自然选择的作用下，不存在一个具有突变特征的策略能够侵犯这个种群。比较形式化的定义是，设单个 A 策略者面对采取 B 策略者的种群所得到的适存度为 $W(A,B)$，如果对于任何 $J \neq I$，都有 $W(J,I) < W(I,I)$，那么 I 将是一个演化稳定策略。

定义 1　如果 $\forall y \in A, y \neq x$，存在一个 $\overline{\varepsilon_y} \in (0,1)$，对于任意 $x \in (0, \overline{\varepsilon_y})$，不等式 $u[x, \varepsilon y + (1-\varepsilon)x] > u[y, \varepsilon y + (1-\varepsilon)x]$ 均成立，则 $x \in A$ 被称为演化稳定策略。其中 A 表示群体中个体进行博弈时使用的支付矩阵；y 表示一个突变策略；ε_y 称为侵入界限，是与突变策略 y 有关的一个常数；$\varepsilon y + (1-\varepsilon)x$ 则表示选择两种策略的不同群体所组成的一个混合群体。

由定义 1 可知，除非有外部强大的冲击，否则系统就不会偏离原来的稳定状态，也就是说系统会"锁定"于这种稳定状态。

定义 2　在博弈 G 中，如果一个行为策略 $s = (s^1, s^2)$ 满足以下两个条件：①对任意的 $\acute{s} \in S \times S$，满足 $f(s,s) \geqslant f(\acute{s},s)$；②如果 $f(s,s) = f(\acute{s},s)$，那么对任意的 $s \neq \acute{s}$，有 $f(\acute{s},s) \geqslant f(\acute{s},\acute{s})$，则称该策略为演化稳定策略。

演化博弈模型是一种动态结构，是描述状态 S 如何随时间演化的，如果考虑连续时间的情况，状态对时间的导数可以定义为 $\bar{s} = (\overset{\cdot}{s}^1, \cdots, \overset{\cdot}{s}^K)$。其中，$\overset{\cdot}{s}^k = (\overset{\cdot}{s}_1^k, \cdots, \overset{\cdot}{s}_N^k)$，还可以表示为 $\overset{\cdot}{s}^k = (ds_1^k/dt, \cdots, ds_N^k/dt), (k = 1, 2, \cdots K)$。因此，这个过程可用某个函数 $F : S \rightarrow R^{NK}$ 表示，即 $\bar{s} = F(s)$。可见，演化博弈可以看作一个典型的微分方程自治系统，在给定初始条件 $s(0) \in S$ 的情况下，可以用微分方程 $\bar{s} = F(s)$ 的解所对应的曲线，来描绘该种群的具体演化过程。进一步，若该系统中存在稳定解，则该解就对应于演化稳定策略（ESS）。

第二，模仿者动态。在考察生态演化现象时，Taylor 和 Jonker 将所有种群看成一个群体，并对每个种群均实行程式化，并视为一个特定的纯策略。假设在任何时候，每一个种群都只能选择一个纯策略，则可以用混合策略来表示在不同时刻整个群体所处的状态。在演化博弈模型中，$S_K = \{s_1, s_2, \cdots,$

s_K} 为纯策略集；N 为种群中个体总数；$n_i(t)$ 表示种群中在 t 时刻有多少个体选择纯策略 i。$x(x_1,x_2,\cdots,x_K)$ 表示在时刻 t 时群体的状态，其中，x_i 表示有多大比重的人选择纯策略 i，即 $x_i = n_i(t)/N$。以 $f(s_i,x)$ 表示个体选择纯策略 s_i 时的期望支付，$f(x,x) = \sum x_i f(s_i,x)$ 则表示群体中所有个体平均期望支付。

所以，可将系统的微分方程表示为：$dx_i(t)/dt = x_i \cdot [f(s_i,x) - f(x,x)]$。

3. 博弈论与生态补偿的关系

博弈论与生态补偿的关系主要表现在以下几方面：

第一，博弈论研究的核心问题是不同主体之间的冲突与合作问题，而生态补偿实质上是利益再分配的过程，生态补偿相关主体之间难免产生利益冲突，势必引起众多利益主体和政府部门的参与和较量。只有正视这些矛盾和冲突，尊重所有主体的利益诉求并加强合作，才能通过构建科学合理的补偿机制来促进生态系统可持续发展。在此过程中，人的行为成为影响构建生态补偿机制的主要变量。

第二，博弈论承认人的个体理性，主张个体理性与集体理性应合理兼容，认为个体利益的最大化并不必然导致集体利益的最大化。实现社会整体利益最大化的前提是，必须在满足个体理性的条件下达到集体理性。在生态补偿过程中，个体理性与集体理性的差异不仅是造成生态系统破坏的主要原因，同时也是推动生态系统建设各主体间合作的逻辑起点。同样可以说明，生态补偿制度如果不能构成纳什均衡，则这种制度安排显然不能发挥作用，或者说仅仅是一种无效的制度。

第三，博弈论不仅把不同制度模式作为主要分析变量，同时又把能够满足纳什均衡条件（所有参与各方均可自主接受的制度模式）作为研究结果。在生态系统建设过程中，所有相关主体会依据不同的制度约束做出有利于自己的行动选择，其中只有满足博弈的内生规则的制度才能成为有效的制度，这也为生态系统建设主体从冲突走向合作的制度设计提供了理论支持。

第四，博弈论主要研究存在外部性和信息不对称条件下的个人选择问题。由于在生态系统建设过程中，存在着广泛的外部性，在许多情形下个体成本与社会成本、个体收益与社会收益互不相抵，同时在生态系统建设和管理过程中存在大量的非对称信息，正是由于外部性和不对称信息的广泛存在，加剧了生态补偿的复杂程度，为决策者制定政策带来不确定性和风险。

第三章 中国公益林建设及生态补偿政策演进

一、中国林业发展历程及现状

(一) 中国林业建设发展历程

中国林业建设发展历程大体可分为分散建设阶段、工程建设阶段和全面建设阶段。

1. 分散建设阶段

20世纪50年代初至70年代后期为林业的分散建设阶段。新中国成立后，全国开展了各式各样的造林活动，使林业建设得到了一定的恢复和发展。但当时人们对林业的认识仅仅局限于获取木材收益上，对林业的生态效益和社会效益认识不够，不重视林业的生态环境建设，为此建立了许多森工局，采伐大片的森林，林业的生态环境建设受到了一定程度的影响。这一阶段又可分为两个时期：一是起步时期（50年代初至60年代中期）。新中国成立后，在"普遍护林、重点造林"的方针指导下，中国相继开始营造防风固沙林、农田防护林、沿海防护林、水土保持林等。虽然这一时期各地开始营造各种类型的防护林，但是这时营造的防护林林种单一、缺乏全国统一规划，难以形成整体效果。二是停滞时期（60年代中期至70年代后期）。"文化大革命"期间，林业建设速度放缓甚至停滞，部分先期营造的林分遭到破坏。

这一阶段的造林方式主要是传统的群众化造林。新中国成立初期，面对全国的2.6亿公顷荒山，在国家领导人的大力倡导下，各地广泛地开展了群众性植树造林运动，形成了社会办林业、群众搞绿化的良好氛围，但森林培育技术和管理水平比较低下。1952年，原林业部发出"发动群众自己采种，自己育苗，自己造林"的号召，第二年，国务院又发出"关于发动群众开展造林、育林、护林的工作指示"。此时的造林生产活动具有明显的社会群众自发性。

2. 工程建设阶段

20 世纪 70 年代后期至 90 年代后期为林业的工程建设阶段。随着森林资源的持续减少，生态环境的日益恶化，人们开始认识到林业在维护生态环境方面的巨大作用，加大了防护林建设的步伐，防护林建设因此步入了一个体系建设阶段。防护林建设改变了过去单一生产木材的传统思维，在加快林业产业体系建设的同时，加强了林业生态体系建设，先后确立了以改善生态环境、遏制水土流失、扩大森林资源为目标的十大林业生态工程。即"三北"、长江中上游、太行山、沿海、平原、防沙治沙、珠江、淮河太湖、辽河和黄河中游防护林体系建设工程。这十大林业生态工程规划区总面积为 705.6 万平方千米，占国土总面积的 73.5％，覆盖了中国生态环境最为脆弱的地区。

这一阶段造林方式以粗放化的工程化造林为主。以 1978 年"三北"防护林体系建设工程的启动为标志[①]，中国林业开始了一条探索规模化、工程化造林的新道路。由于国家筹集的资金有限，资金投入主要用于种子和苗木等，劳务补助很少或没有，工程的直接管理费用较低。这种工程造林具有明显的严肃性和系统性，与传统造林相比具有如下特点：

（1）工程造林在技术措施上优于传统造林。工程造林的营林措施是依据技术先进、经济合理的原则确定的，营林的各环节均具有明确的技术标准和操作规范。

（2）工程造林在管理上优于传统造林，表现在种苗管理、资金管理、检查验收、后期管护等方面。例如，"三北"防护林体系建设工程分别制定了计划、资金等十多项管理办法，长江防护林工程实施全面质量管理体制，建立了"四查"和"五不准"制度，即"工程自查，地区复查，省抽查，林业部核查"四查和"没有作业设计不准施工，不是适生良种不准使用，不合格苗木不准出圃，整地不合格不准栽植，造林不合格不准验收"五不准（李怒云，2007）。

---

① "三北"防护林工程是指在中国三北地区（西北、华北和东北）建设的大型人工林业生态工程。"三北"防护林体系东起黑龙江宾县，西至新疆的乌孜别里山口，北抵北部边境，南沿海河、永定河、汾河、渭河、洮河下游、喀喇昆仑山，总面积为 406.9 万平方公里。从 1978 年到 2050 年，历时 73 年，分三个阶段、八期工程进行，规划造林 5.35 亿亩。

（3）工程造林效益优于传统造林。大量的文献数据表明，工程造林的平均成活率、3年后的平均保存率、造林面积保存率较传统造林相比大幅度提高，工程管理方式产生了较大的经济、生态和社会效益。

3. 全面建设阶段

20世纪90年代后期至今为全面建设阶段。人们对林业的地位和作用的认识更加深刻，党中央、国务院对林业的发展也给予了高度重视，出台了《中共中央、国务院关于灾后重建、整治江湖、兴修水利的若干意见》，国务院出台了《全国生态环境建设规划》，原国家林业局制定了《中国生态环境建设规划（林业专题）》，将我国林业生态体系建设划为八大保护与治理区，按不同的治理目标，布局了16个重点林业生态建设工程。1998年国家实施天然林保护工程，对全国重点地区天然林资源实施禁伐。2000年原国家林业局、原国家计委、财政部提出退耕工作实施方案，开始实施退耕还林还草工程。2001年，"三北"防护林四期工程也开始启动。与此同时，原国家林业局对全国林业建设工程重新整合，在全国范围内实施天然林资源保护工程、退耕还林工程、"三北"及长江流域等防护林体系建设工程、京津风沙源治理工程、野生动植物保护及自然保护区建设工程、重点地区速生丰产用材林基地建设工程等六大林业重点工程，其中五大工程都涉及林业生态环境建设。我国的林业生态建设步入了以大工程带动大发展全面建设阶段。2005年以后，国务院先后批复了《全国湿地保护工程近期实施规划》（2005）、《全国沿海防护林体系建设工程规划》（2008）、《全国森林防火中长期规划》（2009）、《全国造林绿化规划纲要（2011～2020年）》（2011）、《天然林资源保护工程森林管护管理办法》（2012）、《国有林场改革方案》（2015）、《国有林区改革指导意见》（2015）、《国务院办公厅关于完善集体林权制度的意见》（2016）、《全国森林经营规划（2016－2050年）》（2016）、《国家林业局关于加快培育新型林业经营主体的指导意见》（2017）、《国家林业局关于进一步加强国家级森林公园管理的通知》（2018）、《国家林业和草原局关于进一步放活集体林经营权的意见》（2018）等一系列关于林业建设的文件。

经过工程建设和全面建设两个阶段，中国的林业得到了快速发展。从1973年开始至2014年，中国已完成了八次森林资源普查，具体普查数据如表3.1所示。

表 3.1　历次森林资源普查数据（单位：万公顷%；万立方米）

年份	林业用地面积	森林面积	人工林面积	森林覆盖率	活立木总蓄积量	森林蓄积量
1973—1976	25760	12200		12.70		865600
1977—1981	26713	11500		12.00		902800
1984—1988	26743	12500		12.98		914100
1989—1993	26289	13400		13.92		1013700
1994—1998	26329	15894	4709	16.55	1248786	1126659
1999—2003	28493	17491	5365	18.21	1361810	1245585
2004—2008	30590	19545	6169	20.36	1491268	1372080
2009—2013	31259	20769	6933	21.63	1643281	1513729

数据来源：中国林业网 http://www.forestry.gov.cn/。

由表 3.1 可知，中国森林面积从第一次普查的 12200 万公顷增加到第八次普查的 20769 万公顷，净增加了 8569 万公顷，其中人工林面积增加了 2224 万公顷；森林面积占林业用地面积的比重从 47.36％增加到 66.44％，净增加了 19.08％；森林覆盖率从 12.70％增加到 21.63％，净增加了 8.93％；森林蓄积量从 865600 万立方米增加到 1513729 万立方米，净增加了 648129 万立方米。

（二）中国林业发展现状

1. 造林面积不断攀升

2017 年，中国共完成造林面积 768.07 万公顷（1.15 亿亩）[①]，超额完成全国营造林生产滚动计划（造林 1 亿亩）。2017 年造林面积与 2008 年的 527.44 万公顷相比，增加了 45.62％，年均增加 4.26％。从造林方式来看，2017 年人工造林 429.59 万公顷、飞播造林 14.12 万公顷、新封山育林 165.72 万公顷、退化林修复 128.10 万公顷、人工更新 30.54 万公顷。从省域分布来看，内蒙古、贵州两省（区）造林面积均超过 1000 万亩，四川、湖南、河北、湖北、云南和陕西六省造林面积均超过 500 万亩，其余省（区、市）造林面积均低于 500 万亩。2017 年，国家林业重点生态工程建设扎实推进，全年完成造林面积 299.12 万公顷，比 2016 年增长 19.6％。国家林业重点生态工程造林面积占全部造林面积的 38.9％。其中：天保工程 39.03 万公顷、退耕还林工程 121.33 万公顷、京津风沙源治理工程 20.72 万公顷、石漠化综合

---

① 自 2015 年起，造林面积包括人工造林、飞播造林、新封山育林、退化林修复、人工更新。

治理工程 23.25 万公顷、三北及长江流域等重点防护林体系工程 94.79 万公顷。

2. 生态保护政策制度不断优化

(1) 全面保护天然林

经国务院批准同意，"十三五"期间全面取消了天然林商业性采伐限额指标。其一，积极协调财政部落实停伐补助政策。2017 年中央财政共安排停伐（含管护）补助 123.77 亿元，比 2016 年增加 7.3 亿元。其二，将天然林保护工程区外国有天然林全部纳入停伐管护补助范围。将集体和个人天然林停伐管护补助范围由 7 个省扩大到全国，补助面积达 1.4 亿亩。其三，提高天然林资源保护相关补助标准。将天保工程和天保工程区外国有林管护补助标准由 8 元/亩·年提高到 10 元/亩·年，将天保工程职工社会保险补助缴费基数由 2011 年当地社会平均工资的 60％提高到 2013 年的 80％，进一步提高了林区职工收入和社会保障水平。

(2) 森林质量精准提升

2017 年，原国家林业局、国家发展和改革委员会、财政部联合印发《"十三五"森林质量精准提升工程规划》，规划目标"十三五"期间基本完成各级森林经营规划和森林经营方案编制，森林抚育 4000 万公顷，退化林修复 1000 万公顷。启动森林质量提升工程试点，全国范围内启动实施了首批 18 个森林质量精准提升示范项目，选择江西赣州、山西太行山等重点地区，结合国家储备林建设，开展退化林修复、混交林和景观林培育、灌木林平茬复壮、经果林提质建设。安排中央基本建设资金 3.8 亿元、中央财政林业改革发展资金 4.2 亿元，重点支持示范项目，撬动金融社会资本投入。2017 年，全年共完成森林抚育面积 885.64 万公顷，比 2016 年增长 4.2％。全年完成退化林修复面积 128.10 万公顷，比 2016 年增长 29.3％，其中低效林改造面积 76.42 万公顷，退化防护林改造面积 51.68 万公顷。在人工造林、退化林修复过程中注重优先营造混交林，全年新造和改造混交林面积 155.58 万公顷。人工造林按林种主导功能分，防护林所占比重最大，面积达到 190.49 万公顷；经济林面积达到 174.79 万公顷；用材林面积达到 61.48 万公顷。

3. 林业服务"三大战略"重点更加突出[①]

(1) 京津冀协同发展林业建设

其一，加大重点生态修复工程建设力度。2017 年，京津风沙源治理二期

---

① 三大战略在 2015 年的《政府工作报告》中首次提出，具体指"一带一路"、长江经济带和京津冀协同发展三大战略。这三大战略的共同特点是跨越行政区划、促进区域协调发展。

工程对京津冀地区下达营造林任务 97.36 万亩，下达林业投资 3.27 亿元。其二，积极保护和恢复湿地。加大对京津冀地区湿地保护的政策资金支持力度，加强湿地保护体系建设，支持开展湿地监测评价。其三，加强自然保护区建设。加大京津冀地区自然保护区人员培训力度，围绕极小种群野生植物开展野生植物外救护与繁育工作，针对缘毛太行花、河北梨等极小种群野生植物开展拯救保护工作。其四，积极推进环首都国家公园体系建设。明确环首都国家公园框架体系建设工作，组织开展环首都国家公园体系规划的前期研究工作，形成《环首都国家公园体系建设研究报告（初稿）》和《环首都国家公园体系发展规划（纲要）》。其五，积极推进京津冀地区的国家储备林建设。京津冀地区共完成国家储备林基地建设任务约 25.93 万亩，利用政策性、开发性贷款 61.69 亿元。

（2）长江经济带林业生态保护与建设

其一，科学谋划林业发展布局。原国家林业局组织编制了《长江经济带森林和湿地生态系统保护与修复规划（2016～2020 年）》、《长江沿江重点湿地保护修复工程规划（2016～2020 年）》，联合国家发展和改革委员会印发了《关于加强长江经济带造林绿化的指导意见》，科学谋划林业发展布局。其二，全面保护森林资源。沿江各省（区、市）国有、集体和个人所有的天然林实现全面停伐，加强森林管护和后备资源培育，确保长江经济带森林生态功能得到修复。探索建立林长制，开展生态红线制度建设试点，将林地、湿地保有量等生态指标纳入年度市县科学发展综合评价体系。严格执行林地分级管理和用途管制、森林采伐限额制度，严控林地非法流转。其三，加快建设沿江绿色屏障。以长江防护林、退耕还林、石漠化治理、三峡后续植被恢复等林业重点工程为载体，突出荒山造林、水系绿化、通道绿化、扩展绿色生态空间，加快建设沿江绿色屏障。其四，加强湿地保护与恢复。长江经济带湿地资源丰富，湿地面积达 1154 万公顷，超过全国湿地总面积的 1/5，国际重要湿地 17 处，湿地自然保护区 167 个。原国家林业局在长江经济带先后实施了国家湿地保护与恢复项目、湿地生态效益补偿、退耕还湿等湿地项目，沿江各地湿地保护率显著提升。

（3）"一带一路"建设林业合作

2017 年，"一带一路"建设林业合作继续突出生态文明和绿色发展理念，根据沿线国家生态保护与修复的现状和需求，结合双方生态合作基础，在森林生态系统综合管理、沙尘暴和荒漠化综合治理、野生动植物保护、边境森林草原防火等方面开展深度合作，为我国推进"一带一路"建设提供更好的生态条件。利用"一带一路"建设的发展契机，加强与沿线国家的林业经贸合作，科学布局林业国际贸易与投资，加速我国林业产业转型升级。其一，加强林业合作顶层设计。出台了"一带一路"建设林业合作规划，引领和推进林业经贸、荒漠化、野生动物保护合作。其二，林业对外经贸合作取得积极进展。我国主要林产品出口前 15 位国家中，有 6 个属于"一带一路"沿线国家。其三，林业对外投资增长迅速。我国林业企业已经在俄罗斯、缅甸、乌兹别克斯坦、哈萨克斯坦等 19 个"一带一路"沿线国家设立了 589 家境外林业企业，投资近 32 亿美元。其四，积极应对非法采伐及相关贸易。我国作为负责任大国，顺应全球环境治理新趋势，积极倡导森林可持续经营利用，与国际社会共同努力、相互配合，加强全球森林资源的有效管理和合理开发，遏制和打击木材非法采伐及相关贸易。其五，进一步完善机制平台建设。"一带一路"建设林业合作机制不断完善，与老挝、缅甸、埃塞俄比亚、埃及、以色列、斯里兰卡等有关国家签署林业合作协议。

4. 林业体制机制不断创新

（1）大力推进国有林场改革

2017 年，国家出台了一系列政策措施来推进国有林场改革。包括：中央财政已累计落实国有林场改革补助 133.8 亿元，其中 2017 年安排 24.26 亿元；银监会、财政部和原国家林业局联合印发了《关于重点国有林区森工企业和国有林场金融机构债务处理有关问题的意见》（银监发〔2017〕51 号）；国有林场管护站点用房在内蒙古、江西、广西 3 省（区）启动了试点；交通运输部牵头制定了《国有林场道路建设方案（征求意见稿）》；财政部、原国家林业局印发了《国有林场（苗圃）财务制度》（财农〔2017〕72 号）。截至 2017 年底，国有林场改革所涉及的 1702 个县（市、区）已有 70% 完成了市县级改革方案的审批，覆盖了全国 3609 个国有林场，占全国 4855 个国有林场的 74%，其中北京、天津等 16 个省（区、市）已完成市县级改革方案审批。

（2）深入推进国有林区改革

其一，国有林管理机构组建取得积极进展，森林资源管理新体制正在逐步建立。2017 年 2 月，内蒙古大兴安岭重点国有林管理局正式挂牌成立，标志着内蒙古自治区重点国有林区改革步入了一个新的阶段。其二，积极研究化解国有林区金融机构债务。[1] 中央财政从 2017 年起对与木材停伐相关的 130 亿元金融机构债务每年安排贴息补助 6.37 亿元，补助到天保工程二期结束的 2020 年。其三，积极争取落实国有林区改革支持政策。2017 年继续安排 2 亿元中央预算内投资在东北、内蒙古重点国有林区开展防火应急道路建设试点，安排 1.4 亿元中央预算内投资在东北、内蒙古重点国有林区开展管护用房建设试点。据统计，2017 年中央共安排国有林区投入 244 亿元，比 2014 年改革启动前增加 99 亿元，增长了 68%，有力地保障了国有林区天然林停伐政策落实和林区社会稳定。同时，进一步加大对国有林区棚户区改造支持力度，中央已累计投入 194 亿元改造国有林区棚户区 120 万套，林区职工群众居住条件得到极大改善。

(3) 继续深化集体林权制度改革

其一，集体林地确权发证工作基本完成。截至 2017 年底，全国确权集体林地面积占纳入集体林改林地面积的 98.97%，发放林权证面积占已确权林地总面积的 97.65%。其二，森林资产进一步盘活。集体林地流转面积达 2.83 亿亩，林地租金由林改前的 1—2 元/亩提高到约 20 元/亩，南方部分地区达到 30—50 元/亩。其三，林业新型经营主体不断涌现。截至 2017 年底，全国家庭林场、农民林业专业合作社等新型经营主体达 22 万多个，经营林地 3.6 亿亩。集体林业带动了 3000 多万农民就业，农民纯收入近 30% 来自林业，重点林区林业收入占农民纯收入的 50% 以上，有效推动了林业产业发展。其四，林业管理和服务水平逐步提升。截至 2017 年底，全国已建立集林权管理、林权流转、综合服务为一体的林权管理服务机构 1800 多个，为广大林农提供便利、高效、快捷的"一站式"林权服务。大量林权纠纷得到妥善调处，农村不稳定因素明显减少，维护了农村社会稳定。

5. 林业投资规模持续增长

2017 年，全部林业投资完成额达到 4800 亿元，比 2016 年增长 6.4%。按资金来源分，在全部林业投资完成额中，中央财政资金、地方财政资金和社会资金（含国内贷款、企业自筹等其他社会资金）的结构比约为 1:1:2。国家资金（含中央资金和地方资金）占全部林业投资完成额的 47.1%，社会资金占全部林业投资完成额的 52.9%，社会资金超过国家资金，林业投资渠道更加广阔，投资结构进一步优化。按建设内容分，在全部林业投资完成额

---

[1] 经国务院批准，2017 年 11 月，银监会、财政部和原国家林业局联合印发了《关于重点国有林区森工企业和国有林场金融机构债务处理有关问题的意见》（银监发〔2017〕51 号）。

中，用于生态建设与保护方面的投资为 2016 亿元；用于林业产业发展方面的
资金为 2008 亿元；用于林木种苗、森林防火、有害生物防治、林业公共管理
等林业支撑与保障方面的投资为 614 亿元；用于林业社会性基础设施建设等
其他资金 162 亿元。

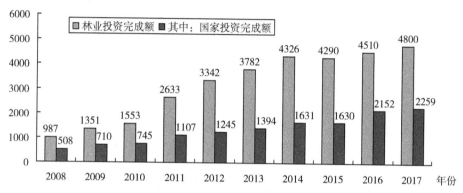

图 3.1　2008－2017 年林业投资完成额与国家投资完成额（单位：亿元）

6. 林业产业结构不断优化

2017 年，我国林业产业总体保持中高速增长，以森林旅游为主的林业第
三产业继续保持快速发展的势头，林业产业结构进一步优化。2017 年，林业
产业总产值达到 7.1 万亿元（按现价计算），比 2016 年增长 9.8%。自 2010
年以来，林业产业总产值的平均增速达到 17.7%。

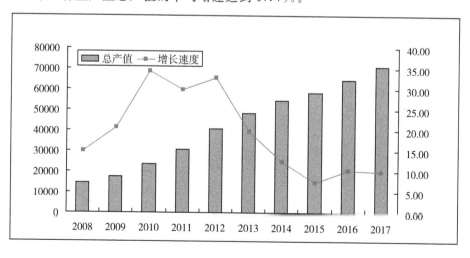

图 3.2　2008－2017 年全国林业产业总产值及其增长速度（单位：亿元；%）

分地区看①，中、西部地区林业产业增长势头强劲，增速分别达到14％和18％。东部地区林业产业总产值所占比重最大，占全部林业产业总产值的44.4％。受国有林区天然林商业采伐全面停止和森工企业转型影响，东北地区林业产业总产值连续三年出现负增长。林业产业总产值超过4000亿元的省份共有8个，分别是广东、山东、广西、福建、浙江、江苏、湖南、江西，其中广东林业产业总产值遥遥领先超过8000亿元。

分产业来看，超过万亿元的林业支柱产业分别是经济林产品种植与采集业、木材加工及木竹制品制造业和以森林旅游为主的林业旅游与休闲服务业，产值分别达到1.4万亿元、1.3万亿元和1.1万亿元。林业旅游与休闲服务业产值首次突破万亿元，全年林业旅游和休闲的人数达到31亿人次，发展势头强劲。

表3.2　2017年林业三次产业产值和增速

产业	产值（亿元）	同比增长（％）	所占比重（％）
第一产业	23365	8.1	32.8
第二产业	33953	5.8	47.6
第三产业	13949	24.7	19.6

2017年，全国森林旅游呈现良好的发展态势。原国家林业局加强森林体验和森林养生（康养）的引导力度，印发《全国森林旅游示范市县申报命名管理办法》，命名了10家全国森林旅游示范市、33家全国森林旅游示范县。主办2017中国森林旅游节，推介了第一批共15家全国冰雪旅游典型单位，森林旅游宣传推介力度不断加强。制定森林旅游标准化体系框架，纳入国家林业标准体系。截至2017年底，全国森林公园总数达3505处，其中国家级森林公园881处。森林公园的游步道总长度达8.77万千米，接待床位105.68万张。

---

① 采用国家四大区域的分类方法，全国划分为东部、中部、西部和东北四大区域。东部地区包括：北京、天津、河北、上海、江苏、浙江、福建、山东、广东、海南10个省（市）；中部地区包括：山西、安徽、江西、河南、湖北、湖南6个省；西部地区包括：内蒙古、广西、重庆、四川、贵州、云南、西藏、陕西、甘肃、青海、宁夏、新疆12个省（区、市）；东北地区包括：辽宁、吉林、黑龙江3个省。

二、中国森林生态效益补偿政策演进

中国森林生态效益补偿制度的建立走过了一个曲折的过程，从改革开放开始，中国由计划经济逐步转向市场经济，森林生态效益补偿问题凸显，这个时期开始，森林生态效益补偿问题引起了社会各界普遍关注。具体来看，森林生态效益补偿政策演进可以分为四个阶段。

（一）第一阶段：早期实践与思想萌芽阶段

这一阶段时间跨度为 20 世纪 70 年代末至 20 世纪 80 年代末。

1978 年，党中央、国务院做出重大决定，决定在我国"三北"地区大规模地实施营造防护林体系工程，整个工程从 1978 年起到 2050 年止，工程期限 73 年，规划造林 5.34 亿亩，计划将"三北"地区的森林覆盖率从 5.05% 提高到 14.95%。为了推动工程的进展，国家与地方在工程的实施过程中投入了大量的资金。这是中国较早的具有森林生态效益补偿性质的实践。

到 20 世纪 80 年代，中国大多数林区都陷入了"两危"境地（即经济危困和资源危机）。为了应付严重的森工企业"两危"和林业投入严重不足的问题，自 1980 年以来，国家开始推动建立包含社会、国家和林业内部各种资金来源渠道的林业基金制度。如 1981 年发布的《中共中央、国务院关于保护森林发展林业若干问题的决定》（中发［1981］12 号）明确提出建立国家林业基金制度，要把国家的林业投资、财政拨款、银行贷款，按照规定提取的育林基金和更改资金，列入林业基金，由中央和地方林业部门按规定权限、分级管理，专款专用。除了林业基金外，"绿化费"的出现也可以视为森林生态效益补偿制度的早期表现形式之一。1981 年到 1982 年间，全国人大和国务院先后通过决议，决定开展全民义务植树活动。历史地考察这一决议的意义超出了全民义务植树本身，因为决议包含了这样一个社会价值判断：即为了享受环境效益带来的好处，每一个公民都有义务付出劳动。从经济学上来讲，这是对"搭便车"的一种纠正。全民义务植树活动在开展了几年后，开始出现了一些新情况，那就是以资代劳或以款代劳，有的地方称之为"绿化费"，例如广州还将绿化费直接用于流域生态公益林补偿。总之，收取绿化费的主要目的是提供生态产品，因此绿化费实际上就演变成了森林生态效益补偿费。

1989 年，原林业部一行人到四川调研，在成都市青城山风景区发现了一块特殊的碑文。碑文的内容是一个决定把青城山门票收入的 30％用于护林的会议纪要。青城山是我国道教名山，是四川都江堰市有名的旅游景点。长期以来林业部门承担了山上的森林资源管护任务，但却得不到旅游门票带来的收入，护林人员发不出工资，造成了森林管护放松，乱砍滥伐森林资源十分严重，风景区面临毁于一旦的险境。为解决这一问题，市政府决定从风景区的门票收入中拿出 25％支付给林业部门用于森林资源保护。从 1989 年到 1991 年底，林业部门从风景区门票收入中获得的 50 万元用于护林防火。门票收入注入护林费之后，青城山的森林状况很快得以好转。人们为了纪念这个会议，就把这个纪要刻成碑立在山上的大殿前。四川青城山风景区自发进行的森林生态效益补偿实践，成为国家林业主管部门明确推动建立森林生态效益补偿制度的一个开端。1989 年 10 月，一个关于森林生态补偿的研讨会在四川乐山召开，中国森林生态效益补偿的思想萌芽初步形成。

这一时期的特点，一是缺乏明确的森林生态效益补偿思想，二是没有明确的补偿政策，生态补偿可有可无，可多可少，随意性很大，主要取决于参与者的讨价还价能力和决策者的意志（李阳明和郑阿宝，2003）。

（二）第二阶段：摸索前进与政策准备阶段

这一阶段时间跨度为 20 世纪 80 年代末至 90 年代末。这一阶段主要包括两个方面内容：一个是地方的摸索前进，另一个是政策的渐进准备。

1. 地方的摸索前进

中国地方层面的森林生态效益补偿的实践开展较早，形式也较多样化。各地的实践大体上分为三类（张涛，2003）：一是在中央有关建立林业基金的推动下所做出的一些收取规费的决定。这时还没有明确这些收费是否用于森林生态效益补偿，仅仅以林业建设基金的名义征收。例如，辽宁省从 1988 年开始，对省内采矿、造纸业、药材、蚕茧收购企业等和拥有直接开发水资源、自备水工程的企事业单位、机关、团体、部队和集体，个体企业等征收林业开发建设资金和水资源费，并从征收的水资源费中，每年拿出 1300 万元用于水源涵养林和水土保持林的建设。二是按照"谁受益，谁补偿"的原则向公益林的受益方收取生态效益补偿费，收取的费用用于公益林建设。这种实践带有明显的森林生态效益补偿的性质，实施这种方式的地方也较多。例如，新疆对机关、团体和企事业单位职工每年按月工资总额收 1－40 元，原油经营按 1 元/吨、成品油 1.5 元/吨，非金属矿石、有色金属矿、黄金矿按 0.05—0.3 元/吨，生态旅游门票加征 10%，林地采集药材收入的 3% 收取费用，用于生态公益林建设与野生动物保护；湖北按水库农业供水收入的 0.5%，城镇与工业用水加收 0.01 元/吨，水电供电加收 0.01 元/千瓦时，旅游业营业收入的 1%，内河航运货运加收 0.0005 元/吨·千米、客运加收 0.01 元/千米·人，内地采矿销售收入按 2% 的标准征收费用，建立生态补偿基金，用于生态公益林建设；内蒙古对受益农田征收 0.5—1 元/亩用于农田防护林的抚育、管理与更新改造等。三是将补偿费直接纳入地方财政支出预算。例如广东省规定各级政府每年应从地方财政支出中安排不低于 1% 的林业资金，其中用于生态公益林建设、保护和管理的资金不少于 30%。广东的生态效益补偿于 1994 年开始实施，补偿标准为 37.5 元/公顷·年，2000 年起提高到 60 元/公顷·年。有的县市在此基础上还落实配套资金，如广州市加上配套资金后其补偿标准达到了 150 元/公顷·年。

　　2. 政策的渐进准备

　　1992 年，国务院在批转原国家体改委《关于 1992 年经济体制改革要点的通知》中明确提出："要建立林价制度和森林生态效益补偿制度，实行森林资源有偿使用。"这是森林生态效益补偿制度一词首次在国家层面的官方文件中出现。已有的研究基本也将这一文件视为中国政府将建立森林生态效益补偿制度正式纳入政策框架的开始。同年，中共中央办公厅、国务院办公厅转发外交部、原国家环保局《关于出席联合国环境与发展大会的情况及有关对策的报告》（中办发〔1992〕7 号）中提出："按照资源有偿使用的原则，要逐步开征资源利用补偿费，并开展对环境税的研究。"1993 年，国务院在《关于进一步加强造林绿化工作的通知》中指出："要改革造林绿化资金投入机制，逐步实行征收生态效益补偿费制度。"同年，原林业部初次颁布《关于收取林业生态补偿费的规定》。1994 年 3 月 25 日，国务院第 16 次常务会议讨论通过的《中国 21 世纪人口环境与发展白皮书》中，也要求建立森林生态效益补偿使用制度，实行森林资源开发补偿收费。同年，国务院发展研究中心、中共中央研究室草拟了《关于增加农业投入的紧急建议》，提出："从直接于森林生态效益补偿中获益的单位和个人收取一定的森林生态效益补偿基金。"

　　20 世纪 90 年代中期，中国开始实施林业分类经营改革试点。1995 年原国家体改委和原林业部联合颁发了《林业经济体制改革总体纲要》（体改农〔1995〕108 号），提出按照森林资源的主导功能和生产经营目的划定公益林和商品林，实行分类经营、分类管理等。1996 年 1 月 21 日，中共中央、国务院《关于"九五"时期和今年农村工作的主要任务和政策措施》再次明确"按照林业分类经营原则，逐步建立森林生态效益补偿费制度和生态公益林建设投入机制，加快森林植被的恢复和发展"。同年，原林业部颁布《林业部关于开展林业分类经营改革试点工作的通知》（林策通字〔1996〕69 号），开始在全国 10 个省区开展林业分类经营的试点工作。1996 年 12 月 27 日，财政部和原林业部向国务院呈报《森林生态效益补偿基金征收管理暂行办法》（财综字〔1996〕132 号），提出了初步的森林生态效益补偿收费方案，以"谁受益，谁负担"为原则，在全国范围内，对受益于生态公益林的单位和个人，征收森林生态效益补偿基金。征收对象暂定为与森林生态效益密切相关的直接受益者，包括国家大型水库、全国各类旅行社及从事其他旅游活动的单位和个人。收费标准为：①库容量 1 亿立方米以上的国家大型水库，按扣除农业用水收入的 0.5％缴纳森林生态效益补偿基金。②全国各类旅行社按照应纳税营业额的 1％缴纳森林生态效益补偿基金。③风景名胜区、森林公园、自然保护区、旅游度假村、城市园林、绿化公园、狩猎场内从事各种经营活动的单位和个人，按营业收入的 1％缴纳森林生态效益补偿基金。[①] ④风景名胜区、森林公园、自然保护区、旅游度假村、城市园林、绿化公园的门票加价 10％，作为森林生态效益补偿基金。⑤猎枪生产和经销单位，按猎枪出厂价格的 20％征收森林生态效益补偿基金，其中生产单位负担 5％，经销单位负担 15％。⑥保留野生动物进出口管理费和陆生野生动物资源保护管理费。方案规定，除第⑥项外，森林生态效益补偿基金由中央、地方按 4∶6 的比例共享，分别缴入中央国库和地方国库。根据测算，此方案每年可征收森林生态效益补偿基金约为 5.87 亿元（王冬米，2002）。虽然此方案有它科学合理的一面，但缺陷也很明显。首先，在该方案中林业部门森林生态效益补偿基金收取范围很广泛，包括很多与之相关的部门和行业，协调起来比较困难；其次，实际征收管理难度大，征收成本较高。因此，此方案并未投入实施。1997 年，财政部、原林业部再次以《关于〈森林生态效益补偿基金征收管理暂行办法〉有关协调情况的报告》（财综字〔1997〕166 号）上报国务院，依然没有通过（陈根长，2002）。1998 年 4 月 29 日，九届全国人大常委会第二次会议通过的《森林法》修正案明确规定："国家设立森林生态效益补偿基金，用于提供生

---

① 以上单位和个人缴纳森林生态效益补偿基金时，由所在税务部门在征收营业税或增值税时一并代收。

态效益的防护林和特种用途林的森林资源、林木的营造、抚育、保护和管理。森林生态效益补偿基金必须专款专用，不得挪作他用，具体办法由国务院规定。"这标志着我国的森林生态效益补偿政策已经上升到法律规定的层面。

这一阶段是人们对森林生态效益补偿的认识逐步深化的阶段，主要特点包括：一是各地进行了多种多样的尝试，不同的地方制定了不同的制度与标准；二是国家开始将森林生态效益补偿纳入国家政策调整的范围，将森林生态效益补偿作为一种政策与法律制度固定下来。

（三）第三阶段：试点阶段

这一阶段时间跨度为1998年至2004年，试点领域包括天然林资源保护、退耕还林以及森林生态效益补偿等。

1. 天然林资源保护工程试点

1998年长江特大洪涝灾害后，针对我国天然林资源过度消耗而引起的生态环境恶化的状况，党中央、国务院从我国可持续发展的战略高度，做出了实施天然林资源保护工程的重大决策。根据《中共中央、国务院关于灾后重建、整治江湖、兴修水利的若干意见》（中发〔1998〕15号）中关于"全面停止长江黄河流域上中游的天然林采伐，森工企业转向营林管护"的精神，原国家林业局编制了《长江上游、黄河上中游地区天然林资源保护工程实施方案》和《东北、内蒙古等重点国有林区天然林资源保护工程实施方案》。经过两年试点，2000年10月，国家正式启动了天然林资源保护工程，简称"天保工程"，整个工程的规划期到2010年。"天保工程"主要内容包括：

——实施范围。长江上游地区以三峡库区为界，包括云南、四川、贵州、重庆、湖北、西藏6省（区、市）；黄河上中游地区以小浪底库区为界，包括陕西、甘肃、青海、宁夏、内蒙古、山西、河南7省（区）。东北、内蒙古等重点国有林区天保工程的范围，包括内蒙古、吉林、黑龙江、海南、新疆5省（区）。总计17个省（市、区）、734个县、167个森工局（场）。

——主要任务。"天保工程"主要任务包括四个方面：第一，全面停止长江上游、黄河上中游地区天然林的商品性采伐，停伐木材产量1239.0万立方米，东北内蒙古等重点国有林区木材产量由1853.6万立方米减到1102.1万立方米。第二，管护好工程区内0.95亿公顷的森林资源。第三，在长江上游、黄河上中游工程区营造新的公益林0.13亿公顷。第四，分流安置由于木材停止砍伐减产形成的富余职工74万人。

——补偿对象和补偿标准。第一，森林资源管护，按每人管护380公顷，给予每年1万元的补偿。第二，生态公益林建设，飞播造林补助750元/公顷；封山育林210元/公顷·年，连续补助5年；人工造林长江流域补助3000元/公顷，黄河流域补助4500元/公顷。第三，森工企业职工养老保险社会统筹，按在职职工缴纳基本养老金的标准予以补助，因各省情况不同补助比例有所差异。第四，森工企业社会性支出，教育经费补助1.2万元/人·年；公检法司经费补助1.5万元/人·年；医疗卫生经费，长江黄河流域补助6000元/人·年，东北内蒙古等重点国有林区补助2500元/人·年。第五，森工企业下岗职工基本生活保障补助，按各省（区、市）规定的标准执行。第六，森工企业下岗职工一次性安置，原则上按不超过职工上一年度平均工资的3倍发放一次性补助，并通过法律解除职工与企业的劳动关系，不再享受失业保险。第七，因木材产量调减造成的地方财政减收，中央通过财政转移支付方式予以适当补助。

"天保工程"资金使用目的非常明确，基本上是以"补人"为出发点的。该政策在1998－1999年的试点过程中，国家投入了101.7亿元。2000－2010年工程规划期内，国家计划投入962亿元，其中中央补助80％，地方配套20％。2002年又新增富余职工一次性安置经费6.1亿元，总投入达1069.8亿元。

从政策取得的实际成效来看，天然林的砍伐基本得到了有效遏制，特别是通过对森工企业从采伐到管护和抚育的生产经营活动给予财政上的支持，使保护生态功能的活动有了经济收益，并进一步使森工企业职工的生活问题得到了基本保障，基本解决了林业系统从破坏到保护的转变问题。同时，该政策的实施客观上也维护了社会的稳定。因此，该政策的实施基本上是成功的。

2. 退耕还林工程试点

长期以来，以粮为本的国家农业发展战略造成了严重生态破坏问题，特别是在长江、黄河等江河上游地区，由于长年的毁林开荒，使得上游生态环境遭到严重破坏，水源涵养功能下降，水土流失问题严重。为维护国家生态安全，国家下决心要对江河上游的生态环境进行恢复和整治。在当时我国粮食连年丰收、国家粮食储备富足的情况下，国家决定逐步推广"退耕还林"政策。

1999年，四川、陕西、甘肃3省按照"退耕还林、封山绿化、以粮代赈、个体承包"的政策措施，率先开展了退耕还林试点。经原国家林业局组织的检查验收，3 省共完成退耕还林任务 44.8 万公顷，其中退耕地造林 38.15 万公顷，宜林荒山荒地造林 6.65 万公顷。2000 年 3 月，经国务院批准，退耕还林试点在中西部地区 17 个省（区、市）和新疆生产建设兵团的 188 个县（市、区、旗）正式展开。国家共下达试点任务 87.21 万公顷，其中退耕地造林 40.46 万公顷，宜林荒山荒地造林 46.75 万公顷。另外，京津风沙源治理工程区北京、河北、山西、内蒙古安排退耕地造林任务 2.8 万公顷。同年 9 月 10 日，国务院下发《关于进一步做好退耕还林还草试点工作的若干意见》（国发〔2000〕24 号）。2001 年，国家将洞庭湖流域、鄱阳湖流域、丹江口库区、红水河梯级电站库区、陕西延安、新疆和田、辽宁西部风沙区等水土流失、风沙危害严重的部分地区纳入试点范围，退耕还林试点扩大至中西部地区 20 个省（区、市）和新疆生产建设兵团的 224 个县（市、区、旗）。全年国家下达试点任务 98.33 万公顷，其中退耕地造林 42 万公顷，宜林荒山荒地造林 56.33 万公顷。

2002 年 1 月 10 日，召开全国退耕还林工作电视电话会，宣布退耕还林工程全面启动。4 月 11 日，国务院下发《关于进一步完善退耕还林政策措施的若干意见》（国发〔2002〕10 号）。2002 年，国家安排北京、天津、河北、山西、内蒙古、辽宁、吉林、黑龙江、安徽、江西、河南、湖北、湖南、广西、海南、重庆、四川、贵州、云南、西藏、陕西、甘肃、青海、宁夏、新疆 25 个省（区、市）和新疆生产建设兵团退耕还林任务共 572.87 万公顷，其中退耕地造林 264.67 万公顷，宜林荒山荒地造林 308.20 万公顷。2003 年，《退耕还林条例》正式施行。国家共安排 25 个省（区、市）和新疆生产建设兵团退耕还林任务 713.34 万公顷，其中退耕地造林 336.67 万公顷，宜林荒山荒地造林 376.67 万公顷。2004 年，国家根据国民经济发展的新形势对退耕还林工程年度任务进行了结构性、适应性调整，退耕还林工作的重心由大规模推进转移到成果巩固上来。全年安排 25 个省（区、市）和新疆生产建设兵团退耕还林任务 400 万公顷，其中退耕地造林 66.67 万公顷，宜林荒山荒地造林 333.33 万公顷。4 月 13 日，国务院办公厅下发《关于完善退耕还林粮食补助办法的通知》（国办发〔2004〕34 号），原则上将向退耕农户补助的粮食实物改为补助现金。

1999—2004 年，国家共安排退耕还林任务 1916.55 万公顷，其中退耕地造林 788.62 万公顷，宜林荒山荒地造林 1127.93 万公顷。中央累计投入

748.03 亿元，其中种苗造林补助费 143.74 亿元，前期工作费 1.21 亿元，生活费补助 62.85 亿元，粮食补助资金 540.23 亿元。

退耕还林工程的实施，使我国造林面积由以前的 400 万－500 万公顷/年增加到连续 3 年超过 667 万公顷/年，2002 年、2003 年、2004 年退耕还林工程造林分别占全国造林总面积的 58％、68％和 54％，西部一些省区占到 90％以上。退耕还林调整了人与自然的关系，改变了农民广种薄收的传统习惯，工程实施大大加快了水土流失和土地沙化治理的步伐，生态状况得到明显改善。同时，退耕还林调整了土地利用结构，把不适宜种植粮食的耕地还林，有利于促进农林牧各业协调发展。退耕还林也较大幅度增加了农民收入：其一是国家粮款补助直接增加了农民收入。到 2004 年底，退耕还林工程已使3000 多万农户、1.2 亿农民从国家补助粮款中直接受益，农民人均获得补助600 多元；其二是退耕还林收益成为农民增收的重要来源。在一些自然条件较好的地方，结合工程建设，因地制宜发展林竹、林果、林茶、畜牧等生态经济产业，增加了农民的经济收入。

3. 森林生态效益补偿试点

从 1999 年年底开始，我国政府陆续启动了天然林保护工程、退耕还林等一系列大型林业生态重点工程建设项目，计划投入资金上千亿元，而且这些投资主要来源于中央和地方财政。与此同时，我国建立新型公共财政体制改革也进入重要阶段，将林业生态建设和保护方面的开支纳入公共财政预算范畴的社会呼声高涨。在这一有利条件下，2000 年 7 月，原国家林业局再次向财政部提出尽快建立森林生态效益补偿基金的请求。2001 年 1 月，财政部同意建立森林生态效益补助基金，随即发布《关于开展森林生态效益补助资金试点工作的意见》（财农［2001］7 号），标志我国的森林生态效益补助试点工作的正式启动。2001 年 11 月 23 日，财政部和原国家林业局联合宣布，森林生态效益补助资金将从 2001 年 11 月 23 日起在全国 11 个省（区、市）658 个县的 24 个国家级自然保护区进行试点，总投入 10 亿元人民币，共涉及约0.12 亿公顷的森林资源（重点防护林和特种用途林），补助标准为 5 元/亩·年。2001 年 11 月 26 日，财政部和原国家林业局联合颁布了《森林生态效益补助资金管理办法（暂行）》（财农［2001］190 号），对试点期间森林生态效益补助资金管理工作进行了逐步规范，并提出了地方财政配套资金要优先到位，并以此为中央补助资金到位的先决条件之一的政策建议。2003 年，《中共中央国务院关于加快林业发展的决定》发布，明确提出实行林业分类经营管理体制，即公益林业要按照公益事业进行管理，以政府投资为主，吸引社会力量共同建设；商品林业要按照基础产业进行管理，主要由市场配置资源，政府给予必要扶持。凡纳入公益林管理的森林资源，政府将以多种方式对投资者给予合理补偿。公益林建设投资和森林生态效益补偿基金，按照事权划分，分别由中央政府和各级地方政府承担。这些规定为森林生态效益补偿试点工作提供了政策保障。

这一时期的特点是森林生态效益补偿开始走出国家政策理论层面，在先进行试点的基础上，逐步进行了铺开，开始了大规模的补偿实践，补偿标准逐渐趋向规范，森林生态效益补偿资金专项开始正式纳入国家财政预算。

（四）第四阶段：实施阶段

这一阶段为 2004 年后。

2004 年，财政部根据试点情况同意正式建立中央森林生态效益补偿基金。为规范和加强中央财政补偿基金的管理，财政部和原国家林业局于 2004 年 1 月联合出台了《中央森林生态效益补偿基金管理办法》，正式将中央森林生态效益补助基金改称为森林生态效益补偿基金，规定的补偿标准为 5 元/亩·年，其中 4.5 元用于补偿性支出，0.5 元用于森林防火等公共管护支出。2007 年 3 月，财政部和原国家林业局对原《中央森林生态效益补偿基金管理办法》进行了修改，重新联合发布《中央财政森林生态效益补偿基金管理办法》，明确了中央财政出资建立的生态补偿基金的适用范围、补偿标准（将直接管护的补偿由原来的 4.50 元/亩提高到 4.75 元/亩）、资金管理以及监督检查等制度，并取消了地方政府资金配套的硬性规定。中央财政森林生态效益补偿基金管理办法的建立，把公益林建设纳入公共财政的框架，改变了长期以来我国公益林建设存在的那种"有钱造林无钱管护"的局面，结束了无偿使用森林生态效益的历史，公益林从此有了稳定的保护资金来源渠道。

2008 年，中共中央、国务院发布《关于全面推进集体林权制度改革的意见》（中发〔2008〕10 号），提出要建立和完善森林生态效益补偿基金制度，按照"谁开发谁保护、谁受益谁补偿"的原则，多渠道筹集公益林补偿基金，逐步提高中央和地方财政对森林生态效益的补偿标准。2010 年，《关于加大统筹城乡发展力度，进一步夯实农业农村发展基础的若干意见》发布，提出中央财政从 2010 年开始，国有林补偿标准提高为 5 元/亩·年，集体和个人所有的国家级公益林补偿标准提高到 10 元/亩·年。2012 年，国务院办公厅发布《关于加快林下经济发展的意见》（国办发〔2012〕42 号），提出要把林下经济发展与森林资源培育、天然林保护、重点防护林体系建设、退耕还林、防沙治沙、野生动植物保护及自然保护区建设等生态建设工程紧密结合。2015 年，中共中央、国务院发布《关于加快推进生态文明建设的意见》，提出要加强森林保护，将天然林资源保护范围扩大到全国；大力开展植树造林和森林经营，稳定和扩大退耕还林范围，加快重点防护林体系建设。2016 年，国务院办公厅发布《关于健全生态保护补偿机制的意见》（国办发〔2016〕31 号），提出要健全国家和地方公益林补偿标准动态调整机制，完善以政府购买服务为主的公益林管护机制。同年，国务院发布《关于印发"十三五"生态环境保护规划的通知》（国发〔2016〕65 号），提出要继续实施森林管护和培育、公益林建设补助政策，严格保护林地资源，分级分类进行林地用途管制。2017 年，中共中央办公厅、国务院办公厅发布《关于建立资源环境承载能力监测预警长效机制的若干意见》，提出要建立生态产品价值实现机制，综合运用投资、财政、金融等政策工具，支持绿色生态经济发展。2018 年，国家林业和草原局发布《关于进一步放活集体林经营权的意见》（林改发〔2018〕47 号），提出要积极发展森林碳汇，探索推进森林碳汇进入碳交易市场。鼓励探索跨区域森林资源性补偿机制，市场化筹集生态建设保护资金。

值得说明的是，2010 年 12 月 29 日，国务院常务会议召开，决定 2011 年至 2020 年，实施天然林资源保护二期工程，实施范围在原有基础上增加丹江口库区的 11 个县（市、区）。力争经过 10 年努力，新增森林面积 7800 万亩，森林蓄积净增加 11 亿立方米，森林碳汇增加 4.16 亿吨，同时为林区提供就业岗位 64.85 万个，生态状况与林区民生进一步改善。天然林资源保护二期工程的主要补助政策包括继续实施森林管护补助，完善社会保险补助政策，完善政策性社会性支出补助政策，继续实行公益林建设投资补助，增加森林培育经营补助政策。天然林资源保护工程二期总投入资金 2440.2 亿元，其中中央投入 2195.2 亿元，地方投入 245 亿元。

2014 年，为解决水土流失和风沙危害问题、增加森林资源、应对全球气候变化，国务院批准实施《新一轮退耕还林还草总体方案》。《总体方案》明确了新一轮退耕还林还草补助政策：退耕还林补助 1500 元/亩，其中，财政部通过专项资金安排现金补助 1200 元/亩、国家发展和改革委通过中央预算内投资安排种苗造林费 300 元/亩；退耕还草补助 800 元/亩，其中，财政部通过专项资金安排现金补助 680 元/亩、国家发展和改革委通过中央预算内投资安排种苗种草费 120 元/亩。中央安排的退耕还林补助资金分三次下达给省级人民政府，第一年 800 元/亩（其中，种苗造林费 300 元）、第三年 300 元/亩、第五年 400 元/亩；退耕还草补助资金分两次下达，第一年 500 元/亩（其中，种苗种草费 120 元）、第三年 300 元/亩。同时，《总体方案》还明确，地方各级人民政府有关政策宣传、检查验收等工作所需经费，主要由省级财政承担，中央财政给予适当补助。

自改革开放以来，在中国森林生态效益补偿政策演进的不同阶段，国家制定了许多关于天然林保护工程、退耕还林工程及森林生态效益补偿的政策、法规和制度，具体参见附表 1、附表 2 和附表 3。

三、中国公益林区划界定现状

（一）公益林区划界定发展历程

根据森林经营目的和主导功能的不同，我国将森林分为防护林、用材林、经济林、薪炭林和特种用途林五类。1995 年，国务院批准发布的《林业经济体制改革总体纲要》（体改农〔1995〕108 号）中提出，"森林资源培育要按照森林的用途和生产经营目的划定公益林和商品林，实施分类经营，分类管理"。并首次提出"将防护林和特种用途林纳入公益林类"，"公益林以满足国土保安和改善生态环境的公益事业需要为主"。为实现公益林效益的稳定发挥，《森林法》规定，国家设立森林生态效益补偿基金，用于提供生态效益的防护林和特种用途林的森林资源、林木的营造、抚育、保护和管理。《森林法实施条例》规定，防护林和特种用途林区划界定由各级林业主管部门提出意见，报同级人民政府批准公布。

根据《森林法》《森林法实施条例》有关规定和中央有关精神，2001 年开始，原国家林业局会同财政部在辽宁、河北、黑龙江、福建、山东、安徽、江西、浙江、广西、湖南、新疆等 11 个省（区）开展了为期 3 年的中央财政森林生态效益补助资金试点工作，制定了《国家公益林认定办法（暂行）》（林策发〔2001〕88 号），区划界定了 2 亿亩国家公益林，并按照 5 元/亩的标准进行了生态效益补助试点，为森林生态效益补偿制度在全国实施进行了探索。

2004 年，在 3 年试点基础上，我国正式建立中央森林生态效益补偿基金制度。原国家林业局、财政部联合颁布了《重点公益林区划界定办法》（林策发〔2004〕94 号），将国家公益林更名为重点公益林，并明确了重点公益林区划的原则，即生态优先、确保重点；因地制宜、因害设防，集中连片、合理布局；充分尊重林权所有者和经营者的自主权，坚持群众自愿，维护林权稳定，保证已确立承包关系的连续性。各地据此区划界定并由原国家林业局会同财政部核查认定重点公益林 15.62 亿亩。

2007 年财政部以"财农〔2007〕1 号""财农〔2007〕5 号"两文件为依据，增加黑龙江、吉林、甘肃、宁夏等省份重点公益林 1559 万亩，全国重点公益林总面积达到 15.78 亿亩。中央财政对天保工程区以外的重点公益林中的有林地、荒漠化和水土流失严重地区的疏林地及灌木林地，共计 4 亿亩重点公益林，按 5 元/亩的标准实施了森林生态效益补偿。此后几年中央财政不断加大资金投入力度，增加补偿面积，扩大补偿基金规模。2009 年，补偿面积达到 10.49 亿亩，补偿基金达到 52.47 亿元。截至 2009 年，中央财政已累计安排森林生态效益补偿基金达 220 多亿元。

随着民生林业和生态林业建设的稳步推进和集体林权制度改革的逐步深化，生态效益补偿基金制度实施中遇到了一些新的情况和问题。如天保工程区内新造的国家级公益林既未享受天保政策，也未落实森林生态效益补偿政策，天保补偿标准与公益林经营管护成本等差距较大，以及集体林权制度改革山林确权后林权权利人要求调出国家级公益林等问题。2009 年，原国家林业局会同财政部在总结多年森林生态效益补偿基金制度实施经验和问题的基础上，结合现代林业发展的新形势、新情况、新要求，对《重点公益林区划界定办法》（林策发〔2004〕94 号）进行了修订，联合下发了《国家级公益林区划界定办法》（林资发〔2009〕214 号），将重点公益林更名为国家级公益林。本着"大稳定、小调整"的原则，适当扩展了国家级公益林区划范围和标准；本着"稳存量、调增量"的原则，确定了国家级公益林三个保护等级的划分标准。并建立补进退出等动态管理机制，强调了区划落界、档案管理、动态监测等基础性工作，为后续管理奠定了基础。各地按照《国家级公益林区划界定办法》的要求，开展了国家级公益林的补充区划工作。2010 年，财政部按照中央林业工作会议精神，对国家级公益林中央财政补偿标准进行了调整，其中国有国家级公益林仍保持 5 元/亩的补偿标准，集体和个人所有的国家级公益林则提高到 10 元/亩。

　　由于国家级公益林保护管理工作政策性强、涉及面广，各级林业主管部门在等级保护、占用征收国家级公益林林地、采伐国家级公益林林木等方面仍然面临着一些问题。为此，原国家林业局华东林业调查规划设计院根据原国家林业局资源司的组织部署，于 2015 年 9 月 15 日至 11 月 30 日，在浙江、江西、安徽、河南、山东、福建、江苏等 7 省，分别在沿海、山地等不同类型县，依据《国家级公益林区划界定办法》（林资发〔2009〕214 号）和《国家级公益林管理办法》（林资发〔2013〕71 号）中的规定，分别就国家级公益林区划落界、年度更新工作，及国家级公益林区划调整、国家级公益林分等级保护、占用征收国家级公益林林地、采伐国家级公益林林木资源管理等方面，开展了调查研究，以期进一步完善现有国家级公益林管理办法，促进生态文明建设和现代林业持续稳定发展。

　　为进一步规范和加强国家级公益林区划界定和保护管理工作，针对新时期国家级公益林区划界定和保护管理中出现的新情况和新问题，2017 年，原国家林业局、财政部联合发布《关于印发国家级公益林区划界定办法和国家级公益林管理办法的通知》（林资发〔2017〕34 号），再次对《国家级公益林区划界定办法》和《国家级公益林管理办法》进行修订。要求落实好国家级公益林保护等级，进一步做好国家级公益林区划落界工作，切实将国家级公益林落实到小班地块，并据此更新国家级公益林基础信息数据库等档案资料。并规范开展国家级公益林动态调整和保护管理工作，严禁随意调整国家级公益林范围，违规使用国家级公益林林地。

（二）国家级公益林的区划范围

　　修订后的《国家级公益林区划界定办法》（林资发〔2017〕34 号）自 2017 年 4 月 28 日施行，有效期至 2025 年 12 月 31 日。其中，第七条明确了国家级公益林的区划范围，主要包括八个部分：

　　1. 江河源头——重要江河干流源头，自源头起向上以分水岭为界，向下延伸 20 千米、汇水区内江河两侧最大 20 千米以内的林地；流域面积在 10000 平方千米以上的一级支流源头，自源头起向上以分水岭为界，向下延伸 10 千米、汇水区内江河两侧最大 10 千米以内的林地。其中，三江源区划范围为自然保护区核心区内的林地。

　　2. 江河两岸——重要江河干流两岸（界江（河）国境线水路接壤段以外）以及长江以北河长在 150 千米以上且流域面积在 1000 平方千米以上的一级支

流两岸，长江以南（含长江）河长在 300 千米以上且流域面积在 2000 平方千米以上的一级支流两岸，干堤以外 2 千米以内从林缘起，为平地的向外延伸 2 千米、为山地的向外延伸至第一重山脊的林地。

重要江河干流包括：

（1）对国家生态安全具有重要意义的河流：长江（含通天河、金沙江）、黄河、淮河、松花江（含嫩江、第二松花江）、辽河、海河（含永定河、子牙河、漳卫南运河）、珠江（含西江、浔江、黔江、红水河）。

（2）生态环境极为脆弱地区的河流：额尔齐斯河、疏勒河、黑河（含弱水）、石羊河、塔里木河、渭河、大凌河、滦河。

（3）其他重要生态区域的河流：钱塘江（含富春江、新安江）、闽江（含金溪）、赣江、湘江、沅江、资水、沂河、沭河、泗河、南渡江、瓯江。

（4）流入或流出国界的重要河流：澜沧江、怒江、雅鲁藏布江、元江、伊犁河、狮泉河、绥芬河。

（5）界江、界河：黑龙江、乌苏里江、图们江、鸭绿江、额尔古纳河。

3. 森林和陆生野生动物类型的国家级自然保护区以及列入世界自然遗产名录的林地。

4. 湿地和水库——重要湿地和水库周围 2 千米以内从林缘起，为平地的向外延伸 2 千米、为山地的向外延伸至第一重山脊的林地。

（1）重要湿地是指同时符合以下标准的湿地：

——列入《中国湿地保护行动计划》重要湿地名录和湿地类型国家级自然保护区的湿地。

——长江以北地区面积在 8 万公顷以上、长江以南地区面积在 5 万公顷以上的湿地。

——有林地面积占该重要湿地陆地面积 50％以上的湿地。

——流域、山体等类型除外的湿地。

具体包括：兴凯湖、五大连池、松花湖、查干湖、向海、白洋淀、衡水湖、南四湖、洪泽湖、高邮湖、太湖、巢湖、梁子湖群、洞庭湖、鄱阳湖、滇池、抚仙湖、洱海、泸沽湖、清澜港、乌梁素海、居延海、博斯腾湖、赛里木湖、艾比湖、喀纳斯湖、青海湖。

（2）重要水库：年均降雨量在 400 毫米以下（含 400 毫米）的地区库容 0.5 亿立方米以上的水库；年均降雨量在 400－1000 毫米（含 1000 毫米）的地区库容 3 亿立方米以上的水库；年均降雨量在 1000 毫米以上的地区库容 6

亿立方米以上的水库。

5. 边境地区陆路、水路接壤的国境线以内 10 千米的林地。

6. 荒漠化和水土流失严重地区——防风固沙林基干林带（含绿洲外围的防护林基干林带）；集中连片 30 公顷以上的有林地、疏林地、灌木林地。

荒漠化和水土流失严重地区包括：

（1）八大沙漠：塔克拉玛干、库姆塔格、古尔班通古特、巴丹吉林、腾格里、乌兰布和、库布齐、柴达木沙漠周边直接接壤的县（旗、市）。

（2）四大沙地：呼伦贝尔、科尔沁（含松嫩沙地）、浑善达克、毛乌素沙地分布的县（旗、市）。

（3）其他荒漠化或沙化严重地区：河北坝上地区、阴山北麓、黄河故道区。

（4）水土流失严重地区：

——黄河中上游黄土高原丘陵沟壑区，以乡级为单位，沟壑密度 1 千米/平方千米以上、沟蚀面积 15％以上或土壤侵蚀强度为平均侵蚀模数 5000 吨/平方千米·年以上地区。

——长江上游西南高山峡谷和云贵高原区，山体坡度 36 度以上地区。

——四川盆地丘陵区，以乡级为单位，土壤侵蚀强度为平均流失厚度 3.7 毫米/年以上或土壤侵蚀强度为平均侵蚀模数 5000 吨/平方千米·年以上的地区。

——热带、亚热带岩溶地区基岩裸露率在 35％至 70％之间的石漠化山地。

本项中涉及的水土流失各项指标，以省级以上人民政府水土保持主管部门提供的数据为准。

7. 沿海防护林基干林带、红树林、台湾海峡西岸第一重山脊临海山体的林地。

8. 除前七款区划范围外，东北、内蒙古重点国有林区以禁伐区为主体，符合下列条件之一的：

（1）未开发利用的原始林。

（2）森林和陆生野生动物类型自然保护区。

（3）已列入国家重点保护野生植物名录树种为优势树种，以小班为单元，集中分布、连片面积 30 公顷以上的天然林。

按照上述标准认定的国家级公益林，保护等级分为两级：其一，属于林地保护等级一级范围内的国家级公益林，划为一级国家级公益林①。其二，一级国家级公益林以外的，划为二级国家级公益林。区划界定为国家级重点公益林，实施中央财政森林生态效益补偿。同时，各省（区、市）根据各自的生态保护需要，区划界定地方公益林，并由地方进行补偿。一般地，公益林在具体区划界定中考虑的主要因素包括生态脆弱性、生态重要性、地利指数等，具体如表3.3所示。

表3.3　公益林区划界定主要考虑因素

主要因素	具体说明
生态脆弱性	森林生态系统一经破坏后就难以恢复良性生态环境以及生态环境极易因自然条件改变而造成偶发或多发性自然灾害的程度。
生态重要性	具有重要生态价值的森林生态系统以及需要提供森林环境保护的濒危动植物种类和人类社会设施的重要程度。
地利指数	采用山体坡度、潜在路网密度（等级公路）和林地规模三项因子评价林地机械化作业与集约经营便利程度的量化指数。
季内降水变率	近三年一个季度内最大一次降水量与最小一次降水量之差与最大一次降水量之比，用百分数表示。
裸岩率；岩石覆盖率	林地上裸露岩石遮盖面积与总面积之比，用百分数表示。
土壤侵蚀程度	土壤遭受侵蚀过程中所达到的不同阶段，根据土壤剖面中A层（表土层）、B层（心土层）及C层（母质层）的丧失情况加以判断。
植被盖度	地面上植冠（含乔木、灌木、草本）覆盖面积与总面积之比，用10分法表示，最大为1.0。

（三）公益林区划界定结果

根据《国家级公益林区划界定办法》，各地对所属区域公益林补进面积和调出面积进行汇总上报并经审核批准。区划界定结果如表3.4所示：

---

① 林地保护等级一级划分标准执行《县级林地保护利用规划编制技术规程》（LY/T 1956）。

表 3.4　各地国家级公益林补充区划审核表（单位：万亩）

单　位	补进面积	调出面积	国家级公益林总面积	单　位	补进面积	调出面积	国家级公益林总面积
北京市			496.40	海南省			1036.85
天津市			14.23	重庆市	208.99		2066.02
河北省	307.10		2585.51	四川省			24384.67
山西省	1487.26		3411.55	贵州省	574.32		5141.39
内蒙古	3485.33		17467.70	云南省			11877.70
辽宁省	165.70		3600.00	西　藏			15804.60
吉林省	4.86		4107.71	陕西省	4160.31		9862.81
黑龙江	439.41		5061.38	甘肃省	1089.87		11190.30
江苏省	2.49	2.09	103.85	青海省	833.18		8902.08
浙江省			1396.80	宁　夏	197.91		1071.31
安徽省		2.29	1767.71	新　疆	1212.27		11419.21
福建省	17.29		2228.69	新疆兵团			1595.72
江西省	3.97		3241.27	内蒙森工	127.41		3900.19
山东省	110.31	3.83	1446.13	吉林森工	759.65		1785.67
河南省	42.53		1933.65	龙江森工	3264.27		3646.87
湖北省	262.51	45.81	3317.65	大兴安岭	173.25		2941.85
湖南省	436.10	56.29	6016.20	总后勤部			2337.50
广东省	1041.20		2262.16				
广　西	91.21	79.36	7261.91	全　国	20498.70	189.67	186685.24

注：1. 吉林森工包括吉林森工集团和延边州林管局共计 18 个森工局。2. 西藏自治区国家级公益林总面积中含 2009 年认定并纳入中央财政森林生态效益补偿的地方公益林 8724.44 万亩。

数据来源：《国家林业局关于国家级公益林补充区划审核结果的通知》（林资发〔2012〕183 号），2017 年的区划审核结果尚未公布。

由表 3.4 可知，截至 2012 年，在全国近 46.8 亿亩林地中，经各地区划界定并由原国家林业局会同财政部核查认定的国家级重点公益林有 18.67 亿亩，占全国林地面积的 39.89%，范围涉及除上海市以外的 30 个省（区、市），以及新疆生产建设兵团、内蒙古森工集团、吉林森工集团、龙江森工集团、大兴安岭林业公司和解放军总后勤部，共 36 个单位。其中，四川的国家级公益林面积最大，超过了 2 亿亩；内蒙古、云南、西藏、甘肃、新疆等省（区）的国家级公益林面积均在 1 亿亩以上。国家级公益林面积构成为：

按权属分：根据申报面积权属比例推算，国有占 59.52%，面积约为 11.11 亿亩；集体占 34.06%，面积约为 6.36 亿亩；个人及其他占 6.42%，面积约为 1.20 亿亩。

按区位分：江河源头 0.90 亿亩，占 4.82%；江河两岸 4.41 亿亩，占 23.62%；保护区与自然遗产 1.59 亿亩，占 8.52%；湿地和水库 0.95 亿亩，占 5.09%；边境地区 0.88 亿亩，占 4.71%；荒漠化和水土流失严重地区 8.82 亿亩，占 47.24%；沿海防护林基干林带、红树林及海峡西岸 0.17 亿亩，占 0.91%；2001 年试点面积中不符合文件规定但延续补偿的面积 0.67 亿亩，占 3.59%；解放军总后勤部 0.28 亿亩，占 1.50%。

按地类分：有林地 10.01 亿亩，占 53.62%；疏林地 0.52 亿亩，占 2.79%；灌木林地 6.11 亿亩，占 32.73%；灌丛地 0.17 亿亩，占 0.91%；未成林造林地 0.99 亿亩，占 5.30%；宜林地 0.88 亿亩，占 4.71%。

按工程区分：天保工程区 8.68 亿亩，占 46.49%；非天保工程区 9.99 亿亩，占 53.51%，其中有林地 7.33 亿亩。

按地区分：东部地区 1.19 亿亩，占 6.37%；中部地区 2.08 亿亩，占 11.14%；西部地区 13.46 亿亩，占 72.09%；东北地区 1.94 亿亩，占 10.39%。

从同一省份内部看，不同地市、不同县（市、区）间国家级公益林和省级公益林分布差异也非常大。以浙江省为例，从 1999 年开展公益林建设试点以来，经过两次扩面工作，浙江省公益林面积稳步提升。截至 2015 年底，浙江省省级以上生态公益林建设规模达到 4533 万亩，占全省林业用地面积的 45.24%。主要布局于江河源头、大型水库、自然保护区、森林公园、沿海、通道两侧及易发生水土流失等区域，分布在全省 11 个市 85 个县（市、区）（见表 3.5、表 3.6）。

表 3.5　浙江省各地市省级以上公益林分布（单位：万亩;%）

地市	林地总面积	省级以上公益林面积		公益林面积比重
		国家级	省级	
湖州市	460.00	36.00	85.88	26.50
嘉兴市	61.40	3.25	5.32	13.96
杭州市	1762.27	392.57	314.51	40.12
绍兴市	708.00	0.43	252.99	35.79
宁波市	688.00	33.64	185.53	31.86
舟山市	83.85	56.51	19.88	91.09
金华市	1041.00	77.93	410.21	46.89
衢州市	980.20	233.88	235.70	47.91
丽水市	2203.45	330.67	948.02	58.03
台州市	934.56	72.15	343.18	44.44
温州市	1098.63	157.83	337.19	45.06
全省	10021.36	1394.86	3138.41	45.24

数据来源：根据浙江公益林管理系统及各市统计数据整理得到。

表 3.6　浙江省各县市省级以上公益林分布（单位：万亩）

地市	县市	省级以上公益林面积		地市	县市	省级以上公益林面积	
		国家级	省级			国家级	省级
湖州市	吴兴区	2.03	14.81	金华市	兰溪市	8.60	26.36
	长兴县	6.86	22.46		婺城区	0.37	76.71
	安吉县	26.28	36.89		金东区	2.57	10.62
	德清县	0.83	11.72		浦江县	3.66	46.73
嘉兴市	秀洲区	0	0.68		义乌市	2.94	21.08
	南湖区	0	0.92		东阳市	20.66	45.88
	桐乡市	0	0.69		磐安县	37.19	56.1
	海宁市	1.22	1.33		武义县	1.94	82.21
	嘉善县	0	0.31		永康市	0	44.52
	平湖市	0.23	0.38	衢州市	开化县	87.46	43.56
	海盐县	1.80	1.01		柯城区	3.34	17.73
杭州市	余杭区	0	12.06		衢江区	60.61	37.36
	拱墅区	0	1.11		龙游县	17.73	40.72
	江干区	0	0.40		常山县	33.75	27.2
	市园文局	1.05	1.78		江山市	30.99	69.13
	临安市	54.51	57.52	丽水市	莲都区	11.56	91.29
	西湖区	2.63	4.28		缙云县	0	100.75
	滨江区	0.21	0		遂昌县	52.98	170.67
	萧山区	0.97	19.04		松阳县	2.99	92.64
	富阳市	15.64	59.85		龙泉县	97.69	73.79
	桐庐县	24.52	80.98		云和县	44.47	35.95
	淳安县	193.66	47.17		青田县	54.77	159.51
	建德市	99.38	30.32		景宁县	48.79	99.77
绍兴市	绍兴本级	0	5.09		庆元县	17.42	123.65
	绍兴县	0.05	20.89	台州市	天台县	1.89	90.02
	上虞市	0.38	21.69		仙居县	6.59	115.35
	越城区	0	5.56		临海市	4.45	70.85
	诸暨市	0	68.82		三门县	9.13	26.89
	嵊州市	0	90.10		黄岩区	38.90	20.03
	新昌县	0	40.84		路桥区	1.16	0.34
宁波市	慈溪市	0.12	4.48		椒江区	2.10	2.20
	余姚市	2.37	27.70		温岭市	3.27	8.74
	镇海区	0	0.51		玉环县	4.66	8.76
	江北区	0	2.35	温州市	永嘉县	3.93	127.11
	鄞州区	0.37	30.24		乐清市	1.89	18.56
	奉化市	3.95	37.35		鹿城区	7.76	2.66
	北仑区	6.83	8.11		瓯海区	0	11.02
	象山县	14.75	29.39		龙湾区	0.31	0.40
	宁海县	5.25	45.40		瑞安市	3.74	29.72
舟山市	定海区	8.86	19.64		文成县	28.26	42.25
	岱山县	15.65	0.17		平阳县	5.22	32.21
	普陀区	25.95	0.07		泰顺县	69.69	59.58
	嵊泗县	6.05	0		苍南县	34.57	12.46
					洞头县	2.46	1.22

数据来源：根据浙江公益林管理系统整理得到。

　　按权属划分，浙江省生态公益林以集体林为主。其中：集体林面积2437.54万亩，占生态公益林总面积的53.77%；国有林面积413.89万亩，占生态公益林总面积的9.13%；个体1681.84万亩，占生态公益林总面积的37.10%。

　　按林种划分，浙江省生态公益林以防护林为主。其中：防护林面积3940.32万亩，占生态公益林总面积的86.92%，特种用途林面积592.95万亩，占总面积的13.08%。

　　按树种结构划分，浙江省生态公益林以针叶林为主。其中：针叶林面积2277.06万亩，占总面积的50.23%；阔叶林面积1146.01万亩，占25.28%；针阔混交面积809.64万亩，占总面积的17.86%；竹林面积224.85万亩，占总面积的4.96%；其他林分面积为75.71万亩，占1.67%。

　　从林龄结构来看，浙江省生态公益林以幼龄林、中龄林为主。其中：幼龄林面积1534.97万亩，占公益林总面积的33.86%；中龄林1779.31万亩，占公益林总面积的39.25%；近熟林728.04万亩，占公益林总面积的16.06%；成、过熟林490.95万亩，占公益林总面积的10.83%。

第四章　公益林生态补偿机制的理论框架

一、公益林生态补偿机制建立的原则

一般说来，原则是行为的指导性框架，能否合理确定原则是设立公益林生态补偿机制的基础，也是顺利实施公益林生态补偿机制的起点。因此，实践中必须重视对公益林生态补偿机制设立原则的把握。

（一）补偿主客体确定的原则

1. 谁破坏、谁利用、谁付费原则

公益林具有公共物品的属性，应该被较好地保护起来，但是仍然会有被破坏的可能性。因此，公益林生态补偿主体确定的第一个原则是，当行为主体对公益林生态环境产生破坏而对森林生态系统造成不良影响时要付出相应的补偿。除了森林生态系统的破坏者外，森林资源的开发利用者也有义务，对其开发的林区负有恢复森林生态的责任，占用环境要支付相应的费用，如果破坏了环境还要赔偿相关损失（吕洁华等，2015）。

2. 谁受益、谁补偿原则

公益林的生态效益为社会群体所消费，这个社会群体应当是补偿主体，而这个社会群体又必须以一种形态出现，才能达到"谁受益、谁补偿"的目的。根据"谁受益、谁负担"的市场经济原则，我们可将公益林生态效益分解成比较容易操作的若干项目，例如，公益林蓄水、保土、防淤、延长水库和堤坝工程使用寿命，受益方是水电水利部门；公益林提供稳定优质的水源，减免水旱灾害，保障农业生产，受益方是农业部门；公益林减缓河湖泥沙淤积，确保江河水量稳定并使之具有风景观赏价值，受益方是水运和旅游部门；

公益林提供洁净的淡水，受益方是城镇居民和工矿企业；公益林保护生物多样性，保持陆地生态平衡，受益方是全社会。

3. 谁保护、谁受益原则

无论是天然林还是公益林，都有专门的部门和管理人员进行养护与管理，养护管理成本因素也是公益林生态补偿的重要因素之一。由于公益林生态系统具有公共物品属性，而且公益林生态环境的保护和建设具有很强的外部性，如果不对公益林管理和养护者进行一定补偿的话，除了少数环境保护志愿者以外，更多的是存在一种"搭便车"行为（刘灵芝和刘冬古，2011）。因此，要将公益林生态保护的公益行为转化为经济效益的刺激，如此才能更好地保护公益林生态环境，更好地发挥公益林生态价值。

4. 政府补偿为主原则

公益林生态服务功能的受益方具有广泛性特点，无法准确界定到底谁是受益方，特别是公益林生态产品是不具商品属性的特殊商品，无法通过市场交换实现价值补偿。因此，生态补偿主要应由国家和地方政府部门承担，依靠政府立法，通过税收的形式收取，再分配给造林或养护公益林的部门、集体或个人（洪尚群，2000）。除政府部门以外，其他直接受益方如当地居民、单位组织等也应适当承担，建立绿色基金，形成政府投入与受益方合理承担的局面。政府在生态补偿中主要是起引导作用，要想拓宽融资渠道，还要发挥市场的调控作用。政府通过制定政策和法规，引导市场主体自觉保护和发展公益林生态环境。

（二）生态补偿实施的原则

在生态补偿机制实施过程中，为提高补偿效率，也必须遵循一定的原则。目前，部分学者对此进行了一定研究，确定的原则繁简程度不一，且都具备一定的合理性，值得借鉴。本文认为，公益林生态补偿实施的原则不应过细，过细将导致交易费用的增加；但也不应过简，过简则无法有效指导补偿行为的实施。综合考虑原则的指导性和实用性特性，公益林生态补偿机制实施应遵循以下原则：

1. 差异性原则

不同区域社会经济发展水平极不均衡，且生态环境存在巨大差异，社会公众对于公益林建设的认知水平也有明显差距，由此导致公益林建设的各项营林、管护投入在地区间存在差异。公益林在不同地区发挥的作用大小也存在区别，不同质量的林地发挥效益各不相同。因此，生态补偿机制的建立必须考虑地域差异、认知差异、发展水平差异等制定适宜的标准、范围，选择合适的补偿方式与途径，才能体现公平性，能使资源配置具有高效性。此外，公益林按其给经营者带来的收益的多少进行划分，可以分为有收益的公益林和无收益的公益林，在对公益林生态效益进行补偿时，要以类型划分为基础，采取分类补偿的原则，对没有收益的公益林要完全依靠国家财政扶持；对有收益的公益林，应该通过科学评估确定经营者收入多少，损失多少，从而确定补偿标准，这样就可以把有限的补偿资金用在刀刃上。

2. 主功能为依据原则

众所周知，公益林的生态功效是多方面的，如净化空气、涵养水源、保持水土、调节气候、防风固沙、卫生防护、美化景观，等等。现阶段，在计算某一具体的公益林生态效益价值补偿量时，宜根据其主功能来确定其生态效益价值补偿量的计算范围。公益林建设区实行森林保护和禁伐政策，直接影响到当地林业职工的收入及当地经济发展，地方经济和农民收入遭受严重损失，付出了巨大代价，尽管国家给予了一定的财力支持和补偿，仅作为当地林业部门进行天然林保护和公益林建设的维持费用。因此，应对这些地方实行资金倾斜，巩固生态环境建设成果。将有限的资金集中投向生态重灾区，并按生态建设质量的好坏决定补偿标准的高低；而不应大面积平均使用财力，更不宜仅按面积固化补偿标准。

3. 灵活性与效用性结合原则

由于不具有商品交换的属性，公益林生态产品不能直接进入市场进行交易，但公益林生态系统的服务功能价值确实使人们受益，而人们应对这种生态价值支付多少是核心问题，也就是说，在公益林生态补偿实施时应具有灵活性和效用性。可以运用市场替代价值、影子工程法等灵活估算森林的生态价值，运用有效的资金对其进行补偿，使公益林生态补偿的资金能够真正发挥效用。

4. 分级补偿原则

分级补偿就是要将公益林生态补偿任务在中央和地方之间进行合理的分工，建立起适宜的中央政府与地方政府间的财政关系。根据"谁受益、谁补偿"的原则，受益范围为全国性的公益林由中央财政负担其生态补偿，受益范围为地方性的由地方财政负担其生态补偿，但由于林区大多为贫困地区，地方政府很难肩负其全部的公益林生态补偿责任，必须由中央政府分担一部分责任，同时地方政府拿出一部分配套资金。

5.可行性原则

从制度设计角度来看，公益林生态补偿机制的各项管理制度与实施办法在设计时应充分考虑可行性，便于相关主体理解和操作。从具体补偿行为来看，可行性原则主要涉及在补偿标准的设定时要充分考虑充分补偿和现实可行相结合，充分补偿是体现公益林生态价值的最终目标，但这并不意味着充分补偿在任何时候都是可行的，还必须考虑社会支付能力、经济发展水平等相关因素，不能盲目要求一步到位。

二、公益林生态补偿机制的构成要素

（一）补偿主体

补偿主体的确定就是确定由谁来支付补偿费的问题，是公益林生态补偿机制的关键问题。根据前文所述"谁受益、谁补偿"的原则，补偿主体应当是公益林所提供的生态功能的全体受益者。然而，由于公益林所提供生态效益是典型的公共物品，自然人、相关企事业单位、政府都可以成为公益林的受益者，受益者范围非常宽泛，补偿主体的确定具有一定困难。因此，在研究和实践中普遍形成了谁出钱谁就是补偿主体的狭隘观念，这严重背离了公益林生态补偿的基本原则，容易导致生态补偿工作的局限性和低效性。公益林为社会提供的生态产品和效益种类众多，不同利益群体受益程度存在较大差异。对社会公众和政府而言，享受的是公益林带来的环境改善等生态效益和社会效益，而对于依托公益林开展生产经营活动的森林旅游、水利水电等部门而言，则可以依托公益林的功能效益获得直接经济利益。因此，理论界普遍将公益林受益者分为直接受益者和间接受益者。

因为获得了直接的经济效益，因此将直接受益者作为补偿主体是社会各界普遍认同的。如公益林涵养水源效益的受益者应该是下游的用水单位和个人；防止水土流失效益的受益者应该是下游的航运部门和水库经营单位；农田防护林的受益者应该是农田所有者或经营者；森林景观效益的受益者是旅游部门等。因此，下游用水单位和个人、航运部门、水库企业、旅游部门等应成为补偿主体，直接为公益林经营者提供补偿费。

关于间接受益者，目前学术界很多观点均认为政府应作为补偿主体。对于广大公众来说，受益内容广泛而模糊，公益林的效益没有直接体现在经济利益上，没有人会愿意主动支付补偿费用。如宋晓华和郑小贤（2001）认为受益对象不明确的，由全民享用的综合功能的补偿，应由政府承担，具体可分为中央、省、市及社区四级补偿。陈钦（2006）解释公众不能成为补偿主体的原因为：对于其他大多数公共物品，公众都是免费享用，提供公共物品是政府的职能；享用森林生态效益从来都是免费的，文化和风俗习惯也是如此；公众希望免费"搭便车"，所以要将政府界定为补偿主体。还有学者认为由于环境资源的外部性、生态建设的特殊性和市场自身的缺陷，企业及社会公众难以成为主要的补偿主体。只有作为环境资源管理者、生态建设组织者的各级政府，才能发挥调剂余缺，协调不同利益群体关系，稳定社会秩序的功能。如我国天然林保护和退耕还林等重大工程都是由国家支付补偿费的（陈波等，2007）。

基于上述分析，若公益林功能效益受益对象明确的，可以由直接受益者作为补偿主体，直接支付补偿费用或通过政府中介形式间接缴纳补偿费用；若受益对象不容易确定或受益对象为社会公众，则政府履行一定补偿责任的同时，还要以法律制度或运用经济控制手段来约束（引导）相关受益者履行补偿责任。

（二）补偿客体

补偿客体即补偿对象，补偿客体的确定就是补给谁的问题。前文已述，公益林生态补偿的含义为特定区域内全体公民或企事业单位等公益林生态效益受益者，依据相关法律法规，通过纳税或其他方式向政府缴纳生态补偿经费，政府通过转移支付或设立基金等方式对公益林建设、保护和管理者进行补偿。因此，笔者认为补偿客体应该包括两个方面：一是公益林的所有者有权获得补偿，也就是谁提供了公益林谁就有权获得补偿；二是因公益林建设而使利益受到损失的利益受损者，也应受到补偿。这里既应包括经营管理者、也应包括其他受损失的人，如退耕还林的农户，因公益林区域严格的禁牧、禁猎、禁薪、禁垦、禁伐而产生经济损失的农民等等。

实践中，公益林的权属问题对于补偿客体的确定影响巨大。西方发达国家由于私有化体制，森林权属清晰，补偿对象毫无争议，一般为私有林主或林农。而中国公益林权属类型有三种：国家所有、集体所有和个人所有，权属类型多样化。因权属问题，补偿客体的确定也有分歧。尤其是对于国有公益林，由于产权归属国家，有些学者认为不应该获得补偿（北京市社科院"北京山区自然资源可持续利用研究"课题组，2006）；也有学者认为，持有森林资源股的国家不应在补偿对象之列，因为自己补偿自己是没有意义的；还有些学者认为，应该补偿给国有林的经营单位（陈钦，2006）。

笔者认为，现阶段中国公益林生态补偿客体可以按权属分为三类：一是个人所有的公益林，由于产权明确，补偿对象应确定为林木所有者。二是集体所有公益林，权属关系复杂，村委会往往成为所有权的代表，村委会可以成为补偿对象；当所有权与经营权分离时，经营者也可能成为补偿对象。三是国有公益林，补偿对象应该是国有林经营单位，即国有林业企事业单位。国有林业企事业单位受国家委托负责森林资源的管理和经营，与国家形成了委托代理关系，是国有产权的代表，应该获得补偿。而且，中国国有林业企事业的代表——国有林场从 20 世纪五六十年代开始建立，依靠国家单方面的投入，按计划经济要求进行生产和提供产品。随着林业经营战略思路的转变，市场经济体制的逐步推进，国有林场改革在 80 年代中后期进入企业化管理的试点，实行多种经营方针且自负盈亏，不少国有林场改制经营，国家对国有资源管理投入明显不足，资源的经营管理基本依靠经营者自身，公益林严格的限伐制度使得国有林业经营单位困难重重。因此，现阶段给予国有林经营单位公益林生态补偿资金无可厚非。今后，随着中国林业产权制度改革的深入，国有林场改革将逐步建立起符合市场经济规律、有利于生态建设和产业发展的新型国有林场管理体制和运行机制，如果能够完全实现国有生态公益型林业单位划分，国家投入能够满足公益林的建设需要时，国有公益林将不宜再列入补偿之列。

（三）补偿标准

公益林生态补偿标准的确定是公益林生态补偿机制的关键和核心，主要是解决补偿数量的问题，同时也是公益林生态补偿机制的难点，因此引起了理论界和实践界的广泛关注和热烈讨论。从理论上来说，公益林生态补偿也属于一种交易，其补偿标准相当于普通商品交易价格。根据马克思政治经济学观点，价值决定价格，但由于公益林主要是提供生态和社会产品或服务功能种类较多，且多为无形资产，其价值依据传统方法难以计量，这就造成理论界对补偿标准问题难以达成统一的认识，进而导致公益林生态补偿实践中标准随意设定和高低不一的情况非常普遍，难以达到预定的补偿目的，给公益林的建设和发展带来严重的影响。因此，科学合理地确定公益林生态补偿标准是当前公益林生态补偿机制亟须解决的首要问题。如果将标准定得过高，不但补偿主体难以承受，也将造成公益林建设和发展中的新的不公平；反之，如果将标准定得过低，又难以发挥补偿的效用，无法调动补偿客体的积极性。正如吴水荣等（2001）的观点："根据公平、合理的补偿原则，经营者不能加重受益者的补偿量；反之，受益者也不能随意降低补偿量，经营者与受益者的经济交换应当公平、合理。"关于补偿标准的具体内容，本书的后续章节将进行详细分析。

（四）补偿模式

公益林建设是一项服务社会、受益全民的公益事业，是实现国民经济可持续发展的重要基础。公益林生态补偿按照事权划分，各级财政应该承担主要部分。同时，根据"谁受益、谁补偿"和"服务于社会，取之于社会"的原则，有关受益机构、受益群体均要承担相应的补偿义务。因此，公益林生态补偿可建成由自我补偿、社会补偿和国家补偿等构成的多层次补偿体系（图 4.1）。

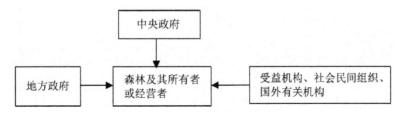

图 4.1　公益林生态补偿模式示意图

1. 国家补偿

（1）国家财政预算

财政是充分发挥生态效益的物质基础。公益林的主要作用在于它的生态功能，受益的是全社会，而社会利益的代表是各级人民政府，理应由财政支付公益林的补偿费用。国家可以通过财政专项补助、事业拨款及免税的形式，为公益林生态补偿机制提供资金扶持。但同时我们应该看到，在中央财力并不富裕的情况下，中央财政拿出这么大的资金用于公益林的管护，是相当不易的。因此，要切实满足公益林管护对资金的要求，实现公益林的高质量建设，充分发挥其功能的目的，还必须紧紧依靠地方政府，充分调动各方面的积极性，多渠道筹措资金，建立健全稳定的投入机制。

（2）开征生态环境税

当前中国的公益林生态补偿资金主要来源于国家财政预算直接拨付方式，这有利于推动公益林生态补偿的进度，但由于公益林生态补偿资金需要量巨大，开征环境税势在必行。应该说，公益林的可持续发展，需要以政府预算直接投入为突破口，尽快修复灾害严重的生态系统，然后逐步以税收方式维持日常公益林建设和保护的资金渠道，即通过生态环境税，形成能够调节生产者与受益者经济关系的公益林正常经营机制。生态环境税产生的经济效应能够有效地保护公益林，促进公益林生态作用的发展。通过征收生态环境税将其社会成员收入进行再分配，提高全社会对公益林生态功能的重视，有利于调动生产者的积极性，有利于林业建设和森林资源保护，提高全社会对森林保护的认识。

（3）发行国债

林业是一个生产周期很长的产业，公益林建设能造福子孙后代，可见公益林具有"时间外部经济性"，即公益林的经济效益具有长期效果。通过发行国债筹集所需资金，相当于向未来借钱，并用财政收入还债，符合代际公平原则。

（4）补偿基金

鉴于公益林生态效益与社会效益的公共物品特性，相关的经济主体有责任对享受的林业效益以货币资金的形式予以补偿，即建立公益林生态补偿基金。公益林生态补偿基金可以通过以下措施进行筹集：①税收附加。税收实质上是国家参与国民收入分配的一种重要方式。公益林生态补偿的税收附加，在分配中的实质就是社会生产（消费）单位或个人由于得益于生态环境的改善，而向国家支付的环境成本。国家则运用它改善生态环境，为社会提供更好的生态环境服务。以税收附加形式征收生态补偿基金用于公益林建设，体现了公益林生态环境全社会受益、全社会负担的原则。②接受援助。可以通过公益性部门筹集该项基金，基金的来源主要是接受国际组织、外国政府、单位、个人和国内单位、个人的捐款或援助。目前已有一些国际组织对我国保护森林资源提供资金援助，如全球环境基金（Global Environment Fund，GEF）和世界自然基金会（World Wildlife Fund，WWF）等。③发行生态彩票。彩票有巨大的筹资功能，所得资金直接用于公益林建设，取之于民，用之于林，造福于民。彩票的公益性和偶然获利的功利性，使人们乐于接受并积极购买。发行生态彩票，除了巨大的筹资功能外，还具有深远的社会影响力，能宣传森林的环境功能，吸引人们关心、参与公益林建设，使全社会办林业、全民搞绿化这一大政方针真正得以实现，使公益林建设由单纯的部门行为、政府行为扩展到全社会行为。

目前，基于广大民众对于公益林重要性的认识程度，采取行政手段强制征收税费的办法筹集资金应是主要方式，资金来源比较稳定，也相对可行；通过国债、彩票筹资，只能是人们认识提高到一定水平时方可实现，并且只能作为筹资的辅助手段。

2. 市场补偿

市场补偿的交易对象可以是公益林生态环境要素的权属，也可以是公益林生态环境服务功能，或者是公益林环境破坏治理的绩效或配额。通过市场交易或支付兑现公益林生态环境服务功能的价值。目前，市场补偿还未形成规模，只在部分地区有所实践，其主要方式有：一对一交易、市场贸易、生态标志等。

（1）一对一交易。一对一交易通常被称为"自愿补偿"或"自愿市场"，这种交易实现的前提应是公益林生态补偿的主客体和利益关系比较明确，可以通过双方进行协商①，进行公益林生态服务功能的买卖与交易。

（2）市场贸易。当公益林生态交易的服务价值可计量时，可以进入市场开展交易。目前，最典型的是二氧化碳等温室气体的交易行为。其主要特点是公益林生态环境功能的提供者和购买者都不统一，环境服务功能可以被量化并具有可比较的价格。

（3）生态标志。广义的生态标志包括产品和服务，如生态有机产品、旅游景区等。一些地区的旅游景区就属于已经转化为产业优势的生态标志，可以通过旅游门票收入等由广大消费者支付公益林生态补偿费用。

公益林生态补偿走市场化途径的难点在于产权界定。中国公益林所有者并没有完全的产权，除了保护和建设以外，没有权力自由处置公益林，由此带来谈判交易困难，受益者即使不同意交易，所有者也不能砍伐林木。因此在中国要想实现市场化补偿必须有政府的干预，由政府协调林业部门和相关受益部门，规定双方的权利义务，搭建双方交易平台。公益林市场化补偿只

---

① 该方式特点是交易的双方基本确定，只有一个或少数潜在的买家，同时只有一个或少数潜在的卖家，双方直接谈判或者通过一个中介来帮助确定交易的条件与金额。

能限于可以明确的受益者和生态林所有者之间。

3. 自我补偿

自我补偿可分为公益林自我收益补偿和林业行业内部补偿。

（1）公益林自我收益补偿

一是从现有林调整到经营目标所需的某类公益林，有树种更新、林种调整（如用材林改建成生态公益林）等更新采伐活动；二是公益林达到防护成熟等公益成熟后效能衰减时应及时采伐更新；三是公益林经营过程中的抚育间伐、卫生伐[①]等技术利用；四是大面积公益林内小片立地条件好的地块在不影响主体功能的前提下可局部经营商品材、特殊用材、经济果品、野生植物的人工栽培等；五是公益林内非木质资源（中药材、山野菜、食用菌、山野果、木本粮油、野生花卉、树脂树胶、野生动物等）的合理经济利用；六是开展森林旅游、进行立体经营等。以上经营活动的物质产出，均可作为公益林自我补偿的渠道。

（2）林业行业内部的补偿

林业行业内部补偿有两种形式，一种是从林业产业收益中拿出部分资金，从商品林经营中提供部分资金支撑公益林的管护和建设。这项工作在一些经济发达地区有着很好的基础，有许多大的企业集团主动出资来培育森林资源，一方面为自己提供生产原料，同时也为社会提供生态效益。另一种是从林业收费中，划定专门的比例用于公益林的建设，以弥补资金不足。很多地区的林业收费大部分都用到了植树造林和林业管护工作。

（五）补偿方式

补偿方式主要是指补偿主体采用何种形式对补偿客体实施补偿。通常而言，补偿的目的在于使补偿客体的外部经济内部化，因此补偿途径除传统的货币补偿外，还可以采取多种其他途径来进行。纵观国内外公益林生态补偿的实践，补偿方式主要包括以下几类：

1. 经济补偿

经济补偿是最主要的补偿途径，其中现金补偿是比较常用的补偿方式。目前中国公益林生态补偿的资金来源以国家财政为主，地方财政为辅。国家

---

① 卫生伐是为维护与改善林分的卫生状况而进行的抚育采伐，采伐的对象是因遭森林火灾或受病虫害严重危害的枯死木、损伤木和被害木。

和地方政府作为社会生态利益的埋单者,在一定时期内可以使用现金补偿途径,提供公益林生态补偿所需的资金,但单纯依赖财政划拨会增加国家和地方财政的支出。如果经济不景气,政府财政状况不佳,政府的投入就会急剧减少,公益林生态补偿就可能出现停滞,生态受益者也不能承担相应责任,而且不能提高相关人群乃至整个社会重视生态环境保护的意识。长久为之不仅会增加政府的负担,而且难以达到生态平衡。因此,地方财政状况较好的地区可加大经济补偿力度,因为这是最直接也最有效的补偿方式,能够促进公益林生态效益得到较快发展。但对于地方财政状况不好甚至吃紧的地区,则应尽力探索其他补偿途径。

2. 实物补偿

实物补偿是指以劳动力、实物等作为补偿物提供给受偿者,能够在一定程度上补偿其公益林生产经营的成本,并为公益林扩大再生产提供物质准备(樊辉等,2016)。如生活在公益林区中的非林农,他们的生产生活因公益林保护受到一定程度的影响,如果生活必需品无法得到保障,不但会挫伤他们保护公益林资源的积极性,而且很可能使破坏公益林的情况再次出现。因此,当地方政府的生态补偿资金不足时,应根据当地情况开展实物补偿。若当地粮食产量大,可以粮食为补偿物;若当地工业基础较好,就可以农机农具为补偿物。尤其是在实行退耕还林时,还林者没有耕地来生产粮食,恢复的森林又不让采伐,为了保障其基本生活,就必须对其进行粮食补偿。所以不论当地的财政状况如何都应大力发展实物补偿。

3. 政策补偿

公益林生态补偿需要大量的资金,单纯依赖财政划拨会增加国家和地方财政的支出,受到政府财政限制;依靠市场,又不足以解决问题。这时就可对从事公益林生态建设的组织或个人提供减税甚至免税等优惠政策,从另一个角度降低其公益林生态建设的成本。国家也可适当将公益林生态补偿的相关权力下放,由地方政府更具体更灵活地执行相关政策(杨晓萌,2013)。因此,政策补偿应为国家和地方政府实行公益林生态补偿的必选项。

4. 项目补偿

项目补偿是指政府或补偿者以项目作为补偿物提供给受偿者,帮助受偿者停止非环保产业,完成产业转型,使其在保护森林生态的同时能够创造经济收益。为了更好的生态环境,不应当引进有污染但效益好的经济项目,但可通过项目补偿引进一些无污染的、已符合环保标准的经济项目,帮助当地的经济发展。生态环保产业和项目正是国家未来的重点发展方向，而这些产业和项目应重点向公益林生态补偿的重点地区倾斜，拉动当地经济，增加林区农民收入，提升公益林生态补偿效益，让公益林生态补偿形成良性循环。

5. 技术补偿

这是公益林发展过程中逐渐产生的新的补偿形式。由于人们对生态环境的需求越来越高，公益林发展和建设过程中的技术性要求也就越来越高，而传统的公益林建设和维护者普遍知识水平不高，通常依靠经验进行公益林建设，技术含量不足导致公益林的林分质量不高。为更好地发展公益林，可通过提供技术咨询和指导等技术补偿形式来提高公益林建设和维护者技术能力和管理水平，从而提高生产效率或降低生产成本。国家和地方政府应将技术补偿作为公益林生态补偿的重要补充方式，不断地向林区输送人才或对相关人员进行技术培训。

综上可知，公益林生态补偿方式多种多样，在具体实践中，选择补偿方式应以更有效地实现公益林生态补偿为依据，综合考虑公益林所处地域的具体实际，选择其中一种或多种方式结合运用。

三、公益林生态补偿的配套机制

（一）补偿资金分摊机制

理论上讲，公益林的价值应该得到完全补偿，且其价值一般来说都数额巨大。而前文的分析显示，公益林生态补偿主体有多个，但由于传统观念中公益林被认为是应该由政府提供的一种公共产品，所以在当前的公益林生态补偿实践中，补偿主体往往是由政府单独担任，这就直接导致尽管公益林尚未实现完全价值补偿，政府却已承担了巨大的财政压力。尽管近年来开始出现的"碳排放交易"，使得部分市场主体也参与到公益林生态补偿实践中来，但这种碳排放交易的交易标的种类较多，涉及林业的"碳汇交易"只占其中的一部分。而且在交易时一般没有特定的指向性，即补偿主体可能并不是补偿所针对的公益林的利益相关者，而仅仅是为了完成补偿主体自身的减排指标，这无法有效减轻政府财政压力，且理论上并不属于本书所述的公益林生态补偿范畴，只能作为公益林生态补偿资金的一个补充。事实上，政府并不是真正意义上的补偿主体，而真正意义上有补偿责任的是政府管辖范围内的全体社会公众，政府只是他们的代表，与其他组织或特定个人共同构成了补偿的主体。因此，政府没有理由成为唯一的补偿主体，公益林生态补偿资金应在全部的补偿主体之间进行合理的分摊，才能保证公益林生态补偿公平、合理地进行。

（二）利益主体激励约束机制

激励与约束是两种不同的管理活动。激励的直接目的是调动人的工作积极性，提高工作效率，达到工作目标；而约束的直接目的在于保证人的行动方向不偏离组织目标方向。激励主要解决被管理者工作热情、积极性、创造性不足的问题，使其发挥潜能，努力工作；而约束主要解决行为方向问题、人际关系问题，从而保护管理系统和被管理者个人的根本利益。实际工作中，激励与约束是相互补充、相辅相成的关系，二者不可偏废。可以说，激励与约束的最终目的，都是要最大限度地调动被管理者的积极性。因此，只有将激励与约束二者合理搭配、科学使用，才能发挥激励与约束应有的作用。

公益林生态补偿的激励约束机制，就是在明确公益林生态补偿政策设置目标的前提下，通过了解分析管理者和被补偿者需求与动机，制定的各种制度和规范，用以激励和约束各级公益林管理、经营和管护者按照政策的指向，积极维护和发展公益林，保障公益林生态补偿机制的顺利运行和实施。

公益林生态补偿机制的实质是对经济利益的分配和调整，是对个体或组织行为的指导和制约。由于公益林发挥的生态效益和社会效益具有公共物品属性，补偿主体和补偿客体在补偿过程中的利益目标函数是不一致的，补偿机制的运行将给公益林生态补偿主体带来利益的损失，这部分损失的利益则转移到补偿客体一方。根据经济学理论中的"经济人"假设，补偿主体由于存在"搭便车"可能，必然希望这部分利益尽可能少转移或不转移。而补偿客体则希望这种利益的转移规模越大越好，这就产生了矛盾，公益林生态补偿无法自发进行，即公益林生态补偿机制无法运行，更谈不上公益林生态补偿机制功能的发挥了。因此，必须构建公益林生态补偿的激励约束机制，通过增加利益相关者背离补偿机制行为的成本，来修正补偿机制利益相关者的利益函数，从而使各利益相关者的行为回归到公益林生态补偿机制运行的预定轨道上来，保障公益林生态补偿机制的有效持续运行。

(三) 生态补偿政策评价机制

评价机制缺失是中国现行公益林生态补偿机制的问题之一。无论是补偿前还是补偿后均缺乏评价机制，尤其是缺乏定量评价机制。

补偿前的评价机制缺失是指政府在进行生态补偿前对中国公益林生态补偿的标准到底应该是多少并没有清楚的认识，还只是停留在政府"拍脑袋"决定拨付补偿资金额的层面上。由于缺乏科学的生态系统服务价值评估体系和补偿标准体系，中国现行的公益林生态补偿制度没有考虑不同的补偿地区生态区位重要性差异、经济发展程度的差异以及林农生产生活成本差异等，采取统一的补偿标准，造成有些地区补偿资金超出其实际需要，而有些地区则远远不够。例如按照公益林面积发放补偿资金，虽然操作起来简单方便，可是只重视公益林面积而忽视公益林提供生态服务功能的质量，补偿地区的林农实施起来也会消极怠惰，影响公益林生态功能建设。

同样的，在生态补偿之后，也缺乏相关部门对生态补偿的实施效果进行科学有效评估。例如公益林资源数量和质量的变化情况如何，生态环境状况是否有所改善、生态功能是否有所提高，以及补偿地区林农生产生活水平是否有所提升等。由于统一的生态效益评价指标体系的缺失，补偿效果的好坏及其变化程度也无法定量评判，全凭地方林业部门主观认定。例如有些补偿地区的林农依靠种苗造林的成果验收卡片领取补偿资金，而林业部门进行验收却没有明确的标准。这种缺乏科学评价标准的验收，一方面是存在较大的主观性判断，另一方面是仅能了解林业资源数量变化，而无法了解能体现森林质量和生态系统服务功能的变化。

补偿前评价机制缺失使生态补偿制度的实施缺乏针对性和有效性，补偿效果大打折扣；补偿后的评价机制缺失使政府拨付的补偿资金成为受补偿地区的既得利益，对补偿地区政府和林农实施生态补偿没有任何约束，同样也会影响补偿的效果。

对公益林生态补偿政策的评价，在考虑生态、社会、经济三大效益所反映出的政策实施效果的同时，还应该将管理及政策的执行纳入评价之中。由于公益林生态补偿政策实施效果的反映状况与生态效益的发挥和政策本身实施的关系较为复杂，必须采用能够反映公益林生态补偿政策实施本质和效果的"定性特征量"和"量化特征量"的"比较尺度标准"等一系列指标构成体系，以便科学、全面、准确地评价公益林生态补偿政策实施的效果，为公益林建设与补偿政策宏观决策等提供科学建议和依据。

（四）生态补偿实施的保障机制

为了保障公益林生态补偿机制的有效实施，必须构建相关的观念、体制、政策、法制以及科技等方面的保障机制，为公益林生态补偿提供有力的制度支撑。

1. 观念保障。公益林生态补偿作为一项新制度的实施，其实施能否顺利进行，必须解决好与公益林生态补偿相关主体，包括公益林生产者、管护者和公益林补偿者、补偿管理者的思想认识问题。因此，保障公益林生态补偿机制的正常运行，首先要从转变相关主体的思想观念入手，让他们从各自不同的视角都能认识到这样做既合情合理又合法。

2. 体制保障。目前，公益林生态补偿是单一的纵向实施模式，缺少跨区域、跨部门和上下级政府之间的补偿协调体制。因此，有必要建立一套科学、合理的生态补偿管理体制，其包括了政府部门内部管理体制、上下级政府之间的管理体制以及同级政府之间的管理体制。

3. 政策保障。完善公益林生态补偿机制，国家应加大对公益林所在地区的政策扶持力度。在制定宏观经济政策时要考虑到林区特殊性，在政策制定上予以倾斜，在资金投入上提供保障，在人才资源上充分供给，使公益林地区为保护生态环境做出的牺牲得到相应的补偿。

4. 法律保障。中国公益林生态补偿立法中还存在很多问题，直接导致了生态补偿无法可依和缺少生态补偿依据，不仅制约了生态补偿机制的建立和完善，也阻碍了生态环境保护工作的顺利开展。因此，建立公益林生态补偿机制，一定要有一套完善的法律体系，并且辅之以相应的执行措施和法律问责机制。

5. 科技保障。加大对公益林体系的科技投入力度，加强科技人才队伍建设，建立健全科技推广体系，不断提高科技造林和护林水平；支持林业科研院所建设，及时转化林业科研成果等，是公益林生态补偿最有效的技术支撑保障机制。

四、公益林生态补偿机制的基本框架

只有科学地确认补偿主客体、补偿标准等各种要素，选择优化的运行模式（补偿途径和补偿方式），辅以有力的配套机制作保障，才能使公益林生态补偿机制高效运行，实现生态补偿的政策目标。

根据前文所述，公益林生态补偿机制中有多个补偿主体，既有组织或机构，也有个人，各主体的行政权属或社会地位均不相同，且所处地域范围较为分散。同时，公益林的生态效益和社会效益具有物理边界不确定性和难以计量性，各补偿主体之间依靠自身无法合理确定应承担的补偿资金的合理份额。再加上公益林建设和维护者也相对比较分散，无法自行组织向所有的补偿主体收取补偿资金，权益容易受到损害。因此，我们可以在补偿主体和补偿客体之间引入政府，由其利用行政强制能力向各补偿主体分摊并筹集公益林生态补偿资金，再将筹集到的补偿资金发放给补偿客体，即政府担任公益林生态补偿机制中资金流动的主导者和管理者角色。[①] 通过引入政府，可以将由补偿标准所确定的补偿所需资金采用合理的方法在各补偿主体之间进行分摊，从而更加明确各补偿主体在公益林生态补偿中所应该承担的责任，且政府所拥有的行政强制性能力将使得补偿资金的流转更为顺畅和合理。基于此，公益林生态补偿机制的基本框架如图 4.2 所示：

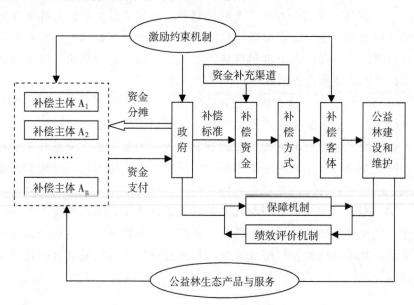

图 4.2　公益林生态补偿机制的基本框架

从基本框架来看，公益林生态补偿机制的根本目的是要保证补偿资金从补偿主体流向补偿客体，从而使补偿客体更好地进行公益林建设和维护，保障公益林持续提供生态产品和社会产品。公益林生态补偿主体在通过合理的方法确定补偿标准后，可通过公共财政、转移支付、税收、资源使用费等方式筹集补偿资金，并根据公益林建设和维护的实际情况选择用货币补偿、政策补偿、实物补偿或技术补偿等不同补偿形式，将补偿资金支付给补偿客体。补偿客体在获得补偿资金后，一方面弥补其因公益林建设和维护所遭受的损失或所付出的劳动，另一方面必须履行其在公益林建设和维护过程中所应承担的责任，从而使公益林建设和维护得到可持续发展，源源不断地提供生态产品和社会产品。在公益林生态补偿机制中，补偿资金筹集的补充渠道主要包括社会捐资、市场交易等。从激励约束机制来看，相关制度、政策或体制的合理构建可以保障补偿主客体更好地获得应得的利益和履行相应的责任，从而保障公益林生态补偿机制的正常运转。

第五章　公益林生态补偿主客体界定及博弈关系

一、公益林生态补偿主客体界定

由于公益林生态补偿涉及不同主体之间利益让渡和财富再分配问题，因此首先必须明确"谁补偿谁"即生态补偿的主客体问题。生态补偿的主客体问题是生态补偿制度研究中的重要范畴，生态补偿主客体的确定是生态补偿机制运行的出发点和归宿。

（一）各国有关生态补偿主体规定

世界各国虽然没有专门的生态补偿立法，但在相关的农业政策法律、林业政策法律、自然资源开发等与生态环境密切的相关法律或涉及生态补偿的合同中，都有生态补偿主体的相关规定。

表 5.1　各国有关生态补偿主体规定

国别、法律	主体	行为
美国《农业法》及一系列计划	1. 中央政府 2. 地方政府 3. 农场	1. 中央政府和地方政府按比例提供资金； 2. 农场主根据与政府签订的合同退耕还林、还草、休耕（有比例规定）； 3. 政府按土地支付租金和支付转换生产方式的一半成本。
德国《联邦矿山法》	1. 联邦政府 2. 州政府 3. 矿区业主	1. 老矿区：由联邦政府成立复垦公司，资金由联邦政府、州政府按比例分担； 2. 新矿区：矿区业主提出补偿和复垦措施；预留生态补偿和复垦专项资金（3%利润）；对占用森林和草地异地恢复。

续表

国别、法律	主体	行为
澳大利亚灌溉者支付流域上游造林协议	1. 马奎瑞河下游 600 个农场主组成的食品与纤维协会 2. 新南洲林务局 3. 上游土地所有者	1. 协会向新南洲林务局提供服务费； 2. 新南洲林务局种植植物； 3. 上游土地所有者从林务局获得年金； 4. 种植植物所有权归林务局。
中国《森林法》及实施条例	1. 国家 2. 防护林和特种用途林的经营者	1. 国家设立生态效益补偿基金； 2. 经营者获得森林生态效益补偿的权利。
哥斯达黎加森林法	1. 森林生态服务提供方（国私有林地的所有者） 2. 生态服务支付方（电力公司、饮料生产企业等） 3. 国家森林基金（燃料税和捐赠）	1. 国家森林基金负责与生态服务的支付方进行谈判，筹集资金，并与生态服务提供方签订生态补偿合同； 2. 生态服务提供方应当履行合同中约定的造林、森林保护、森林管理等义务，并有权请求国家森林基金按照合同约定的支付方式履行支付。

从表 5.1 中各国有关生态补偿主体的规定可以看出：

生态补偿主体是抽象性和具体性的统一。生态补偿主体的设置既有抽象性的国家，也有具体的行政机关、法人和个人。生态补偿是一个庞大和复杂的补偿体系，既包括纵向的区域生态补偿和对特别生态功能区的补偿，也涵盖横向的流域、跨流域调水的生态补偿和人为行政分割造成的环境产业之间的补偿，还包括人们影响环境资源而对生态环境自身的补偿。如在自然资源开发过程中产生的土地复垦和植被修复的生态补偿方面，其受益者、开发者和破坏者是明确且具体的，生态补偿的主体容易确定；对同一行政区域内的小流域的生态补偿，因其权属主体容易确定，故补偿主体也不难确定。但在一些重要的生态系统（如湿地系统、森林系统）和重要生态功能区（如水源涵养区、生物多样性保护区）及国家划定的禁止开发区域和限制开发区域的补偿中，由于其公益性强，作为抽象主体的国家无疑占据主导地位。生态补偿主体这种具体性规定和抽象性规定的复合，是生态补偿自身体系复杂性的实践所致，也是要保障一个动态的、开放型的主体体系所致。生态补偿主体抽象性和具体性统一的特点告诉我们，抽象主体和具体主体都是生态补偿主体类型中不可或缺的组成部分，不能因为追求明确而具体的主体而忽略了抽象主体在生态补偿机制中的地位，也不能为了进行抽象的理论统摄和理论涵盖而忽略了对具体的生态补偿主体进行的逐一描述。

以权属明确为一般前提。生态补偿是在不同利益主体之间利益的转移和再分配，本质上是一种交易，必然涉及不同利益主体的利益格局问题。换而言之，补偿一般是在明确的权利主体之间进行的。在权利没有明确界定之前，生态补偿主体之间权利边界不甚清楚，无法确认谁的权利妨碍了谁，谁应该受到限制和谁承担补偿责任。因此，生态补偿应以权属主体之间权利义务的明确界定为前提。但我们也必须清楚地认识到，由于环境资源具有公共物品性质，权属界定本身是一个很复杂的问题。而且许多生态环境的权属往往是模糊和虚化的，甚至不可能清楚界定的。在不同国家或同一国家的不同地区，环境和资源的权属内涵也不尽一致，这样在实践中往往使生态环境的权利和义务失去主体，导致无法清楚地确定补偿承担者和接受者。另外，世界上没有任何不受限制的权利，特别是对于自然资源的权属。许多国家从维护环境效益和生态安全出发，对于其生产经营活动都有或多或少的限制。为此，各国政府均不同程度通过自身或鼓励其他社会团体参与生态补偿，从而获得生态补偿主体地位。

（二）公益林生态补偿的利益相关者

由于权属确定比较困难，国外学术界对生态补偿主客体进行研究时，不仅关注权属主体，而且关注所有利益相关者的福利影响。公益林生态补偿的根本目标是调节公益林建设和维护过程中相关利益主体之间的经济利益失衡现象，以充分体现"谁受益、谁补偿；谁受损、补偿谁"和"谁破坏、谁补偿；谁保护、补偿谁"的公益林生态补偿原则。因此，本书也借鉴这种利益相关者分析方法来确定公益林生态补偿的主客体。

利益相关者的概念最早是由以美国经济学家约瑟夫·斯蒂格利茨（1999）为代表的新经济发展理论从企业管理的角度提出来的。他认为，利益相关者是那些能够影响企业目标实现，或者能够被企业实现目标的过程影响的任何个人和群体。该定义将影响企业目标的个人和群体视为利益相关者，同时还将受企业目标实现过程中所采取的行动影响的个人和群体看作利益相关者，正式将当地社区、政府部门、环境保护主义者等实体纳入利益相关者管理的研究范畴，大大扩展了利益相关者的内涵。约瑟夫·斯蒂格利茨的观点受到许多经济学家的赞同，并成为20世纪后期关于利益相关者界定的一个标准范式。根据这一范式，利益相关者分析是通过确定一个系统中的主要角色或相关方，评价他们在该系统中的相应经济利益或兴趣，以获取对系统的了解的一种方法和过程。后来这种方法开始广泛应用于自然资源管理的实践。该分析方法的主要目的是找出并确认系统或干预中的"相关方"，并评价其利益。这里的利益包括经济利益及其在社会、政治、文化等多方面的利益。

实施环境效益经济补偿政策的利益相关者的范围非常广泛，远比权属主体广泛。利益相关者引入生态补偿考虑以下几个方面因素：1.主要从利益而非权利（力）角度来研究生态补偿。虽然中国相关法律规定了"防护林和特种用途林的经营者获得森林生态效益补偿的权利"，但这种权利是以经营者提供环境利益为基础的。利益是比权利更为基础的范畴，从而构成权利的前提。法律恰是适应利益调节的需要而产生的，法律的变化和发展根源于利益关系的变化和发展，归根到底根源于人们利益要求的变化和发展。生态补偿体现了生存利益和发展利益的协调、经济利益和环境利益的协调，从这个角度来讲，在生态补偿问题上，利益是比权利更为基础的概念。2.符合生态环境的整体性要求。自然环境是由各种环境要素组成的统一体，这种整体性要求人们以一种更为整体的方式来看待环境。环境的整体性是不确定的和确定的统一，其不确定是因为我们很难确切划定它的边界。但对于一个既定整体，尤其是复杂整体，其部分及部分的利益代表者又是多样的，有直接的利益相关者和间接的利益相关者，而只有对整体有直接影响的部分的属性才具有整体意义，但并不妨碍间接的利益相关者对构成整体所发挥的作用。生态补偿是从整体性的环境出发，选取那些对生态环境有直接影响的部分利益相关者进行生态补偿主客体的描述和界定。

在实践中，美国管理学者米歇尔提出可以通过评分法来寻找系统的利益相关者。评分法是通过对可能的利益相关者利益的三个属性来进行评分，并根据评分结果将利益相关者分为确定利益相关者、预期利益相关者和潜在利益相关者。三个属性分别是合法性（Legitimacy）、权力性（Power）和紧迫性（Urgency）。其中，合法性是指个体或组织是否拥有对系统利益的索取权；权力性是指个体或组织是否拥有对系统运行决策的影响力；紧迫性则是指个体或组织对系统运行的要求能否及时得到系统决策层的响应。具体进行利益相关者分析时，可采用高、中、低三个层次对上述三项属性进行评分，中级以上则表明该个体或组织具备了这一属性。最终，同时具备三项属性的个体或组织即为确定利益相关者；具备两项属性的为预期利益相关者；只具备一项属性的则为潜在利益相关者。

可以看出，评分法是一种主观方法，对可能的利益相关者的三项属性的评分可以通过对相关专家、主要知情人等采用实地访谈、问卷调查等形式进行数据的获取。根据研究目的，本书通过对公益林管理人员的访谈和实地调研，将公益林生态补偿的利益相关者进行了初步的确定，结果如表5.2所示。

表5.2　公益林生态补偿的利益相关者分析结果

可能的利益相关者	合法性	权力性	紧迫性
中央政府	高	高	高
省级政府	高	高	高
公益林所在地政府	中	中	中
公益林资源使用者	高	中	高
公益林管理部门	高	高	中
公益林所在地原土地使用权拥有者	高	中	中
公益林建设和维护者	高	高	中
非政府组织	低	中+	中+
新闻媒体	低	中+	中
非公益林所在地区的居民	低	低	中+

注：上标"＋"表示该评分在可预见的未来将逐渐增高。

从表5.2中可以看出，公益林生态补偿的确定利益相关者主要包括中央政府、省级政府、公益林资源使用者、公益林管理部门、公益林所在地政府、公益林所在地原土地使用权拥有者、公益林建设和维护者；预期利益相关者主要包括非政府组织和新闻媒体；而潜在的利益相关者则主要包括非公益林所在地区的居民。

（三）公益林生态补偿的主客体确定

公益林生态补偿主体和客体的确定关系着补偿资金的流向，是公益林生态补偿机制的核心内容之一。由于公益林生态补偿的各利益相关者在公益林建设和维护过程中具有其各自不同的利益需求，因而也应当承担相应的责任。基于此，为构建合理的公益林生态补偿机制，调整好各利益相关者在公益林建设和维护过程中的利益关系，我们必须对不同利益相关者在公益林建设和维护过程中的权利和责任进行深入分析，以便确定公益林生态补偿的主体和客体。分析结果如表5.3所示。

由表 5.3 可知，公益林所在地原土地使用权拥有者在公益林建设过程中承担了相应责任，其应有的生产和生活资料的获取权、平等发展的权利等合法权利却没有得到保障。其拥有的林地被划归为公益林后，由于实施严格的禁伐制度，导致其收入下降。因此，应将该利益相关者确定为公益林生态补偿的客体。公益林生态补偿机制需解决该群体因为公益林建设而承受的损失问题。

公益林建设和维护者在公益林建设和维护过程中直接承担着生产和保护责任，但由于公益林经济功能的缺失而无法获得市场利润，只能通过工资补贴等形式得到公益林的部分收益。因而，该利益相关者应认定为公益林生态补偿的客体。公益林生态补偿机制应着力解决该群体因为收入低下而造成的工作积极性不高的问题。

表5.3　公益林生态补偿利益相关者权利和责任分析

利益相关者		权利	责任	补偿后的效应变化
确定利益相关者	中央政府	公益林的所有权、收益权、处置权和管理权（a）	公益林建设和维护的总体责任、优化环境的责任（c）	财政支出增加、国家生态环境改善、国际声望提高、公民满意度增加
	省级政府	公益林的所有权、收益权、处置权和管理权（a）	公益林建设和维护的总体责任、优化环境的责任（c）	财政支出增加、区域生态环境改善、公民满意度增加
	公益林所在地政府	公益林的部分收益权和管理权（a）	公益林建设和维护的日常责任、优化环境的责任（c）	财政支出增加、区域生态环境改善、公民满意度增加
	公益林资源使用者	公益林的使用权和收益权（a）	资源使用付费（b）	支出增加或营利减少或生产方式转变
	公益林管理部门	公益林的部分收益权和管理执法权（a）	公益林建设和维护的具体管理责任（c）	与其他利益相关者的利益关系得到平衡
	公益林所在地原土地使用权拥有者	生产和生活资料的获取权、平等发展权（b）	支持生态公益林建设和保护的责任（a）	收入增加、就业机会增多
	公益林建设和维护者	公益林收益权（c）	生态公益林建设和保护的责任（a）	收入增加、工作积极性得到提升

利益相关者		权利	责任	补偿后的效应变化
预期利益相关者	非政府组织	生态公益林建设和维护的参与权和监督权	无明确责任	生态环境的改善
	新闻媒体	生态公益林建设和维护的参与权和监督权	无明确责任	生态环境的改善
潜在利益相关者	非公益林所在地区的居民	生态公益林建设和维护的参与权和监督权	无明确责任	生态环境的改善

注：括号中字母的意义分别为：a表示权利得到保障或责任完全履行；b表示权利完全丧失或责任尚未承担；c表示权利得到部分保障或承担部分责任但尚需完善。

公益林资源使用者在公益林建设和维护过程中，利用公益林的生态和社会功能获得了相应的利益，却由于公益林生态产品的特殊性而没有承担相应的资源使用付费责任。因而，应确定该利益相关者为公益林生态补偿主体的重要成员。公益林生态补偿机制需着力解决该群体由于无偿使用公益林的"外部性"而获取超额利润的问题，从而平衡公益林生态产品的生产者和使用者之间的利益关系。

政府的身份是多元的，既涉及中央人民政府，也包括地方人民政府（省人民政府、市人民政府以及县人民政府，甚至乡人民政府），村委会扮演着"准政府"的角色，承担了政府的部分服务职能。政府既包括政府自身，还包括有关的职能部门。政府的多重身份决定了其多元职能，包括：作为生态补偿有关的规划和政策的制定推动者；作为生态补偿政策实施的主要推动主体（如地方各级草原畜牧部门、林业部门、财政部门等）；作为生态补偿政策实施的辅助实施主体（包括规划部门、农业部门、环保部门、统计部门等）；作为生态补偿政策推行的监督者（包括纪检监察部门、审计部门、公安和司法部门等）。就中国各领域生态补偿实践来看，作为"生态环境利益受益者"的政府，是生态补偿政策实施的补偿主体，其职权主要包括：代表公众利益，享受良好的生态环境；通过政策文件或者契约的形式设定自然资源开发利用的职权边界；通过政策法规或者契约的形式明确生态补偿的补偿主体、补偿客体、组织协调主体、监管主体、评估主体等权利职责，规定补偿范围和补偿标准，设定权利职责的实现方式。此外，政府还存在一些与生态补偿政策工程实施有关的文件或者合同中约定的其他职权等。其职责为：制定生态补偿有关的政策规范并公开，向受众解释说明；足额、无附加条件、及时地拨付补偿资金及有关资金；组织实施生态补偿政策有关的工作；监督及评估生态补偿政策的实施；对补偿资金及相关资金的监管；对补偿工作实施过程中违法违规行为的监管等。

　　预期利益相关者和潜在利益相关者由于不承担公益林建设和维护的明确责任，因而将其排除在公益林生态补偿的主客体范围之外。需要特别提出的是，由于该群体对公益林建设和维护具有一定的参与权和监督权，其对公益林建设和维护也能起到积极作用。比如，环保等非政府组织所倡导的公益性环保活动，不仅能提高社会公众的环保意识，还能为公益林建设筹集一定的资金，从而促进公益林建设和维护的可持续发展；新闻媒体和社会公众对公益林建设的宣传、参与、监督和支持也可为公益林的良性发展提供动力。

二、公益林生态补偿主客体的演化博弈

　　在公益林生态补偿博弈中，补偿主体为公益林生态效益受益方（以下简称"受益方"），补偿客体为公益林建设和保护方（以下简称"保护方"）。受益方对于保护方的资源保护投入情况及受偿意愿并不了解，保护方对受益方的补偿意愿及补偿金额等信息掌握也不足，在补偿形式及补偿标准确定上，双方很难一次达成一致，需要在博弈过程中不断调整和改进自己的策略，以求利益最大化。可见，保护方和受益方之间的合作，需要长期、动态的博弈，是一个通过互相学习和改进，由低级向高级不断演进的过程。因此，本书运用建立在有限理性假设基础上的演化博弈模型来研究保护方和受益方的合作问题。

（一）研究假设

对公益林生态补偿演化博弈模型构建做如下假设。

1. 公益林生态补偿的利益主体包括保护方、受益方、当地政府及管理部门、上级政府及管理部门等。博弈直接参与者是保护方和受益方，当地政府及管理部门作为参与者群体代表，上级政府及管理部门对公益林生态补偿的执行状况进行监管。

2. 保护方多为公益林所在区域农户，通常直接从自然资源获取生存物质，

生活一般比较贫困。迫于生存压力，他们更加看重短期经济利益，往往倾向于以牺牲生态环境和可持续发展为代价来换取经济的短期快速发展。对他们而言，好的生态环境是奢侈品。他们有两种可供选择的策略，即"保护"和"不保护"。

3. 受益方通常生活比较富裕，对生态环境有较高的要求，且多数人具有较高的补偿意愿和支付能力。他们也有两种可供选择的策略，即"补偿"和"不补偿"。

4. 保护方选择"保护"和受益方选择"补偿"可以看成博弈双方的合作状态，而保护方选择"不保护"和受益方选择"不补偿"可以看成博弈双方的不合作状态。只有当双方合作时，才能有效保护生态环境，提高整个社会福利。

5. 博弈双方都为有限理性，且追求自身利益最大化。一方将基于自身在群体中的相对适应性，根据对方策略来选择自己的策略，是双重群演化博弈。

（二）模型构建

根据博弈双方选择不同策略时的收益情况，设立如下变量：R_{s1} 为保护方选择"保护"策略时获得的收益；R_{s2} 为保护方选择"不保护"策略时获得的收益（$R_{s1} < R_{s2}$）；R_{d1} 为保护方选择"保护"策略时，受益方获得的生态外部正效用；R_{d2} 为保护方选择"不保护"策略时，受益方获得的生态外部正效用（$R_{d1} > R_{d2}$）；C_s 为保护方选择"保护"策略时所需支付的成本，包括直接投入成本、因保护公益林而产生的机会成本等；C_d 为受益方选择"补偿"策略时产生的交易成本；R 为保护方选择"保护"策略时，受益方支付给保护方的生态补偿金额。

基于上述，可知当策略组合为保护、补偿时，保护方和受益方的收益分别为 $R_{s1} + R - C_s$ 和 $R_{d1} - R - C_d$；当策略组合为保护、不补偿时，保护方和受益方的收益分别为 $R_{s1} - C_s$ 和 R_{d1}；当策略组合为不保护、补偿时，保护方和受益方的收益分别为 $R_{s2} + R$ 和 $R_{d2} - R - C_d$；当策略组合为不保护、不补偿时，保护方和受益方的收益分别为 R_{s2} 和 R_{d2}。假设保护方和受益方完全了解对方的策略空间及受益函数，生态补偿博弈为完全信息情况下静态非合作博弈。其支付矩阵如表5.4所示。

表 5.4　无约束机制的公益林生态补偿博弈模型

保护方	受益方	
	补偿	不补偿
保护	$R_{s1} + R - C_s$, $R_{d1} - R - C_d$	$R_{s1} - C_s$, R_{d1}
不保护	$R_{s2} + R$, $R_{d2} - R - C_d$	R_{s2} , R_{d2}

根据表 5.4 支付矩阵，对于保护方而言，$R_{s1} + R - C_s < R_{s2} + R$，$R_{s1} - C_s < R_{s2}$，即"不保护"是最优策略；对于受益方而言，$R_{d1} - R - C_d < R_{d1}$，$R_{d2} - R - C_d < R_{d2}$，即"不补偿"是最优策略。可见，该博弈的纳什均衡为不保护、不补偿，双方均陷入"囚徒困境"。显然，从不保护、不补偿到保护、补偿，博弈双方及社会总福利均会增加，是一种帕累托改进，但这违背了个人理性，不是纳什均衡。即使双方事先达成合作协议，在缺乏外力约束情况下，协议也难以实施。为了改变这种均衡，需要上级政府和部门通过强有力的行政干预，改变博弈双方的预期收益，影响其策略选择，形成新的纳什均衡。

假设行政约束机制为：当保护方选择"保护"策略时，如果受益方违背协议，选择"不补偿"策略，则上级政府将对受益方进行重罚 F_d（$F_d \geqslant R + C_d$）；当受益方选择"补偿"策略时，如果保护方违背协议，选择"不保护"策略，则上级政府将对保护方进行重罚 F_s（$F_s \geqslant C_s$）。新的支付矩阵如表 5.5 所示。

表 5.5　有约束机制的公益林生态补偿博弈模型

保护方	受益方	
	补偿	不补偿
保护	$R_{s1} + R - C_s$, $R_{d1} - R - C_d$	$R_{s1} - C_s + F_d$, $R_{d1} - F_d$
不保护	$R_{s2} + R - F_s$, $R_{d2} - R - C_d + F_s$	R_{s2} , R_{d2}

（三）演化博弈分析

假设保护方选择"保护"策略的比例为 x，则选择"不保护"策略的比例为 $1 - x$；受益方选择"补偿"策略的比例为 y，则选择"不补偿"策略的比例为 $1 - y$。

保护方选择"保护"策略的期望收益为：

$$E_{s1} = y(R_{s1} + R - C_s) + (1 - y)(R_{s1} - C_s + F_d)$$

保护方选择"不保护"策略的期望收益为：

$$E_{s2} = y(R_{s2} + R - F_s) + (1 - y) \cdot R_{s2}$$

因此，保护方的平均期望收益为：

$$\overline{E_s} = x \cdot E_{s1} + (1 - x) \cdot E_{s2}$$

受益方选择"补偿"策略的期望收益为：

$$E_{d1} = x(R_{d1} - R - C_d) + (1 - x)(R_{d2} - R - C_d + F_s)$$

受益方选择"不补偿"策略的期望收益为：

$$E_{d2} = x(R_{d1} - F_d) + (1 - x) \cdot R_{d2}$$

受益方的平均期望收益为：

$$\overline{E_d} = y \cdot E_{d1} + (1 - y) \cdot E_{d2}$$

1. 保护方的演化稳定策略

保护方选择"保护"策略的复制动态方程为：

$$f(x) = \frac{dx}{dt} = x(E_{s1} - \overline{E_s}) = x(1 - x)[R_{s1} - R_{s2} + y \cdot F_s + (1 - y) \cdot F_d - C_s]$$

该方程的一阶导数为：

$$f'(x) = (1 - 2x)[R_{s1} - R_{s2} + y \cdot F_s + (1 - y) \cdot F_d - C_s]$$

令 $f(x) = 0$，根据复制动态方程，可知 $x = 0$ 和 $x = 1$ 为两个可能的稳定状态点。

(1) 当 $y = y^* = \dfrac{R_{s2} - R_{s1} + C_s - F_d}{F_s - F_d}$（$0 \leqslant \dfrac{R_{s2} - R_{s1} + C_s - F_d}{F_s - F_d} \leqslant 1$）时，总有 $f(x) = 0$，即对于所有的 x 水平都是稳定状态。说明当受益方以 $\dfrac{R_{s2} - R_{s1} + C_s - F_d}{F_s - F_d}$ 的水平选择"补偿"策略时，此时保护方选择"保护"策略或"不保护"策略没有区别，所有 x 水平都是保护方的稳定状态。

(2) 当 $y > y^* = \dfrac{R_{s2} - R_{s1} + C_s - F_d}{F_s - F_d}$，由于 $f'(0) > 0$，$f'(1) < 0$，所以 $x = 1$ 为演化稳定策略。说明当受益方以高于 $\dfrac{R_{s2} - R_{s1} + C_s - F_d}{F_s - F_d}$ 的水平选择"补偿"策略时，保护方选择逐渐从"不保护"向"保护"转移，即"保护"策略为保护方的演化稳定策略。

(3) 当 $y < y^* = \dfrac{R_{s2} - R_{s1} + C_s - F_d}{F_s - F_d}$，由于 $f'(0) < 0$，$f'(1) > 0$，所以 $x = 0$ 为演化稳定策略。说明当受益方以低于 $\dfrac{R_{s2} - R_{s1} + C_s - F_d}{F_s - F_d}$ 的水平选

择"补偿"策略时，保护方选择逐渐从"保护"向"不保护"转移，即"不保护"策略为保护方的演化稳定策略。

根据上述，可画出保护方的动态演化路径图，如图 5.1 所示。

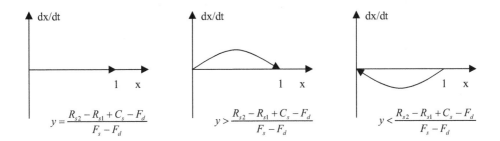

图 5.1　保护方的动态演化路径

2. 受益方的演化稳定策略

受益方选择"补偿"策略的复制动态方程为：

$$g(y) = \frac{dy}{dt} = y(E_{d1} - \overline{E_d}) = y(1-y)[x \cdot F_d + (1-x) \cdot F_s - R - C_d]$$

该方程的一阶导数为：

$$g'(y) = (1-2y)[x \cdot F_d + (1-x) \cdot F_s - R - C_d]$$

令 $g(y) = 0$，根据复制动态方程，可知 $y = 0$ 和 $y = 1$ 为两个可能的稳定状态点。

(1) 当 $x = x^* = \dfrac{R + C_d - F_s}{F_d - F_s}$（$0 \leqslant \dfrac{R + C_d - F_s}{F_d - F_s} \leqslant 1$）时，总有 $g(y) = 0$，即对于所有的 y 水平都是稳定状态。说明当保护方以 $\dfrac{R + C_d - F_s}{F_d - F_s}$ 的水平选择"保护"策略时，此时受益方选择"补偿"策略或"不补偿"策略没有区别，所有 y 水平都是受益方的稳定状态。

(2) 当 $x > x^* = \dfrac{R + C_d - F_s}{F_d - F_s}$，由于 $g'(0) > 0$，$g'(1) < 0$，所以 $y = 1$ 为演化稳定策略。说明当保护方以高于 $\dfrac{R + C_d - F_s}{F_d - F_s}$ 的水平选择"保护"策略时，受益方选择逐渐从"不补偿"向"补偿"转移，即"补偿"策略为受益方的演化稳定策略。

(3) 当 $x < x^* = \dfrac{R + C_d - F_s}{F_d - F_s}$，由于 $g'(0) < 0$，$g'(1) > 0$，所以 $y =$

0 为演化稳定策略。说明当保护方以低于 $\dfrac{R+C_d-F_s}{F_d-F_s}$ 的水平选择"保护"策略时，受益方选择逐渐从"补偿"向"不补偿"转移，即"不补偿"策略为受益方的演化稳定策略。

根据上述，可画出受益方的动态演化路径图，如图 5.2 所示。

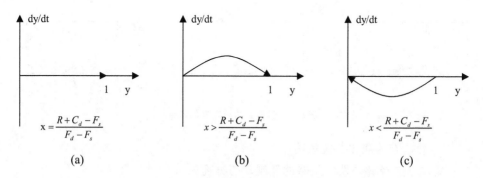

图 5.2 受益方的动态演化路径

3. 演化稳定策略的影响因素

由上述分析可知，保护方和受益方的博弈存在 5 个局部均衡点，即 $O(0,0)$、$A(0,1)$、$B(1,0)$、$C(1,1)$ 和鞍点 $E(x^*,y^*)$，其中 $x^*=\dfrac{R+C_d-F_s}{F_d-F_s}$，$y^*=\dfrac{R_{s2}-R_{s1}+C_s-F_d}{F_s-F_d}$。在 5 个局部均衡点中，仅有 $O(0,0)$ 和 $C(1,1)$ 是稳定的，是演化博弈稳定策略，分别对应于保护方与受益方的不合作状态（不保护、不补偿）和合作状态（保护、补偿）。

图 5.3 显示了保护方和受益方博弈均衡的演化过程。其中折线 AEB 是系统演化收敛于不同均衡的临界线，在折线右上方（AEBC 区域）系统将收敛于 $C(1,1)$，即保护、补偿，保护方和受益方将形成合作状态；在折线左下方（AEBO 区域）系统将收敛于 $O(0,0)$，即不保护、不补偿，保护方和受益方将形成不合作状态。

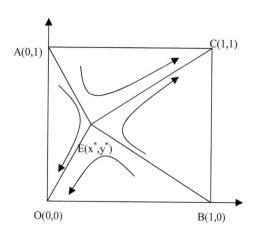

图 5.3　保护方和受益方合作关系演化图

可见，保护方和受益方演化博弈的均衡结果到底是合作还是不合作，取决于折线 AEO 分割成的两部分区域的面积 S_{AEBO} 和 S_{AEBC} 大小。若 $S_{AEBO} > S_{AEBC}$，则双方不合作的概率更大，系统将沿着 EO 路径向不合作状态演化；若 $S_{AEBO} < S_{AEBC}$，则双方合作的概率更大，系统将沿着 EC 路径向合作状态演化；若 $S_{AEBO} = S_{AEBC}$，则双方合作与不合作的概率一样，系统演化方向不确定。

由图 5.3 可知，不合作区域面积 $S_{AEBO} = (x^* + y^*)/2$，其主要的影响因素如下：

表 5.6　公益林生态补偿博弈演化方向的影响因素

参数变化	鞍点变化	面积变化	演化方向	解释说明
$R \uparrow$	$x^* \uparrow$	$S_{AEBO} \uparrow$	不合作	补偿额度越大，受益方的合作意愿会下降。但是如果补偿额度太小，将不能弥补保护方的公益林保护成本，保护方合作意愿将不足。因此博弈双方要讨价还价，确定合理的补偿金额。
$R_{s1} \uparrow$	$y^* \downarrow$	$S_{AEBO} \downarrow$	合作	保护方对公益林"保护"的收益越大，其保护的主动性越强，需要的补偿金额就会更小，有利于合作的达成。
$R_{s2} \uparrow$	$y^* \uparrow$	$S_{AEBO} \uparrow$	不合作	保护方对公益林"不保护"的收益越大，其将更倾向于发展经济，破坏生态，因此需要的补偿金额就会更大，不利于合作的达成。

参数变化	鞍点变化	面积变化	演化方向	解释说明
$C_s\uparrow$	$y^*\uparrow$	$S_{AEBO}\uparrow$	不合作	保护方对公益林"保护"的成本越大,其保护的主动性越弱,需要的补偿金额就会更大,不利于合作的达成。
$C_d\uparrow$	$x^*\uparrow$	$S_{AEBO}\uparrow$	不合作	受益方进行生态补偿的交易成本越大,其合作意愿就越低,不利于合作的达成。
$F_s\uparrow$	$x^*\downarrow$、$y^*\downarrow$	$S_{AEBO}\downarrow$	合作	对保护方违约,即选择"不保护"的处罚力度越大,其违约成本就越高,有利于合作的达成。
$F_d\uparrow$	$x^*\downarrow$、$y^*\downarrow$	$S_{AEBO}\downarrow$	合作	对受益方违约,即选择"不补偿"的处罚力度越大,其违约成本就越高,有利于合作的达成。

(四)结论与建议

利用演化博弈理论,分析了公益林保护方和受益方在生态补偿博弈中的决策行为和策略均衡。研究发现:1. 在公益林生态补偿博弈中,如果缺乏行政约束,仅仅依靠博弈双方进行决策,很容易陷入"囚徒困境",无法形成有效的合作;2. 生态补偿机制最终能否达成保护方选择"保护"策略、受益方选择"补偿"策略的全面合作,主要受违约罚款力度、生态补偿额度、保护方对公益林保护的收益及成本等因素的影响。降低生态保护的成本及博弈双方合作的交易成本,提高生态保护的经济效益和外部生态效益,加大保护方"不保护"和受益方"不补偿"的惩罚力度,合理确定生态补偿额度将促进公益林生态补偿博弈向(保护、补偿)的合作状态演进。

基于上述研究结论,简要提出如下政策建议:第一,提高公益林保护的综合收益。一方面,政府应出台相应优惠政策,在税收减免、财政补贴等方面向公益林保护方倾斜,提升其对公益林保护的积极性;另一方面,公益林保护方所在区域要主动推动产业转型,发展生态产业,使公益林保护的收益内在化和常态化,从而自发地进行公益林保护。第二,合理确定公益林生态补偿额度。生态补偿额度过高,受益方合作意愿下降,补偿太低则无法弥补保护方的公益林保护成本,保护方不愿意合作。因此,要加强公益林生态服务价值及保护成本的核算,完善博弈双方讨价还价机制,合理确定生态补偿额度,使保护方和受益方均能接受。第三,加大对博弈方的违约惩罚力度。

一方面，上级政府和部门要积极介入公益林生态补偿中，对保护方"不保护"和受益方"不补偿"等违反协议的行为予以重罚，增加其违约成本，推动合作均衡的达成；另一方面，要建立健全专门的公益林生态补偿法律法规，为上级政府和部门的监督、惩罚行为提供法律依据，从而保障公益林保护方和受益方合作协议的有效执行。第四，降低公益林生态补偿的交易成本。一方面，加大环境保护宣传教育，提高公众的环境意识，营造环境保护的舆论氛围。受益方如果认可公益林生态补偿的公平合理性，其合作意愿会明显提升，交易成本会大幅下降，有利于合作达成；另一方面，上级政府和部门要搭建各主体利益诉求平台，建立协商机制，创造良好的合作环境，推动公益林生态补偿合作协议的达成。

三、中央政府与地方政府的演化博弈

中央政府统一制定了《国家级公益林管理办法》《国家级公益林区划界定办法》《中央财政森林生态效益补偿基金管理办法》等与公益林建设、生态补偿相关的法律法规，地方政府负责执行和实施。随着公益林建设和生态补偿不断深入，地方政府与中央政府在政策执行过程中存在一定的博弈关系。在博弈中，中央政府对地方政府执行公益林相关政策的意愿缺乏了解，地方政府对中央政府的政策决心和监察力度所掌握的信息也十分有限，博弈双方行为策略都是基于有限理性而做出的。因此，地方政府与中央政府都不是一次博弈就能找到最优策略，而是通过试错、总结和模仿，不断寻找较优策略，最终形成稳定策略。因此，本书采用演化博弈来研究公益林相关政策执行过程中地方政府与中央政府的策略行为，分析博弈主体的行为演化规律和演化稳定策略，以期深化和拓展已有研究，为促进公益林政策的高效执行提供理论依据。

（一）研究假设

对公益林建设及生态补偿中地方政府与中央政府的演化博弈进行如下假设。

1. 博弈参与方为中央政府及地方政府，假设他们都是理性的，能够充分考虑到行为可能产生的影响，进而在行为相互作用的局势中做出各自收益或效用最大化的、合乎理性的决策。

2. 中央政府的行为策略包括"监察"和"不监察"。假设只要中央政府对地方政府实施监察，就能发现地方政府是否执行了公益林生态补偿政策，若地方政府执行生态补偿政策，则对其给予奖励，反之则给予处罚；如果中央政府不实施监察，则不能发现地方政府是否执行了生态补偿政策，相应也就不存在奖励和处罚。

3. 地方政府的行为策略包括"执行"和"不执行"。若地方政府执行公益林生态补偿政策可以促进公益林发展，改善国家和区域生态环境水平，进而提升中央政府和地方政府收益，但也会增加地方政府的成本（包括因发展公益林而造成的机会损失）；若地方政府不执行公益林生态补偿政策，则有损于公益林发展，影响中央政府和地方政府收益，同时也不会增加地方政府成本。

4. 中央政府从公益林建设中获得的收益要高于地方政府所获得的收益。

（二）模型构建

根据博弈双方选择不同策略时的收益情况，设立如下变量：R_1 为地方政府执行公益林生态补偿政策时中央政府的收益，R_2 为地方政府不执行公益林生态补偿政策时中央政府的收益（$R_1 > R_2$），θR_1、θR_2 则分别为地方政府相应的收益（$0 < \theta < 1$）；C_1 为中央政府对地方政府实施监察时产生的成本，C_2 为地方政府执行公益林生态补偿政策时产生的成本；F_1 为地方政府执行公益林生态补偿政策时，中央政府给予的奖励，F_2 为地方政府不执行公益林生态补偿政策时，中央政府给予的处罚（$F_1 < F_2$）。

基于上述，可知当策略组合为（监察、执行）时，中央政府和地方政府的收益分别为 $R_1 - C_1 - F_1$ 和 $\theta R_1 - C_2 + F_1$；当策略组合为监察、不执行时，中央政府和地方政府的收益分别为 $R_2 - C_1 + F_2$ 和 $\theta R_2 - F_2$；当策略组合为不监察、执行时，中央政府和地方政府的收益分别为 R_1 和 $\theta R_1 - C_2$；当策略组合为不监察、不执行时，中央政府和地方政府的收益分别为 R_2 和 θR_2。假设中央政府和地方政府完全了解对方的策略空间及受益函数，博弈为完全信息情况下静态非合作博弈。其支付矩阵如表 5.7 所示。

表5.7　公益林生态补偿中中央政府与地方政府博弈矩阵

中央政府	地方政府	
	执行	不执行
监察	$R_1 - C_1 - F_1$，$\theta R_1 - C_2 + F_1$	$R_2 - C_1 + F_2$，$\theta R_2 - F_2$
不监察	R_1，$\theta R_1 - C_2$	R_2，θR_2

（三）演化路径与复制动态分析

假设中央政府选择"监察"策略的比例为 x，则选择"不监察"策略的比例为 $1-x$；地方政府选择"执行"策略的比例为 y，则选择"不执行"策略的比例为 $1-y$。

中央政府选择"监察"策略的期望收益为：

$$E_{z1} = y(R_1 - C_1 - F_1) + (1-y)(R_2 - C_1 + F_2)$$

中央政府选择"不监察"策略的期望收益为：

$$E_{z2} = yR_1 + (1-y) \cdot R_2$$

因此，中央政府的平均期望收益为：

$$\overline{E_z} = x \cdot E_{z1} + (1-x) \cdot E_{z2}$$

地方政府选择"执行"策略的期望收益为：

$$E_{d1} = x(\theta R_1 - C_2 + F_1) + (1-x)(\theta R_1 - C_2)$$

地方政府选择"不执行"策略的期望收益为：

$$E_{d2} = x(\theta R_2 - F_2) + (1-x) \cdot \theta R_2$$

地方政府的平均期望收益为：

$$\overline{E_d} = y \cdot E_{d1} + (1-y) \cdot E_{d2}$$

1. 演化路径分析

（1）中央政府的演化路径分析

中央政府选择"监察"策略的复制动态方程为：

$$f(x) = \frac{dx}{dt} = x(E_{z1} - \overline{E_z}) = x(1-x)[F_2 - C_1 - y \cdot (F_1 + F_2)]$$

$$f'(x) = (1-2x)[F_2 - C_1 - y \cdot (F_1 + F_2)]$$

令 $f(x) = 0$，根据复制动态方程，可知 $x = 0$ 和 $x = 1$ 为两个可能的稳定状态点。

①当 $y = y^* = \dfrac{F_2 - C_1}{F_2 + F_1}$ 时，总有 $f(x) = 0$，即对于所有的 x 水平都是稳

定状态。说明当地方政府以 $\dfrac{F_2-C_1}{F_2+F_1}$ 的水平选择"执行"策略时，此时中央政府选择"监察"策略或"不监察"策略没有区别，所有 x 水平都是中央政府的稳定状态。

②当 $y<y^*=\dfrac{F_2-C_1}{F_2+F_1}$ ，由于 $f'(0)>0$ ，$f'(1)<0$ ，所以 $x=1$ 为演化稳定策略。说明当地方政府以低于 $\dfrac{F_2-C_1}{F_2+F_1}$ 的水平选择"执行"策略时，中央政府选择逐渐从"不监察"向"监察"转移，即"监察"策略为中央政府的演化稳定策略。

③当 $y>y^*=\dfrac{F_2-C_1}{F_2+F_1}$ ，由于 $f'(0)<0$ ，$f'(1)>0$ ，所以 $x=0$ 为演化稳定策略。说明当地方政府以高于 $\dfrac{F_2-C_1}{F_2+F_1}$ 的水平选择"执行"策略时，中央政府选择逐渐从"监察"向"不监察"转移，即"不监察"策略为中央政府的演化稳定策略。

根据上述，可画出中央政府的动态演化路径图，如图 5.4 所示。

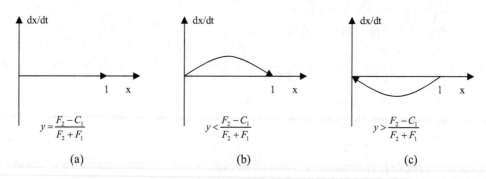

图 5.4 中央政府的动态演化路径

（2）地方政府的演化路径分析

地方政府选择"执行"策略的复制动态方程为：

$g(y)=y(1-y)[\theta(R_1-R_2)-x(F_2-F_1)-C_2]$

该方程的一阶导数为：

$g'(y)=(1-2y)[\theta(R_1-R_2)-x(F_2-F_1)-C_2]$

令 $g(y)=0$ ，根据复制动态方程，可知 $y=0$ 和 $y=1$ 为两个可能的稳定状态点。

①当 $x = x^* = \dfrac{\theta(R_1 - R_2) - C_2}{F_2 - F_1}$ 时，总有 $g(y) = 0$，即对于所有的 y 水平都是稳定状态。说明当中央政府以 $\dfrac{\theta(R_1 - R_2) - C_2}{F_2 - F_1}$ 的水平选择"监察"策略时，此时地方政府选择"执行"策略或"不执行"策略没有区别，所有 y 水平都是地方政府的稳定状态。

②当 $x > x^* = \dfrac{\theta(R_1 - R_2) - C_2}{F_2 - F_1}$，由于 $g'(0) > 0$，$g'(1) < 0$，所以 $y = 1$ 为演化稳定策略。说明当中央政府以高于 $\dfrac{\theta(R_1 - R_2) - C_2}{F_2 - F_1}$ 的水平选择"监察"策略时，地方政府选择逐渐从"不执行"向"执行"转移，即"执行"策略为地方政府的演化稳定策略。

③当 $x < x^* = \dfrac{\theta(R_1 - R_2) - C_2}{F_2 - F_1}$，由于 $g'(0) < 0$，$g'(1) > 0$，所以 $y = 0$ 为演化稳定策略。说明当中央政府以低于 $\dfrac{\theta(R_1 - R_2) - C_2}{F_2 - F_1}$ 的水平选择"监察"策略时，地方政府选择逐渐从"执行"向"不执行"转移，即"不执行"策略为地方政府的演化稳定策略。

根据上述，可画出地方政府的动态演化路径图，如图 5.5 所示。

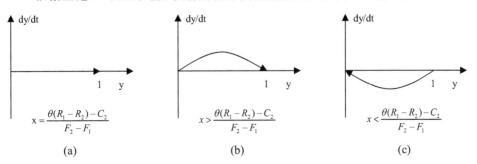

图 5.5　地方政府的动态演化路径

2. 复制动态分析

前文已述，中央政府选择"监察"策略的复制动态方程为：

$$\dot{x} = \frac{dx}{dt} = x(E_{z1} - \overline{E_z}) = x(1-x)[F_2 - C_1 - y \cdot (F_1 + F_2)]$$

地方政府选择"执行"策略的复制动态方程为：

$$\dot{y} = \frac{dy}{dt} = y(E_{d1} - \overline{E_d}) = y(1-y)[\theta(R_1 - R_2) - x(F_2 - F_1) - C_2]$$

上述两式组成了一个不含时间的二维动力自治系统。根据微分方程理论，如果存在点 (x_0, y_0)，使得以下方程组成立，则点 (x_0, y_0) 为平衡点或奇点。

$$\begin{cases} x_0(1-x_0)[F_2 - C_1 - y(F_1 + F_2)] = 0 \\ y_0(1-y_0)[\theta(R_1 - R_2) - x(F_2 - F_1) - C_2] = 0 \end{cases}$$

所以，该自治系统有四个平衡点（或奇点），分别为 $E_1(0,0)$、$E_2(0,1)$、$E_3(1,0)$、$E_4(1,1)$。根据 Friedman 结论，在一个由微分方程系统表示的群体动态中，可根据系统雅可比矩阵的局部稳定分析来判断各平衡点的稳定性。由上述自治系统构成的雅可比矩阵为：

$$J = \begin{bmatrix} \partial \dot{x}/\partial x & \partial \dot{x}/\partial y \\ \partial \dot{y}/\partial x & \partial \dot{y}/\partial y \end{bmatrix} =$$

$$\begin{bmatrix} (1-2x)[F_2 - C_1 - y(F_1 + F_2)] & -x(1-x)(F_1 + F_2) \\ -y(1-y)(F_2 - F_1) & (1-2y)[\theta(R_1 - R_2) - x(F_2 - F_1) - C_2] \end{bmatrix}$$

此雅可比矩阵的行列式和迹分别为：

$\det J = (1-2x)[F_2 - C_1 - y(F_1 + F_2)](1-2y)[\theta(R_1 - R_2) - x(F_2 - F_1) - C_2] - xy(1-x)(1-y)(F_1 + F_2)(F_2 - F_1)$

$tr J = (1-2x)[F_2 - C_1 - y(F_1 + F_2)] + (1-2y)[\theta(R_1 - R_2) - x(F_2 - F_1) - C_2]$

依据演化博弈理论，满足 $\det J > 0$ 和 $tr J < 0$ 的均衡点为系统的演化稳定点。为便于下一步分析，分别求出四个平衡点的行列式和迹的表达式，结果如表 5.8 所示。

表 5.8　各平衡点的行列式和迹的表达式

平衡点	雅可比矩阵的行列式 $\det J$	雅可比矩阵的迹 $tr J$
$E_1(0,0)$	$(F_2 - C_1)[\theta(R_1 - R_2) - C_2]$	$(F_2 - C_1) + [\theta(R_1 - R_2) - C_2]$
$E_2(0,1)$	$(F_1 + C_1)[\theta(R_1 - R_2) - C_2]$	$-(F_1 + C_1) - [\theta(R_1 - R_2) - C_2]$
$E_3(1,0)$	$-(F_2 - C_1)[\theta(R_1 - R_2) + F_1 - F_2 - C_2]$	$-(F_2 - C_1) + [\theta(R_1 - R_2) + F_1 - F_2 - C_2]$
$E_4(1,1)$	$-(F_1 + C_1)[\theta(R_1 - R_2) + F_1 - F_2 - C_2]$	$(F_1 + C_1) - [\theta(R_1 - R_2) + F_1 - F_2 - C_2]$

在上述条件表达式中，F_2 地方政府缴纳的罚款，可以理解为中央政府的监察收益；$\theta(R_1 - R_2)$ 可理解为地方政府执行公益林生态补偿政策的净收益；C_2 可理解为地方政府执行政策直接成本，$C_2 + F_2 - F_1$ 可理解为地方政府执行

政策的总成本。下文分别讨论不同情况下各平衡点的行列式和迹的符号。

（1）当 $F_2 > C_1$，且 $\theta(R_1 - R_2) < C_2$ 时，各平衡点的行列式和迹的符号如表 5.9 所示。

表 5.9　各平衡点的行列式和迹的符号（$F_2 > C_1$，$\theta(R_1 - R_2) < C_2$）

平衡点	雅可比矩阵的行列式 $\det J$	雅可比矩阵的迹 $tr J$	稳定性
$E_1(0,0)$	$\det J < 0$	不确定	鞍点
$E_2(0,1)$	$\det J < 0$	不确定	鞍点
$E_3(1,0)$	$\det J > 0$	$tr J < 0$	ESS
$E_4(1,1)$	$\det J > 0$	$tr J > 0$	不稳定

由表 5.9 可知，当中央政府监察收益超过监察成本，且地方政府执行公益林生态补偿政策的净收益低于直接成本时，均衡点中 $E_3(1,0)$ 为演化稳定点，其对应的演化稳定策略为（监察，不执行），即中央政府倾向于选择"监察"策略，地方政府倾向于选择"不执行"策略。

（2）当 $F_2 > C_1$，且 $C_2 < \theta(R_1 - R_2) < C_2 + F_2 - F_1$ 时，各平衡点的行列式和迹的符号如表 5.10 所示。

表 5.10　各平衡点的行列式和迹的符号（$F_2 > C_1$，$C_2 < \theta(R_1 - R_2) < C_2 + F_2 - F_1$）

平衡点	雅可比矩阵的行列式 $\det J$	雅可比矩阵的迹 $tr J$	稳定性
$E_1(0,0)$	$\det J > 0$	$tr J > 0$	不稳定
$E_2(0,1)$	$\det J > 0$	$tr J < 0$	ESS
$E_3(1,0)$	$\det J > 0$	$tr J < 0$	ESS
$E_4(1,1)$	$\det J > 0$	$tr J > 0$	不稳定

由表 5.10 可知，当中央政府监察收益超过监察成本，且地方政府执行公益林生态补偿政策的净收益高于直接成本但低于总成本时，均衡点中 $E_2(0,1)$、$E_3(1,0)$ 均为演化稳定点，其对应的演化稳定策略为（不监察、执行）或（监察、不执行），具体在实践中会出现哪种策略组合，这取决于中央政府和地方政府的预期。

（3）当 $F_2 > C_1$，且 $\theta(R_1 - R_2) > C_2 + F_2 - F_1$ 时，各平衡点的行列式和迹的符号如表 5.11 所示。

表 5.11　各平衡点的行列式和迹的符号（$F_2 > C_1$，$\theta(R_1 - R_2) > C_2 + F_2 - F_1$）

平衡点	雅可比矩阵的行列式 det$J$	雅可比矩阵的迹 tr$J$	稳定性
$E_1(0,0)$	det$J > 0$	tr$J > 0$	不稳定
$E_2(0,1)$	det$J > 0$	tr$J < 0$	ESS
$E_3(1,0)$	det$J < 0$	不确定	鞍点
$E_4(1,1)$	det$J < 0$	不确定	鞍点

由表 5.11 可知，当中央政府监察收益超过监察成本，且地方政府执行公益林生态补偿政策的净收益高于总成本时，均衡点中 $E_2(0,1)$ 为演化稳定点，其对应的演化稳定策略为不监察、执行，即中央政府倾向于选择"不监察"策略，地方政府倾向于选择"执行"策略。

（4）当 $F_2 < C_1$，且 $\theta(R_1 - R_2) < C_2$ 时，各平衡点的行列式和迹的符号如表 5.12 所示。

表 5.12　各平衡点的行列式和迹的符号（$F_2 < C_1$，$\theta(R_1 - R_2) < C_2$）

平衡点	雅可比矩阵的行列式 det$J$	雅可比矩阵的迹 tr$J$	稳定性
$E_1(0,0)$	det$J > 0$	tr$J < 0$	ESS
$E_2(0,1)$	det$J < 0$	不确定	鞍点
$E_3(1,0)$	det$J < 0$	不确定	鞍点
$E_4(1,1)$	det$J > 0$	tr$J > 0$	不稳定

由表 5.12 可知，当中央政府监察收益低于监察成本，且地方政府执行公益林生态补偿政策的净收益低于直接成本时，均衡点中 $E_1(0,0)$ 为演化稳定点，其对应的演化稳定策略为不监察、不执行，即中央政府倾向于选择"不监察"策略，地方政府倾向于选择"不执行"策略。

（5）当 $F_2 < C_1$，且 $C_2 < \theta(R_1 - R_2) < C_2 + F_2 - F_1$ 时，各平衡点的行列式和迹的符号如表 5.13 所示。

表 5.13　各平衡点的行列式和迹的符号（$F_2 < C_1$，$C_2 < \theta(R_1 - R_2) < C_2 + F_2 - F_1$）

平衡点	雅可比矩阵的行列式 det$J$	雅可比矩阵的迹 tr$J$	稳定性
$E_1(0,0)$	det$J < 0$	不确定	鞍点
$E_2(0,1)$	det$J > 0$	tr$J < 0$	ESS
$E_3(1,0)$	det$J < 0$	不确定	鞍点
$E_4(1,1)$	det$J > 0$	tr$J > 0$	不稳定

由表 5.13 可知，当中央政府监察收益低于监察成本，且地方政府执行公益林生态补偿政策的净收益高于直接成本但低于总成本时，均衡点中 $E_2(0,1)$ 为演化稳定点，其对应的演化稳定策略为不监察、执行，即中央政府倾向于选择"不监察"策略，地方政府倾向于选择"执行"策略。

（6）当 $F_2 < C_1$，且 $\theta(R_1 - R_2) > C_2 + F_2 - F_1$ 时，各平衡点的行列式和迹的符号如表 5.14 所示。

表 5.14　各平衡点的行列式和迹的符号（$F_2 < C_1$，$\theta(R_1 - R_2) > C_2 + F_2 - F_1$）

平衡点	雅可比矩阵的行列式 $\det J$	雅可比矩阵的迹 trJ	稳定性
$E_1(0,0)$	$\det J < 0$	不确定	鞍点
$E_2(0,1)$	$\det J > 0$	$trJ < 0$	ESS
$E_3(1,0)$	$\det J > 0$	$trJ > 0$	不稳定
$E_4(1,1)$	$\det J < 0$	不确定	鞍点

由表 5.14 可知，当中央政府监察收益低于监察成本，且地方政府执行公益林生态补偿政策的净收益高于总成本时，均衡点中 $E_2(0,1)$ 为演化稳定点，其对应的演化稳定策略为不监察、执行，即中央政府倾向于选择"不监察"策略，地方政府倾向于选择"执行"策略。

（四）结论与建议

利用演化博弈理论，分析了中央政府和地方政府在公益林生态补偿博弈中的决策行为和策略均衡。研究发现：1. 当地方政府执行公益林生态补偿政策的净收益低于直接成本时，其将选择"不执行"；2. 当地方政府执行公益林生态补偿政策的净收益高于直接成本时，其将选择"执行"；3. 中央政府是否进行监察，以及对地方政府的奖励惩罚力度不会影响地方政府的决策。

基于上述，提出如下政策建议。

其一，建立健全引导地方政府执行公益林生态补偿政策的激励机制。公益林建设主要位于限制开发区域和禁止开发区域，而对于限制开发区域和禁止开发区域的地方政府，不仅要为封山育林、森林防火、林木管护等生态建设和修复承担相应的支出，还将由于禁止森林资源的砍伐和相应木材加工业的发展而丧失一定的经济发展机会。因此，应改变以往地方政府绩效评估中对 GDP 增长过于偏重的做法，将生态改善、森林资源耗费以及环境保护作为地方政府政绩考核的重要方面。另外，中央政府还可以通过合约的形式确定激励性补贴，补贴中应综合考虑地方政府进行公益林生态补偿的机会成本以及森林面积、地形地貌、森林覆盖率、森林质量、限制开发区或禁止开发区面积占国土面积的比例等因素。

其二，搭建多层次、多渠道的公益林生态补偿平台。具体包括：对于优化开发区域和重点开发区域的投入应侧重于对现有公益林生态成果的保护；对于限制开发区域，鼓励各地方积极发展生态标识物品和服务，将生态优势转化为替代产业优势和经济优势，引导消费者积极自愿地支付公益林生态补偿的费用；建立受益者直接补偿体系，如从依托公益林生态效益的旅游、内河航运、水电等企业的营业收入中提取一定比例的资金；对于禁止开发区，符合区域生态资源承载力的新型接续产业予以税收减免，以促进公益林生态建设，形成良性循环。

其三，构建中央政府与地方政府合作机制。公益林生态产品是典型的公共产品，需要中央政府与地方政府在各自层面发挥相应的作用。中央政府应将补偿资金重点用于关系国家生态安全的国家级重点生态功能区、国家级自然保护区、国家级风景名胜区和国家级森林公园等区域的公益林等，以及具有跨行政区外部性、代际外部性、跨省流域的公益林生态补偿也应承担相应的责任。地方政府作为落实主体功能区的直接行为主体，在公益林生态补偿中应将补偿资金更多地惠及限制开发区和禁止开发区域内的公益林生态建设。

第六章　公益林生态补偿标准研究
——以浙江省为例

公益林生态补偿标准是补偿程度的根本体现。由于公益林生态产品非市场交易性的特点，其价值在市场上无法用价格表现来进行交换，因此补偿标准无法通过市场机制获得。如何合理确立补偿的标准，使补偿者和被补偿者都能够接受，从而使公益林持续健康地保存和发展，是公益林生态补偿机制研究的重点。

一、公益林生态补偿标准的理论机理

（一）公益林经营利用与价值补偿

森林生产经营者投入各项生产要素，生产出林产品，然后由生产过程转为利用过程。利用过程分为两种：一种是森林被生产经营者利用，由于经济利益的驱使，森林被砍伐产出木材商品进入流通市场，通过交换实现森林的经济价值。生产经营者获得利润后为了实现更大利润就会扩大再生产，加大森林生产面积，实现循环经济。另一种是森林被社会利用，发挥森林的效益和价值，这就要求不能砍伐售卖林木，生产经营者就不能获得经济利益。

森林的开发经营利用和价值补偿过程可从图 6.1 反映出来。

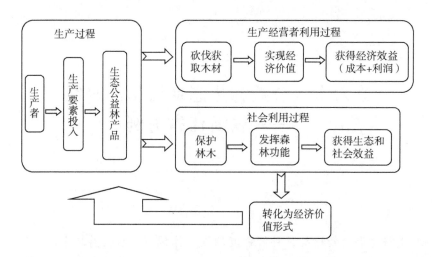

图 6.1　森林的开发经营利用和价值补偿过程图

可见，森林生态社会效益的实现伴随着生产经营者经济利益的损失，如果这种损失得不到补偿，生产经营者就会失去生产经营的动力，进而转型到其他生产经营，那么森林生产的良性循环将无以为继，森林面积也会逐步萎缩。只有以经济补偿的方法将森林的生态和社会收益回馈给生产经营者，且至少应使生产经营者获得的补偿能够满足其追求经济利益的最低收益，生产经营者才有动力对森林进行扩大再生产，让森林得到良性的循环发展。

（二）公益林补偿标准的福利经济学分析

根据前文所述，公益林产品或服务功能的生产具有巨大的外部效应，其消费不具有竞争性和排他性，市场机制对其供给和需求的调节是"非效率"的。起源于 20 世纪 20 年代的福利经济学，对社会经济活动中的外部效应进行了深入的研究和探讨，它从社会资源最优配置的角度，应用边际分析方法，提出"边际社会净产值"和"边际私人净产值"的概念，从而将私人经济活动和社会经济活动有机地联系在一起，并通过分析两者之间的关系得出了纠正经济活动外部性的有效理论方法之一（庇古税）。本书不考虑福利经济学对外部性的矫正方法，仅借用其分析范式对公益林生态补偿标准进行初步分析。

首先，依照经济学分析范式，提出以下假设：1. 公益林建设和维护者为"理性经济人"，以追求自身经济利益最大化为目标，并在此目标下决定自己的生产状况；2. 市场是完全自由竞争市场，生产者可以自由进出。此外，由于公益林产品或服务功能生产数量计量不易，且其必须依附于公益林本身，因此，本书用公益林面积代替其产品或服务功能的产量，且认为公益林建设和维护行为均为公益林产品的生产行为。

由于公益林具有明显的正外部效应，则依据福利经济学的分析，公益林生产的成本和收益关系如图 6.2 所示。

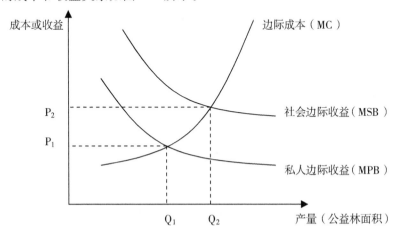

图 6.2   公益林生产中正外部效应示意图

从图 6.2 可以看出，生产者基于经济利益最大化的目标会将产量设定在 Q_1 点，此时生产者的边际收益 MPB＝边际成本 MC。考虑到处于完全竞争市场中，公益林的建设和维护者此时能够收回其投入的维护和建设成本并获得社会平均利润。但可以看到，此时生产者提供的公益林产品依然无法满足社会需求，社会边际收益曲线（MSB）与边际成本曲线（MC）未达到均衡状态。为满足社会对公益林的需求，生产者必须提供 Q_2 产量的公益林才能使社会福利最大化，而这显然不符合生产者追求经济利益最大化的目标。因此需要采取一定的方法或手段提高公益林生产者的收益水平，使私人边际收益曲线与社会边际收益曲线相重合，此时公益林的供给将达到社会要求的最佳面积 Q_2。其中，对公益林建设和维护者进行补偿就是一种有效的手段，图中 P_1 到 P_2 所代表的收益增加额度即为需要补偿给公益林生产者的额度，即为补偿标准。

以上分析是在本文假设条件下进行的。可以看出，该分析中的公益林与普通经济林的情况相似，即生产者可以通过出售林产品回收投入成本并获得社会平均利润。但事实上，公益林主要发挥的是生态效应和社会效应，均禁止商业性砍伐，可通过市场机制获得的收益微乎其微。如果不对其进行补偿的话，生产者的投入成本都将无法回收，就更别提利润了，私人边际收益曲线将更低。具体如图 6.3 所示。[①]

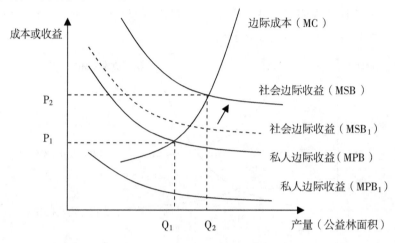

图 6.3 公益林补偿标准示意图

如图 6.3 所示，MPB_1 是实践中公益林经营者实际收益曲线，边际成本高于边际收益。当政府采取激励政策使 MPB_1 向上移动到 MPB 时，与边际成本达到均衡，最低社会收益曲线 MSB_1 与 MPB 重合，这也是补偿的最低限。否则，经营者要么放弃经营公益林，要么采取加大采伐的方式以获取利益。在政府财力允许的范围内，政府可以进一步提高补偿金额，使曲线 MSB_1 向上移动直至达到 MSB，这时公益林的最佳面积 Q_2 既能满足改善生态环境、提供生态效益的需求，又能够充分调动经营者的积极性。

二、公益林生态补偿标准确定的依据

补偿标准是公益林生态补偿机制的核心，关系到补偿的效果和补偿者的承受能力。合理的补偿标准会取得良好的补偿效果，生态补偿标准的确立也是各利益相关方争论最激烈、分歧最大的问题，关系着生态补偿长效机制是

[①] 事实上，除某些可进行非木质资源开发利用的生态公益林外，生产者私人边际收益曲线极有可能处于 X 轴之下。

否能成功运行。目前，确定补偿标准主要的依据包括公益林生态系统价值、公益林建设者经营成本、受益者支付意愿等。

（一）以公益林生态系统价值为依据

以修正经济外在性作为森林生态补偿标准确定的依据，即最适宜的森林生态补偿标准应等于最适宜资源配置下单位生态资源的边际收益。借此，政府可及时地通过补偿手段将资金返流于生态建设单位内在的经济推动力。这是完全符合公正原则的，是基于对森林生态效益的经济价值计算，包括涵养水源、保育土壤、固碳释氧、森林景观价值和生物多样性保护等。

1. 涵养水源功能

陆地生态系统的主体就是森林，水是森林生态系统中重要的物流和能流的载体，它是改善和维持森林生态平衡及生态环境的一个重要因素。所以涵养水源是森林的重要生态功能之一，也是重要的生态平衡调节器。森林生态系统的水源涵养功能实质上是体现在森林水文效应的机理上的。目前研究的内容包括森林对降水的影响（树冠截留降水作用、穿透降水、森林的增雨作用等）、森林的蒸发散（林地蒸发、树冠截留蒸发和森林植物蒸腾等）、森林对径流的影响（森林对流域地表径流量的影响、森林地下径流、森林调节径流的作用等）和森林对水质的影响（林地枯枝落叶的过滤作用、林木根系对水质的影响等）等。

2. 保育土壤功能

森林对土壤的保育功能可分为固土和保肥两项功能来体现。

（1）固土功能

森林庞大且呈网状分布的根系与土壤牢固地盘结在一起，能有效地固持土壤。另外，树木的根系能够改善土壤结构、孔隙度及通透性，使土壤变得疏松，从而能够吸收更多水分，减少地表径流。同时林冠层、枯枝落叶层对降水的截留改变了林内的降水量、降水强度及降水过程，减少了进入林地的雨量及雨强。林地内的枯枝落叶层不仅能吸收、涵养大量的水分，还能增加地表层的粗糙度，从而大大地减少雨滴对地面的冲击力和地表径流量，起到固土作用。

（2）保肥功能

森林在拦蓄地表径流、防止水土流失发生的同时，也减少了土壤养分的流失。森林能改善土壤的理化性质，如微生物对枯落物的分解增加了土壤的有机质，与此同时大量的有机质又可以供养更多的微生物，使土壤的有机质继续增加，提高土壤肥力。另外，林木的根系能改善土壤的孔隙度、通透性，提高渗透及吸附能力，有利于土壤团粒结构的形成。林下的枯枝落叶层与土壤微生物、土壤动物组成了分解——合成——再分解——再合成的土壤养分循环系统，使森林土壤具备了维持和增加土壤肥力的自然源泉，提高了土壤中 N、P、K 及有机质的含量。

3. 固碳释氧功能

森林是一个复杂的生态系统，植物通过光合作用将大气中的二氧化碳和水转化为有机物，同时释放出氧气。森林的固碳释氧作用就是利用植物的光合作用，提高生态系统的碳吸收和储存能力，从而减少二氧化碳在大气中的浓度，增加氧气浓度。森林所固定的二氧化碳以及释放的氧气能有效地减缓温室效应，对全球大气动态平衡起着重要的作用。通过光合作用化学方程式：CO_2（264g）$+ H_2O$（108g）$\rightarrow C_6H_{12}O_6$（180g）$+ O_2$（192g）$\rightarrow$ 多糖（162g）可知，林木在生长过程中每产生 162 克干物质需吸收 264 克二氧化碳，释放 192 克氧气，即林木每积累 1 克干物质，可以固定 1.63 克二氧化碳，释放 1.19 克氧气。据文献资料记载，在第六次森林资源清查期间，我国年净吸收二氧化碳 29.68 亿吨，约为我国同期工业排放二氧化碳年均增长量的 3—4 倍（何栋材，2007），由此可知，森林对于吸收、固定二氧化碳作出了极为重要的贡献。

4. 积累营养物质

森林生态系统的养分循环发生在生物、大气和土壤之间，其中生物与土壤之间的养分交换过程是最主要的过程，即养分循环主要是在生物库、枯枝落叶库和土壤库之间进行。林木在生长过程中不断地从大气、土壤中吸收各种营养元素，吸收的营养元素一部分通过生物化学循环以凋落物的形式归还于土壤，另一部分则存留在茎秆中，成为净积累的营养元素并逐年增加。植物体中营养元素的含量可以反映出该植物在一定生境条件下吸取营养元素的能力。林木对营养物质的积累对于降低下游面源污染及水体富营养化具有重要作用。

5. 净化大气环境

森林对大气中的污染物具有较强的净化功能，据中国森林生态系统定位研究网络观测研究，我国森林年吸收大气污染物量可达 0.32 亿吨，年滞尘量达 50.01 亿吨，相当于数以亿计的空气净化设备。这表明森林在净化大气环境方面具有强大功能。

森林可以吸收大气中的二氧化硫。硫是树木所需的主要营养元素之一，在正常情况下，树木中二氧化硫的含量为其干重的 0.1%－0.3%，而当空气被二氧化硫污染时，树木能吸收正常含量 5－10 倍的二氧化硫，从而起到净化大气环境的作用。森林对二氧化硫的净化主要是通过叶片气孔吸收并不断进行同化转移来实现的，净化强度受树木叶片总生物量及硫的同化转移周期所影响。

森林对氟化物有很好的吸收作用。在正常情况下，树木中氟的含量在 0.5－25 毫克/升，而当空气被氟化物污染时，树木所吸收氟的含量可达到正常情况下的数百倍。树木对氟的吸收一方面是通过叶片的气孔吸收空气中的氟，并溶于细胞原生质周围的水分中；另一方面是通过根系吸收可溶性氟，吸收后大部分留于根系，少部分通过茎送到叶组织，积蓄于叶尖或叶缘。

氮氧化物是大气污染物的重要组成成分，它能破坏臭氧层，进而引起气候变化，影响生态环境。森林可以通过叶片吸收大气中的氮氧化物，另外树木体内也可以分解一部分有毒氮氧化物物质，使其转化为无毒物质并代谢利用。

森林有很好的滞尘作用。一方面树木茂密的枝叶可以阻挡气流并降低风速，随着风速的降低，空气中大量的灰尘也同时降落；另一方面，树木的蒸腾作用可以使树冠周围及树木叶片表面保持较大的湿度，使灰尘容易被降落、吸附，吸附降尘后的叶面在经过降雨的淋洗之后，又可重新恢复滞尘能力。

森林除了能有效吸收二氧化硫、氟化物、氮氧化物并滞尘外，还对重金属、萜烯类物质有很好的吸收、过滤、阻隔和分解作用。另外，还有降低噪声、提供负离子等功能。

6. 生物多样性保护

生物多样性是指一定范围内的有机体（动物、植物、微生物）有规律地结合所构成的稳定的生态综合体，包括物种多样性、遗传多样性、生态系统多样性以及景观多样性。其中，物种多样性既体现了生物之间及环境之间的复杂关系，又体现了生物资源的丰富性。生态系统是生物多样性的载体，对维护生物多样性方面有着巨大的作用。森林能为动植物提供理想的栖息地、丰富的食物资源，其独有的森林小气候为不同种类的动植物提供了适宜的生存条件。据统计，全世界有将近三分之二的生物物种生活在森林里，森林生态系统的生物多样性极高。因此，对森林系统生物多样性的保护能为社会产生巨大的生态及经济效益。

7. 森林游憩

森林游憩功能是指森林生态系统能为人类提供休闲和娱乐的场所，从而使人消除疲劳，有益健康和身心愉悦。森林植物以绿色为主，其反射率为47%，对人体神经系统、大脑皮质及视网膜组织的刺激都较小，可有效消除视觉疲劳，保护人的视觉神经。另外，森林中丰富的空气负离子具有杀菌、降尘、清洁空气的功效，能促进新陈代谢，提高人体免疫力，还可辅助治疗哮喘、慢性支气管炎等慢性疾病。某些树木散发出的精气也可治疗多种疾病，对人体的健康非常有益。近年来，随着生活水平的提高以及生活节奏的加快，越来越多的人开始追求心灵的回归，森林游憩已逐渐成为人们生活中重要的组成部分，森林公园、自然保护区、风景名胜区、植物园等场所成为人们亲近大自然的首选之地。

（二）以公益林经营成本为依据

对森林经营者来说，特别是对公益林经营者来说，经营成本的产生无非来自3个方面：一是在生态区位重要的宜林荒山地上营造公益林产生的成本；二是将目前的非公益林划为公益林后，由于禁伐或禁止商业性利用产生的机会成本；三是对现有公益林进行以生态生产为目的经营管护产生的成本，比如为了保障和提高森林生态系统的健康与活力、提高森林生产力、维护森林生态系统环境服务功能和有效保护生物多样性，而对现有的森林进行林分时空结构调整，以及开展病虫害防治和护林防火工作产生的成本。前两种经营活动扩大公益林的规模，后一种经营活动提高了公益林的质量。总之，无论是以扩大公益林规模为目的的经营活动，还是旨在提高森林生态系统健康的经营活动，客观上都可以增加社会的森林生态产品的供给量，都投入了成本。

就公益林生态补偿标准与经营成本关系而言，可以从两方面来考察。第一，如果公益林的生态效益是通过私人部门自发协议的市场途径内化而得到补偿，则生态产品与一般的私人物品的市场交易并无二致，不存在制定补偿标准的问题；第二，如果政府代表社会从企业和林农那里购买生态产品，那么对于政府要求林业企业和林农在宜林荒山荒地上从事公益林的营造，从而给企业和林农带来生产和管护成本的情况，政府应给予它们相应的生态补偿，其补偿的标准至少应该包括企业和林农的生产成本和平均利润；而对于国家将某些地段的原非公益林划为公益林并要求林主对其进行以生态利用为目的经营管护的情况，对于相应企业和林农的生态补偿标准至少应该包括两方面的内容：一是划为公益林后该部分森林对于林主的机会成本；二是划为公益林后，林主按照森林进行生态产品生产为主的经营要求进行经营管护而投入的成本。

在实践中，国家（地区）财政处于不同的境况时，补偿的标准也有所不同。其一，当财政资金比较困难时，补偿的标准应为公益林经营的管护费用，而且补偿资金应该重点用于生态区位重要和生态区位薄弱的公益林管护，这一阶段其实算不上真正意义上的补偿。其二，当财政资金明显增加时，补偿标准应为公益林的营造成本、管护费用以及非公益林被划为公益林因禁伐或停止商业性经营活动产生的机会成本，也就是说，全部的经营成本（即C＋V部分）都应得到补偿。当全部的经营成本都得到补偿时，真正意义上的公益林生态补偿制度也就建立起来了。其三，当财政资金比较宽裕时，补偿标准应为全部的经营成本加利润（即C＋V＋M部分），这是比较科学的补偿标准，因为全社会的公益林不能只进行简单再生产，而要进行扩大再生产，因为人口还在急剧增长，增长的人口必然提出增长的生态需求，即使人口规模不增长，随着人类社会的发展，人们的生活水平不断提高之后也必然会有更高的生态需求。公益林要扩大再生产，物质基础是什么？显然单纯补偿C＋V部分只能进行简单再生产，要进行扩大再生产还必须补偿M部分，即必须保证公益林经营者盈利。

因此，在确定公益林生态补偿标准时，应充分考虑公益林发展的现状及经济社会发展对公益林的需求，在先期补偿公益林建设和维护者投入成本的基础上，逐步提高补偿标准，从而实现公益林的良性循环发展。

（三）以公益林建设者受偿意愿为依据

借鉴希克斯等价变化（EV）和补偿变化（CV）方法来分析公益林建设者（如林农）受偿意愿及生态补偿补偿标准问题。假设林农生产主要有两种方式，即破坏型生产和保护型生产。破坏型生产可以增加林农的收益，但是会污染环境和带来安全隐患；保护型生产能够改善区域生态环境，但林农收入会受到一定损失。

如图6.4所示，横轴Y_1表示林农用于污染型生产的要素投入量，纵轴Y_2表示用于保护型生产的要素投入量；P_0和P_1为林农的生产可能性曲线；U_0和U_1为林农的效用曲线；$h_0(P_0,U_0)$和$h_1(P_1,U_1)$为希克斯补偿需求曲线；

$Y_1(P,M)$ 为预算曲线。假定林农初始福利水平为 U_0 曲线上的 B 点，由于政府要求林农保护公益林，降低污染型生产要素投入，林农经营收入下降，因此林农福利下降为 U_1 上的 D 点。同时由于林农污染型生产的要素投入量从 ON 下降到 OM，意味着区域生态环境得到改善，其他社会成员的福利水平将会提高。如果要使林农的福利水平达到原来的 B 点，必须给予林农一定的货币补偿（图中的 EV）。因此，EV 可以用来度量当林农响应政府号召保护公益林，而保持自身效用不变时所需的最低补偿标准，即林农的受偿意愿（WTA）。

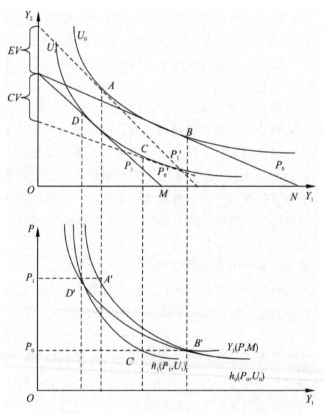

图 6.4　生态补偿的补偿变化、等价变化与希克斯需求曲线

EV 是从 U_1 到 U_0 的货币等效变化量，根据希克斯补偿需求曲线的原理，$h_0(P_0,U_0)$ 曲线与纵轴相夹组成部分的面积 $S_{P_1A'B'P_0}$，即可表示福利变化 EV，也就是林农的受偿意愿（WTA）的大小。而林农由于保护公益林所减少的收入，可由预算曲线 $Y_1(P,M)$ 与纵轴围成的图形面积 $S_{P_1D'B'P_0}$ 来表示。同理，可以推导出其他社会成员对区域生态环境改善的支付意愿。假定其他社会成

员起初的福利水平为 U_1 的 D 点，当林农减少污染性生产后，区域生态环境得到改善，其福利水平提高到 U_0 上的 B 点。因此，可用 CV 来度量其他社会成员为福利水平提高所愿意支付的最高价格，即其他社会成员为保护公益林的支付意愿（WTP），其大小可以用 $h_1(P_1,U_1)$ 曲线与纵轴相夹组成部分的面积 $S_{P_1D'C'P_0}$ 来表示。

很显然，由图 6.4 可知，$S_{P_1D'C'P_0} < S_{P_1D'B'P_0} < S_{P_1A'B'P_0}$，即其他社会成员的支付意愿无法弥补林农保护公益林而减少的收入，更加不足以满足林农的受偿意愿。政府要想达到好的效果，就必须通过货币补偿的方式来激励林农的积极性，且补偿标准至少要达到林农的平均受偿意愿。

林农受偿意愿可通过意愿调查法（CVM）来获得。CVM 是典型的陈述偏好法，该方法不依赖于现实市场中的数据，而是设计一个虚拟的市场环境，通过问卷调查，向被调查者描述虚拟市场中环境物品供应数量或质量的变化情况，询问其支付意愿金额（WTP）或受偿意愿金额（WTA），据此评价环境资源的经济价值，以辨明人们关于环境物品变化的偏好，从而推导出环境物品变化的价值。自 1963 年 Davis 提出 CVM，并首次将它应用于研究美国缅因州林地宿营、狩猎的娱乐价值以来，CVM 逐渐被广泛用于评估自然资源的休憩娱乐、狩猎和美学效益的经济价值。经过 50 多年的发展，CVM 受到了人们越来越多的关注，其研究方法和研究范围也得到了进一步拓展，已成为生态与环境经济学中最重要和应用最广泛的关于环境物品价值评估的方法。

CVM 的实施过程分为以下几步：1. 从调查人和被调查人的选择、调查表的设计、调查注意事项的设定、调查活动实施的安排等方面进行意愿调查设计；2. 采用恰当的操作方式，按照有关注意事项及其要求对支付意愿、受偿意愿分别进行调查；3. 采用数理统计分析方法，选择最终有效样本，以此测算最终生态补偿金。

CVM 适用于缺乏市场价格和市场替代价格的商品的价值评估，因而是"公共物品"价值评估的一种特有的重要方法。它能评价各种环境资源（包括无形效益和有形效益）的经济价值，评价范围广，包括从各种利用价值、各种非利用价值到各种可用语言表达的无形效益的评价，是公共物品价值评估领域最有前途的方法。CVM 直接评价调查对象的支付意愿或受偿意愿，从理论上来说，所得结果应该最接近环境质量的货币价值。但是，必须承认，在有关被调查者的支付意愿或受偿意愿的方面，调查者和被调查者所掌握的信息是非对称的，被调查者比调查者更清楚自己的意愿。加上意愿调查评估法所评估的是调查对象本人宣称的意愿，而非调查对象根据自己的意愿所采取的实际行动，因而调查结果存在着产生各种偏倚的可能性。CVM 的关键是减少社会调查中存在的一些偏差，深入细致的准备工作可缩小这些误差。CVM 从消费者的角度出发，在一系列的假设问题下，通过调查、问卷、投标等方式来获得消费者的 WTP 值，综合所有消费者的 WTP 值即环境价值。

尽管 CVM 被广泛应用于非市场物品价值的评价中，但在公益林生态补偿测算中，要求被调查人对生态补偿的合理标准以现金支付的方式进行估算，其结果难免产生以下偏差：1. 策略性偏差，当被调查者在回答问题时隐瞒其真实偏好就会产生策略性偏差；2. 假想偏差，由于 CVM 是在假想的林地中进行调查的，被调查者对假想市场问题的反应与真实问题的反应必定存在差异；3. 信息偏差，当被调查者未获取关于调查问题的全面信息时，在调查过程中就可能产生信息偏差。考虑到在调查过程中可能出现以上各种偏差，在调查时应通过改进调查技术，力求将偏差降至最小。

(四) 公益林生态补偿标准计算的代表性观点

公益林生态补偿标准作为公益林生态补偿机制的关键和难点，理论界对此进行了大量的研究，取得了一定的成果。对这些成果进行借鉴和学习，有利于更深入和全面地把握公益林生态补偿标准的规律。经过归纳，现有成果主要包括以下几种代表性观点。

1. 成本补偿观点

具有代表性的是由万志芳和耿玉德（1999）提出的"公益林生产经营过程中所发生的社会平均成本即公益林补偿总标准"观点。在该观点下，公益林生态补偿总标准计算公式为：

$$S_{ij} = \sum_{k=1}^{n} C_{ik}(1+i)^{n-k+1} - DG_{ij} \tag{6.1}$$

其中：S_{ij} 表示第 j 等立地条件下第 i 种公益林的总补偿标准；C_{ik} 表示劣等地上第 i 种人工公益林在第 k 年的平均成本；DG_{ij} 表示在第 j 个立地条件下第 i 种公益林所负担的级差收益。他们进一步分析了级差收益的构成，认为级差收益主要包括两类：全部是人工公益林时由所处立地条件较好所产生的级差收益和因拥有天然林所产生的级差收益。这些级差收益无法为公益林经营者所得，而是作为公益林生产经营成本的减少。因此，为保证公益林补偿的公平性，这部分级差收益应予以扣除，只补偿劳动消耗的成本部分，并据此提出将公益林补偿总标准划分为社会补偿部分、市场补偿部分和政府补偿部分。各自的计算公式如下：

$$S_{sij} = \sum_{x=1}^{n} \Delta G_x \qquad\qquad (6.2)$$

$$S_{mij} = \sum_{y=1}^{n} (Q_{iy} \times P_y) \qquad\qquad (6.3)$$

$$S_{gij} = S_{ij} - S_{sij} - S_{mij} \qquad\qquad (6.4)$$

其中：S_{sij}、S_{mij} 和 S_{gij} 分别表示公益林补偿总标准中的社会补偿部分、市场补偿部分和政府补偿部分；ΔG_x 表示第 x 个受益者由公益林所获得的收益增量；Q_{iy} 表示第 i 种公益林提供的第 y 种产品或服务的产量；P_y 表示第 y 种产品或服务的市场价格。公式 6.2 反映了第 j 等立地条件下第 i 种公益林应获得的最低社会补偿部分，数量上等于由于公益林的生产经营而受益的全部个体或组织的级差收益之和；公式 6.3 表明公益林提供的产品或服务的市场收入总量构成了公益林补偿总标准中的市场补偿部分；公式 6.4 则表明除社会补偿部分和市场补偿部分之外，公益林补偿总标准的剩余部分应全部由国家财政进行补足。

2. "成本＋利润" 补偿观点

谢利玉（2000）是该种观点的代表。他认为，公益林要持续经营，必须使投入公益林经营中所损失的直接利益得到全部回收，并取得社会平均营林利润，这样才能确保生态公益林的扩大再生产。因此，公益林补偿标准应包括投入和利润两部分，其构成要素有：

——营林直接投入：包括地租、造林、抚育、管护及基本建设（如林道、管护棚、防火线等）的投入，这是营造林过程中直接发生的成本费用，必须得到全额补偿。其地租反映公益林立地和地利状况，应与经营商品林时的地租等额。

——间接投入：包括公益林规划设计、调查、监测、质量管理、工资及其他管理费用等间接投入部分，这也是一项成本费用，应得到补偿。

——灾害损失：包括病虫害、火灾、洪灾、风灾、崩塌等自然灾害使公益林受到损失而需要恢复生态效能所需的费用，应得到补偿。

——利息：使用资金只能用于经营公益林而不能改变用途，投入营利性更大的项目中，因此，公益林投入资金的利息也应得到补偿，且应按同期商业利率计算额给予补偿。

——非商品林经营利益损失：由于经营公益林而限制商品林经营所造成

的经济损失。这种损失也应得到合理补偿，使其获得社会平均营林利润。

公益林补偿标准由各种投入及平均利润构成，其实质是对基于成本途径的公益林林价增值的补偿。公益林序列林价可表示为：

$$T_j = \sum_{i=1}^{j} \frac{F_i(1+r_i)^{j-i+1}(1+p_i)}{(1-t_i)(1-s_i)} \quad (j>i) \tag{6.5}$$

其中：T_j 表示第 j 年单位面积公益林林价；F_i 表示第 i 年单位面积公益林总投入；r_i 表示第 i 年利息率；p_i 表示第 i 年经营商品林平均利润率；t_i 表示第 i 年税率；s_i 则表示第 i 年公益林灾害损失率。

根据式 6.5，公益林第 j 年林价补偿额为：

$$\Delta T_j = T_j - T_{j-1} = \frac{F_j(1+r_i)(1+p_i)}{(1-t_j)(1-s_j)} \tag{6.6}$$

1-j 年期间平均每年的补偿额为：

$$\Delta T_j^{'} = \frac{1}{j} \sum_{i=1}^{j} \frac{F_i(1+r_i)^{j-i+1}(1+p_i)}{(1-t_i)(1-s_i)} \quad (j>i) \tag{6.7}$$

3. 机会成本补偿观点

代表性文献是张惠光（2003）的主要观点，即"公益林补偿标准应以投资额不能回收或因不能砍伐木材造成的经济损失为最低限"。实际测算时，首先对林木资产的现值进行测算，并在此基础上提出了公益林补偿标准的计算公式：

$$S = V_n \times R + C_i + E - P \tag{6.8}$$

其中：S 表示补偿标准；V_n 表示林木资产的现值；R 表示贴现率；C_i 表示第 i 年管护费用；E 表示地租；P 表示公益林的收益[1]；n 则表示补偿的年限。

薄其皇（2015）认为，森林生态保护中机会成本包含了森林经济产品的经济回报、森林经营中的直接成本投入和发展机会成本三层含义，并且提出三阶段补偿标准模式。主要内容为：经济社会发展水平不高时，森林生态补偿标准确定依据为森林经营的直接成本投入；经济社会发展水平提高时，森林生态补偿标准确定依据为森林经济产品的经济回报；经济社会发展水平进一步提高时，森林生态补偿标准确定依据为森林生态保护的地区发展机会成本。

---

[1] 需要注意的是，此处出现 P 主要是因为该学者将公益林划分成了三种类型：第一种是没有任何收益的公益林；第二种是能够获得少量木材及林副产品受益的公益林；第三种是可以获得其他收益的公益林，如旅游收益。对于第一种公益林，P 为零；第二种公益林，P 为实际值；第三种则由于可获得正常收益建议不进行补偿。

具体来说，基于机会成本三阶段补偿标准模式的三个阶段补偿分别是：

第一阶段：经济社会发展水平不高时，补偿资金来源不足，至少应当补偿森林经营者在森林经济产品生产过程中投入的直接成本（C_F）。一般来说，包括造林成本、管护成本及其他配套设施建设成本。

第二阶段：经济社会发展水平提高时，补偿资金的来源充足，应当对森林经营者损失的森林经济产品的经济回报（C_M）进行补偿。因为能够弥补森林经营直接投入的成本并获得原有的经济利润，可以认为是短期的充分补偿。当将木材作为森林经济产品的代表产品时，就是指木材采伐及加工收入。

第三阶段：经济社会发展水平进一步提高，补偿资金来源充足，同时公众能够充分认可森林生态补偿制度建设发展机会的损失，并有了较高的支付意愿，应当对区域发展受限的发展机会成本（C_D）进行补偿。对发展机会成本的补偿是宏观、长期、动态的补偿，而在第一阶段和第二阶段进行的补偿是微观、短期、静态的补偿。

4. 价值与效益综合观点

崔一梅（2008）提出，公益林生态补偿标准的计算不仅应包含林木价值补偿部分，还需要考虑生态效益补偿部分，而价值部分则主要由成本和利润构成。据此提出公益林生态补偿标准的确定公式为：

$$S = \frac{[(C+V+P-M) \times (1+K_1) \times K_2 \times (1+K_3)]}{K_4} \quad (6.9)$$

式中：S 为单位面积公益林年生态补偿标准；C 为单位面积公益林年平均营林成本；V 为单位面积公益林年平均管护费用；P 为单位面积商品林年平均收益，表示公益林经营的年平均利润；M 为单位面积公益林年平均林木或林副产品收益，主要是指轮伐或间伐收益；K_1 表示生态区位调整系数，K_2 表示经济发展调整系数，K_3 表示林分质量调整系数，K_4 表示公益林规模调整系数。可见，该观点不仅考虑了公益林生态补偿的核心内容，还考虑了公益林生态补偿的其他影响因素。

5. 对现有观点的简要评析

上述对公益林生态补偿标准的计算，分别从不同的切入点进行了分析，在理论上具有一定的借鉴意义，在实践中也具有一定的指导意义。但综合来看，也还存在一定的局限性。首先，成本观点的计算中仅考虑了公益林生产经营的基本成本部分，机会成本和公益林的生态效益和社会效益被排除在外，按该标准进行补偿永远无法进行公益林建设的扩大再生产。同时，其计算过程非常烦琐，尤其是社会补偿部分，需要穷尽所有受益者所获得的收益增量才能确定，基本无法实现。其次，"成本＋利润"补偿观点尽管考虑了部分机会成本因素，但同样没有考虑生态效益和社会效益因素，而且计算也同样复杂，需要每年计算林价。再次，机会成本观点的计算方法实际上只对已经存在的公益林成立，对新建的公益林的补偿则没有涉及，且其林木资产现值的计算也是比较烦琐的一项工作，贴现率的取值直接影响着现值的大小，从而影响补偿标准的确定。最后，价值和效益综合的观点虽然涉及生态公益林补偿的全部核心内容，同时也考虑了影响补偿标准的其他因素，但其中林副产品收益难以确定，且其最理想状态下的公益林生态补偿标准的含义不明。综上来看，公益林生态补偿标准的确定尚需进一步完善。

三、浙江省公益林生态补偿标准的实证研究

（一）最低补偿标准

结合现有文献，本研究认为公益林生态补偿的最低标准应该是投入的基本成本与机会成本之和。这主要是因为根据商品交易理论，如果产品生产的成本能够收回，则产品再生产过程才可能继续。公益林建设和维护也是同理，只有对公益林建设和维护过程中发生的各项成本，以及由此而给公益林用地原土地使用权拥有者及周边居民而带来的机会成本进行补偿，公益林的建设和维护才能持续发展下去。当然，如果实践中采用的是该最低标准，公益林的供给过程将是一个持续的简单再生产过程。而从当前社会对公益林的需求角度来看，公益林的规模还尚未满足社会的整体需求，公益林面积相对于社会需求来说还处于"只少不多"的状态。因此，将公益林建设和维护过程中投入的基本成本与机会成本之和作为公益林补偿的最低标准，以保证现有的公益林规模不至于缩减是合适的。

简便起见，我们不妨将该公益林生态补偿的最低标准记为 S_L，则：

$$S_L = C + D = (C_1 + C_2) + D \tag{6.10}$$

式中：S_L 表示单位面积公益林年最低补偿标准；C 表示单位面积公益林年平均基本成本；D 表示单位面积公益林年机会成本；C_1 表示单位面积公益林年平均营林成本；C_2 表示单位面积公益林年平均管护费用。其中：营林成本主要包括土地租金、规划设计费用、种苗费、整地挖穴费用、施肥和抚育管理

费用、补植费用等从造林到成林期间发生的费用，成熟林只有在对其进行必要的轮伐或间伐后补植苗木时才会产生营林成本；管护费用则主要包括护林人员工资与劳动保险、交通费用、通信费用、基础设施建设、灾害防治费用以及相关的管理费用等。机会成本主要是指农村居民由于公益林禁伐、禁牧等保护性措施而丧失部分发展权所造成的损失。

管护成本方面，目前浙江省公益林管护标准为 75 元/公顷·年，总体管理运行较好，因此本研究中成本标准中的管护成本以 75 元/公顷·年为据，不做另行核算。

人工造林成本核算按照《造林技术规程》《生态公益林建设技术规程》确立的规范程序和技术标准，主要由勘察设计费、造林费、辅助设施费三大类组成，目前浙江省造林项目中，勘察设计费、辅助设施费按照造林费用总量的 1% 和 4% 收取，所以造林成本重点集中在造林费用核算。造林费用采用全指标成本决算，主要项目：包括 1. 清理整地费：造林前清理地被物或采伐剩余物，松翻土壤所耗费人工产生的费用。2. 苗木费：按技术规程密度要求，栽植设计林种树种所需苗木费用。考虑到苗木实际损耗，供苗量要按照需求量的 115% 计算。3. 栽植费：栽植苗木所耗费人工产生的费用。4. 未成林抚育管理费：成林前的除草割灌、补水续肥以及病虫害防治和看护等费用。5. 材料费：地膜、肥料、水电、生根粉等造林辅助材料费用。6. 运输费：人员交通，工具、苗木、材料等转运所需费用。

根据王娇等（2015）研究结论，造林各项目费用为：造林整地费（V_D）4182 元/公顷，苗木费（V_M）3180 元/公顷，栽植费（V_Z）2790 元/公顷；抚育管护费（V_G）3100 元/公顷；材料费（V_C）256 元/公顷；交通运输费（V_J）54 元/公顷。造林费总计为 13562 元/公顷。分别按照造林费 1% 和 4% 的比例确定勘察设计费和辅助设施费，可得勘察设计费（V_K）为 135.6 元/公顷，作业道、蓄水池等辅助设施费（V_F）为 542.5 元/公顷。将造林费、勘察设计费和辅助设施费加总，最终得到浙江省公益林造林平均成本为 14240 元/公顷。考虑到林木是长期存在，直到林木达到采伐年限被伐除，年度补偿标准计算时，造林成本将按照全省林木平均存在年限进行分摊，得到造林成本年度分摊值。据现有文献观点，公益林的最佳轮伐时间为 30 年，由此得出浙江省公益林造林成本年度分摊值为 475 元/公顷。

机会成本主要是指农村居民由于公益林禁伐、禁牧等保护性措施丧失部分发展权而造成的损失。据现有文献观点，杉木林、马尾松林和阔叶树林的机会成本分别为 1440 元/公顷、840 元/公顷和 1110 元/公顷，本研究取其平均值作为浙江省林农参与公益林建设的机会成本，即 1130 元/公顷。将造林成本、管护成本和机会成本相加，即可得到浙江省公益林最低生态补偿标准。即：

$$S_L = C + D = (C_1 + C_2) + D = 475 + 75 + 1130 = 1680 \; 元 / 公顷$$

(二) 最高补偿标准

公益林由于生产经营的特殊性而导致建设和维护者无法获得正常的林业经营收益，但其提供的生态效益和社会效益是有价值的，只是由于其产品性质的特殊性而无法实现这种价值。因此，如果采用合理的方法测算出公益林生态效益和社会效益的价值，并将这种价值的实现作为公益林生态补偿的最高标准是符合经济学理论的。同样，我们将这一最高标准记为 S_H，则：

$$S_H = A + B \tag{6.11}$$

式中：S_H 表示公益林生态补偿的年最高标准；A 表示公益林生态效益的价值；B 表示公益林社会效益的价值。[①]

当前理论界对于森林生态效益和社会效益的测算主要有两种，即替代市场评估技术和模拟市场评估技术。其中，替代市场评估技术是指在不存在能够反映价格的市场时，以人们行为所产生的"影子价格"及消费者剩余来间接计量公益林生态效益和社会效益的经济价值，具体核算方法主要包括费用支出法、市场价值法、机会成本法、旅行费用法等。模拟市场评估技术则通常是设定一个假想市场，通过多个假设的投标问题获得人们的支付意愿调查数据以衡量公益林生态效益和社会效益的经济价值。一般说来，支付意愿是经济学中常用的确定不存在交易市场的物品价格的基础，它表达的是人们对某物品的价值的判断并愿意为该物品支付多少钱的主观意愿。因此，以此为依据的评价结果往往带有比较明显的主观性。该技术当前运用最广泛的主要方法是条件价值法（CVM），属于直接调查的方法，调查者要求被调查者从消费者的角度出发，在一系列假设条件下，通过询问、投标等方式确定其支付意愿，并最终综合被调查者的支付意愿来估计公益林效益的经济价值。本研究利用第一种方法对公益林生态系统价值进行估算。

[①] 公益林社会效益包含范围较广，如旅游、文化宣传、教育科研、就业支持等，借鉴现有文献，本研究主要分析公益林的森林游憩功能价值。

1. 公益林生态系统服务价值估算方法

前文已述，公益林生态系统服务价值主要包括涵养水源、保育土壤、固碳释氧、森林游憩价值和生物多样性保护等。

（1）涵养水源价值

①调节水量

目前，森林涵养水源功能评估方法主要有：非毛管孔隙度蓄水量法、林冠截留剩余量法、年径流量法和水量平衡法等。其中水量平衡法是目前使用频率最高的方法，此方法也与原国家林业局行业标准中对森林调节水量评估的方法一致。其计算公式如下：

$$G_{调} = 10 \times \sum A_i \times (P_i - E_i - C_i) \tag{6.12}$$

在计算出调节水量的基础上，利用替代工程法，根据水库工程的蓄水成本计算公益林年调节水量价值，公式如下：

$$V_{调} = C_{库} \times G_{调} \tag{6.13}$$

公式中：$G_{调}$ 为公益林调节水量功能（立方米/年）；A_i 为林分类型 i 的林分面积（公顷）；P_i 为林分类型 i 的林外年降水量（毫米/年）；E_i 为林分类型 i 的林分年蒸散量（毫米/年）；C_i 为林分类型 i 的地表径流量（毫米/年）。$V_{调}$ 为公益林年调节水量价值（元/年）；$C_{库}$ 为水库建设单位库容投资（元/立方米）。

②净化水质

森林在调节水量的同时也净化了等量的水质，因此公益林年净化水量等于年调节水量。在此基础上利用替代工程法，根据净化水质工程的成本计算公益林年净化水质价值，公式如下：

$$V_{水质} = K \times G_{调} \tag{6.14}$$

式中：$V_{水质}$ 为公益林年净化水质价值（元/吨）；K 为水的净化费用（元/吨）；$G_{调}$ 为公益林调节水量功能（立方米/年）。

（2）保育土壤效益

森林中活地被物和凋落物层截留降水，降低水滴对表土的冲击和地表径流的侵蚀作用；同时林木根系固持土壤，防止土壤崩塌泻溜，减少土壤肥力损失以及改善土壤结构的功能。本研究选择森林固土和保肥作用 2 个指标来体现森林年保育土壤价值。

①森林固土

通过有林地土壤侵蚀程度和无林地土壤侵蚀程度的差来估算森林固土量是目前国内外比较认可的估算方法，同时也与原国家林业局行业标准中方法一致。其计算公式为：

$$G_{固土} = \sum A_i \times (X_{2i} - X_{1i})/p_i \qquad (6.15)$$

公益林年固土价值利用替代工程法，将上式估算出的保土量转化为适当的土方工程，再根据相应工程的造价来计算公益林的固土价值，计算公式如下：

$$V_{固土} = C_土 \times G_{固土} \qquad (6.16)$$

公式中：$G_{固土}$ 为公益林年固土量（吨/年）；A_i 为林分类型 i 的林分面积（公顷）；X_{2i} 为林分类型 i 的无林地土壤侵蚀模数（吨/公顷·年）；X_{1i} 为林分类型 i 的有林地土壤侵蚀模数（吨/公顷·年）；ρ_i 为林分类型 i 的林地土壤容重（吨/立方米）；$V_土$ 为公益林年固土价值（元/年）；$C_土$ 为挖取和运输单位体积土方所需要费用（元/立方米）。

②森林保肥

森林在固土的同时也固持了土壤中大量的营养物质（N、P、K、有机质等），公益林年保肥量通过各林分类型有林地比无林地每年减少土壤侵蚀量中 N、P、K、有机质的含量来计算，其公式如下：

$$G_N = \sum A_i \times N_i \times (X_{2i} - X_{1i}) \qquad (6.17)$$

$$G_P = \sum A_i \times P_i \times (X_{2i} - X_{1i}) \qquad (6.18)$$

$$G_K = \sum A_i \times K_i \times (X_{2i} - X_{1i}) \qquad (6.19)$$

$$G_M = \sum A_i \times M_i \times (X_{2i} - X_{1i}) \qquad (6.20)$$

公益林保肥价值采用将侵蚀土壤中的 N、P、K、有机质等大量营养物质折合成市场上相应的磷酸二铵和氯化钾的价值来计算，公式如下：

$$V_{肥} = G_N C_1/R_1 + G_P C_1/R_2 + G_K C_2/R_3 + G_M C_3 \qquad (6.21)$$

式中：G_N 为减少的氮流失量（吨/年）；A_i 为林分类型 i 的林分面积（公顷）；N_i 为林分类型 i 的林分土壤平均含氮量（%）；X_{2i} 为林分类型 i 的无林地土壤侵蚀模数（吨/公顷·年）；X_{1i} 为林分类型 i 的有林地土壤侵蚀模数（吨/公顷·年）；G_P 为减少的磷流失量（吨/年）；P_i 为林分类型 i 的林分土壤平均含磷量（%）；G_K 为减少的钾流失量（吨/年）；K_i 为林分类型 i 的林分土壤平均含钾量（%）；G_M 为减少的有机质流失量（吨/年）；M_i 为林分类型 i 的林分土壤有机质含量（%）；$V_{肥}$ 为公益林年保肥价值（元/年）；C_1 为磷酸二铵化肥价格（元/吨）；R_1 为磷酸二铵化肥含氮量（%）；R_2 为磷酸二铵化肥含磷量（%）；C_2 为氯化钾化肥价格（元/吨）；R_3 为氯化钾化肥含钾量（%）；C_3 为有机质价格（元/吨）。

（3）固碳释氧效益

森林生态系统通过森林植被、土壤动物和微生物固定碳素、释放氧气的功能。

①森林固碳

森林固碳包括植被固碳和土壤固碳两部分，不同林分类型的净生产力不同，因此通过计算出各林分类型的植被及土壤固碳量并求和得到森林固碳总量，计算公式为：

$$G_{植被固碳} = \sum 1.63 \times R_{碳} \times A_i \times B_{年i} \qquad (6.22)$$

$$G_{土壤固碳} = \sum A_i \times F_{土壤碳i} \qquad (6.23)$$

森林植被和土壤年固碳价值计算公式为：

$$V_{碳} = C_{碳}(G_{植被固碳} + G_{土壤固碳}) \qquad (6.24)$$

式中：$G_{植被固碳}$ 为森林年植被固碳量（吨/年）；$R_{碳}$ 为二氧化碳中碳的含量（27.27%）；A_i 为林分类型 i 的林分面积（公顷）；$B_{年i}$ 为林分类型 i 的林分净生产力（吨/公顷·年）；$G_{土壤固碳}$ 为森林土壤年固碳量（吨/年）；$F_{土壤碳i}$ 为林分类型 i 的林分土壤年固碳量（吨/公顷·年）；$V_{碳}$ 为林分年固碳价值（元/年）；$C_{碳}$ 为固碳价格（元/吨）。

②森林释氧

同样，通过计算出各林分类型的释氧量并求和得到森林释氧总量，计算公式如下：

$$G_{氧气} = \sum 1.19 \times A_i \times B_{年i} \qquad (6.25)$$

森林年释放氧气价值计算公式如下：

$$V_{氧} = C_{氧} \times G_{氧气} \qquad (6.26)$$

式中：$G_{氧气}$ 为森林释放氧气的量（吨/年）；A_i 为林分类型 i 的林分面积（公顷）；$B_{年i}$ 为林分类型 i 的林分净生产力（吨/公顷·年）；$V_{氧}$ 为公益林年释氧价值（元/年）；$C_{氧}$ 为氧气价格（元/吨）。

（4）积累营养物质效益

森林植物通过生化反应，在大气、土壤和降水中吸收 N、P、K 等营养物质并贮存在体内各器官的功能。森林植被的积累营养物质功能对降低下游面源污染及水体富营养化有重要作用。

公益林积累营养物质的量通过不同林分类型的林木年增加 N、P、K 的量来体现，参照原国家林业局行业标准中对森林积累营养物质功能及价值的评估，其计算公式为：

$$G_{氮} = \sum A_i \times N_{营养i} \times B_{年i} \qquad (6.27)$$

$$G_{磷} = \sum A_i \times P_{营养i} \times B_{年i} \qquad (6.28)$$

$$G_{钾} = \sum A_i \times K_{营养i} \times B_{年i} \qquad (6.29)$$

公益林积累营养物质的总价值是通过将从土壤或者空气中吸收的 N、P、K 折合成市场上相应的磷酸二铵和氯化钾的价值来计算，公式为：

$$V_{营养} = G_{氮} C_1/R_1 + G_{磷} C_1/R_2 + G_{钾} C_2/R_3 \qquad (6.30)$$

式中：$G_{氮}$ 为林分固氮量（吨/年）；$G_{磷}$ 为林分固磷量（吨/年）；$G_{钾}$ 为林分固钾量（吨/年）；A_i 为林分类型 i 的林分面积（公顷）；$B_{年i}$ 为林分类型 i 的林分净生产力（吨/公顷·年）；$N_{营养}$ 为林分类型 i 的林木含氮量（%）；$P_{营养}$ 为林分类型 i 的林木含磷量（%）；$K_{营养}$ 为林分类型 i 的林木含钾量（%）；$V_{营养}$ 为公益林年营养物质积累价值（元/年）；C_1 为磷酸二铵化肥价格（元/吨）；R_1 为磷酸二铵化肥含氮量（%）；R_2 为磷酸二铵化肥含磷量（%）；C_2 为氯化钾化肥价格（元/吨）；R_3 为氯化钾化肥含钾量（%）。

（5）净化大气环境效益

森林生态系统对大气污染物（如二氧化硫、氟化物、氮氧化物、粉尘、重金属等）的吸收、过滤、阻隔和分解，以及降低噪音、提供负离子和萜烯类（如芬多精）物质等功能。本书主要选择吸收二氧化硫、氟化物、氮氧化物和滞尘 4 个指标来体现净化大气环境的功能。

通过公益林不同林分类型单位面积吸收二氧化硫、氟化物、氮氧化物和滞尘的量，再乘以各林分类型面积来计算年吸收二氧化硫、氟化物、氮氧化物和滞尘的总量，公式如下：

$$G_{二氧化硫} = \sum Q_{二氧化硫i} \times A_i \qquad (6.31)$$

$$G_{氟化物} = \sum Q_{氟化物i} \times A_i \qquad (6.32)$$

$$G_{氮氧化物} = \sum Q_{氮氧化物i} \times A_i \qquad (6.33)$$

$$G_{滞尘} = \sum Q_{滞尘i} \times A_i \qquad (6.34)$$

公益林年吸收二氧化硫、氟化物、氮氧化物和滞尘的价值可分别通过以上公式得到的年吸收二氧化硫、氟化物、氮氧化物和滞尘总量，再乘以二氧化硫、氟化物、氮氧化物和降尘的治理费用计算出，公式如下：

$$V_{二氧化硫} = K_{二氧化硫} \times G_{二氧化硫} \qquad (6.35)$$

$$V_{氟化物} = K_{氟化物} \times G_{氟化物} \qquad (6.36)$$

$$V_{氮氧化物} = K_{氮氧化物} \times G_{氮氧化物} \qquad (6.37)$$

$$V_{滞尘} = K_{滞尘} \times G_{滞尘} \qquad (6.38)$$

式中：$G_{二氧化硫}$为林分年吸收二氧化硫量（吨/年）；$Q_{二氧化硫i}$为林分类型 i 的单位面积林分年吸收二氧化硫量（千克/公顷·年）；A_i 为林分类型 i 的林分面积（公顷）；$G_{氟化物}$为林分年吸收氟化物量（吨/年）；$Q_{氟化物i}$为林分类型 i 的单位面积林分年吸收氟化物量（千克/公顷·年）；$G_{氮氧化物}$为林分年吸收氮氧化物量（吨/年）；$Q_{氮氧化物i}$为林分类型 i 的单位面积林分年吸收氮氧化物量（千克/公顷·年）；$G_{滞尘}$为林分年滞尘量（吨/年）；$Q_{滞尘i}$为林分类型 i 的单位面积林分年滞尘量（千克/公顷·年）；$V_{二氧化硫}$为林分年吸收二氧化硫价值（元/年）；$K_{二氧化硫}$为二氧化硫治理费用（元/千克）；$V_{氟化物}$为林分年吸收氟化物价值（元/年）；$K_{氟化物}$为氟化物治理费用（元/千克）；$V_{氮氧化物}$为林分年吸收氮氧化物价值（元/年）；$K_{氮氧化物}$为氮氧化物治理费用（元/千克）；$V_{滞尘}$为林分年滞尘价值（元/年）；$K_{滞尘}$为降尘治理费用（元/千克）。

（6）保护生物多样性效益

森林生态系统为生物物种提供生存与繁衍的场所，从而对其起到保育作用。本研究首先计算出不同林分类型的 Shannon－Wiener 指数，根据原国家林业局发布的《森林生态系统服务功能评估规范》（LY/T1721—2008）标准将该指数划分为 7 个等级，每个等级赋予一定的值，再乘以各林分面积，即可得到公益林保护生物多样性价值，其计算公式如下：

$$V_{生物} = \sum S_{生i} \times A_i \qquad (6.39)$$

式中：$V_{生物}$为公益林年物种保育价值（元/年）；$S_{生i}$为林分类型 i 的单位面积年物种损失的机会成本（元/公顷·年）；A_i 为林分类型 i 的林分面积（公顷）。

根据 Shannon－Wiener 指数划分的 7 级为：当指数<1 时，$S_{生}$为 3000 元/公顷·年；当 1≤指数<2 时，$S_{生}$为 5000 元/公顷·年；当 2≤指数<3 时，$S_{生}$为 10000 元/公顷·年；当 3≤指数<4 时，$S_{生}$为 20000 元/公顷·年；当 4≤指数<5 时，$S_{生}$为 30000 元/公顷·年；当 5≤指数<6 时，$S_{生}$为 40000 元/公顷·年；当指数≥6 时，$S_{生}$为 50000 元/公顷·年。

（7）森林游憩效益

森林生态系统为人类提供休闲和娱乐的场所，使人消除疲劳、愉悦身心、有益健康的功能。本研究采用费用支出法，统计分析出公益林所在地区管辖的自然保护区、森林公园、风景名胜区等全年直接收益数据，对森林游憩服务功能价值进行估算。

2. 浙江省公益林生态系统服务价值估算结果

根据上述公式，对 2011－2015 年浙江省公益林生态系统服务价值进行估算，结果如表 6.1－表 6.5 所示。

表 6.1　浙江省公益林生态系统服务价值（2011 年）

公益林生态功能	实物量（万吨/年）					价值量（亿元/年）	价值比例（%）
	乔木林	灌木林	竹林	其他	合计		
水源涵养	630054.55	15598.33	135024.51	2286.71	782964.10	823.68	37.24
固土量	10221.05	2192.93	1920.92		14334.90	16.28	0.74
保肥量	448.57	96.81	105.71		651.10	201.60	9.12
固碳	2139.95	214.50	675.62	205.15	3235.21	105.87	4.79
释氧	1562.30	156.59	493.24	149.77	2361.90	236.19	10.68
营养物质积累	21.14	3.58	2.57		27.29	32.79	1.48
吸收废气	27.96	4.96	5.26		38.18	4.58	0.21
滞尘量	6537.35	624.88	545.70		7707.93	115.62	5.23
生物多样性保护						541.92	24.50
森林游憩						133.24	6.02
生态系统总价值						2211.77	100

注：吸收废气主要指二氧化硫、氟化物和氮氧化物，下表同。

由表 6.1 可知，2011 年浙江省公益林生态系统总价值为 2211.77 亿元，其中水源涵养功能价值为 823.68 亿元，占 37.24%；固土保肥功能价值为 217.88 亿元，占 9.86%；固碳释氧功能价值为 342.06 亿元，占 15.47%；营养物质积累功能价值为 32.79 亿元，占 1.48%；净化空气功能价值为 120.20 亿元，占 5.44%；生物多样性保护功能价值 541.92 亿元，占 24.50%；森林游憩功能价值为 133.24 亿元，占 6.02%。

表 6.2　浙江省公益林生态系统服务价值（2012 年）

公益林生态功能	实物量（万吨/年）					价值量（亿元/年）	价值比例（%）
	乔木林	灌木林	竹林	其他	合计		
水源涵养	648475.50	16054.38	138972.23	2353.56	805855.67	847.76	36.97
固土量	10554.13	2264.39	1983.52		14802.04	16.81	0.73
保肥量	463.19	99.97	109.16		672.32	208.17	9.08

续表

公益林生态功能	实物量（万吨/年）					价值量（亿元/年）	价值比例（%）
	乔木林	灌木林	竹林	其他	合计		
固碳	2089.72	209.46	659.76	200.33	3159.28	103.38	4.51
释氧	1525.63	152.92	481.67	146.25	2306.47	230.65	10.06
营养物质积累	21.89	3.71	2.66		28.27	33.96	1.48
吸收废气	28.21	5.01	5.31		38.53	4.62	0.20
滞尘量	6596.42	630.53	550.63		7777.58	116.66	5.09
生物多样性保护						556.86	24.28
森林游憩						174.36	7.60
生态系统总价值						2293.23	100

由表 6.2 可知，2012 年浙江省公益林生态系统总价值为 2293.23 亿元，其中水源涵养功能价值为 847.76 亿元，占 36.97%；固土保肥功能价值为 224.98 亿元，占 9.81%；固碳释氧功能价值为 334.03 亿元，占 14.57%；营养物质积累功能价值为 33.96 亿元，占 1.48%；净化空气功能价值为 121.28 亿元，占 5.29%；生物多样性保护功能价值为 556.86 亿元，占 24.28%；森林游憩功能价值为 174.36 亿元，占 7.60%。

表 6.3　浙江省公益林生态系统服务价值（2013 年）

公益林生态功能	实物量（万吨/年）					价值量（亿元/年）	价值比例（%）
	乔木林	灌木林	竹林	其他	合计		
水源涵养	680988.77	16859.31	145940.02	2471.57	846259.67	890.26	35.98
固土量	10604.17	2275.12	1992.92		14872.22	16.89	0.68
保肥量	465.38	100.44	109.68		675.51	209.16	8.45
固碳	2225.43	223.06	702.60	213.34	3364.44	110.10	4.45
释氧	1624.70	162.85	512.95	155.75	2456.25	245.62	9.93
营养物质积累	21.17	3.59	2.57		27.33	32.84	1.33
吸收废气	28.63	5.08	5.39		39.10	4.69	0.19
滞尘量	6694.20	639.88	558.79		7892.87	118.39	4.78
生物多样性保护						579.98	23.44
森林游憩						266.40	10.77
生态系统总价值						2474.32	100

由表 6.3 可知，2013 年浙江省公益林生态系统总价值为 2474.32 亿元，其中水源涵养功能价值为 890.26 亿元，占 35.98%；固土保肥功能价值为 226.05 亿元，占 9.13%；固碳释氧功能价值为 355.72 亿元，占 14.38%；营养物质积累功能价值为 32.84 亿元，占 1.33%；净化空气功能价值为 123.08 亿元，占 4.97%；生物多样性保护功能价值为 579.98 亿元，占 23.44%；森林游憩功能价值为 266.40 亿元，占 10.77%。

表 6.4　浙江省公益林生态系统服务价值（2014 年）

公益林生态功能	实物量（万吨/年）					价值量（亿元/年）	价值比例（%）
	乔木林	灌木林	竹林	其他	合计		
水源涵养	678333.61	16793.58	145371.00	2461.93	842960.12	886.79	35.05
固土量	10659.65	2287.03	2003.35		14950.03	16.97	0.67
保肥量	467.82	100.97	110.25		679.04	210.26	8.31
固碳	2227.71	223.29	703.32	213.56	3367.89	110.21	4.36
释氧	1626.37	163.02	513.47	155.91	2458.77	245.88	9.72
营养物质积累	21.65	3.67	2.63		27.95	33.58	1.33
吸收废气	28.33	5.03	5.33		38.68	4.64	0.18
滞尘量	6623.04	633.08	552.85		7808.97	117.14	4.63
生物多样性保护						584.28	23.10
森林游憩						320.00	12.65
生态系统总价值						2529.74	100

由表 6.4 可知，2014 年浙江省公益林生态系统总价值为 2529.74 亿元，其中水源涵养功能价值为 886.79 亿元，占 35.05%；固土保肥功能价值为 227.23 亿元，占 8.98%；固碳释氧功能价值为 356.09 亿元，占 14.08%；营养物质积累功能价值为 33.58 亿元，占 1.33%；净化空气功能价值为 121.78 亿元，占 4.81%；生物多样性保护功能价值为 584.28 亿元，占 23.10%；森林游憩功能价值为 320.00 亿元，占 12.65%。

表 6.5　浙江省公益林生态系统服务价值（2015 年）

公益林生态功能	实物量（万吨/年）					价值量（亿元/年）	价值比例（%）
	乔木林	灌木林	竹林	其他	合计		
水源涵养	719787.72	17819.86	154254.87	2612.38	894474.83	940.99	33.97
固土量	10257.07	2200.65	1927.69		14385.41	16.33	0.59

续表

公益林生态功能	实物量（万吨/年）					价值量（亿元/年）	价值比例（％）
	乔木林	灌木林	竹林	其他	合计		
保肥量	450.15	97.16	106.09		653.39	202.31	7.30
固碳	2430.08	243.58	767.22	232.96	3673.84	120.22	4.34
释氧	1774.11	177.82	560.12	170.07	2682.13	268.21	9.68
营养物质积累	20.70	3.51	2.51		26.73	32.11	1.16
吸收废气	29.48	5.23	5.55		40.26	4.83	0.17
滞尘量	6892.26	658.81	575.33		8126.39	121.90	4.40
生物多样性保护						598.06	21.59
森林游憩						464.73	16.78
生态系统总价值						2769.69	100

由表 6.5 可知，2015 年浙江省公益林生态系统总价值为 2769.69 亿元，其中水源涵养功能价值为 940.99 亿元，占 33.97％；固土保肥功能价值为 218.64 亿元，占 7.89％；固碳释氧功能价值为 388.43 亿元，占 14.02％；营养物质积累功能价值为 32.11 亿元，占 1.16％；净化空气功能价值为 126.73 亿元，占 4.57％；生物多样性保护功能价值为 598.06 亿元，占 21.59％；森林游憩功能价值为 464.73 亿元，占 16.78％。

为了更加直观地分析浙江省公益林生态系统总价值及各项生态功能的价值变化情况，不妨将 2011－2015 年数据汇总于同一个图，以便进行比较。

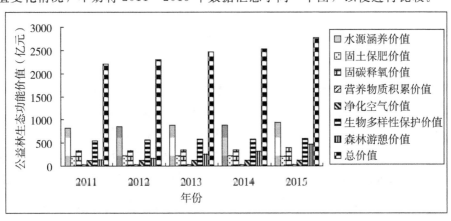

图 6.5　2011－2015 年浙江省公益林生态系统功能价值

由图 6.5 可知，2011−2015 年间，随着公益林数量增加和质量提升，浙江省公益林生态系统总价值从 2211.77 亿元增加到 2769.69 亿元，增加了 557.92 亿元，年均增速为 5.78％。其中水源涵养功能价值从 823.68 亿元增加到 940.99 亿元，增加了 117.31 亿元，年均增速为 3.38％；固碳释氧功能价值从 342.06 亿元增加到 388.43 亿元，增加了 46.37 亿元，年均增速为 3.23％；生物多样性保护功能价值从 541.92 亿元增加到 598.06 亿元，增加了 56.14 亿元，年均增速为 2.49％；森林游憩功能价值从 133.24 亿元增加到 464.73 亿元，增加了 331.49 亿元，年均增速为 36.66％。2011−2015 年间，浙江省公益林的固土保肥功能价值、营养物质积累功能价值和净化空气功能价值总体变化不大。可见，增速最快的是森林游憩功能价值，这主要是由于随着经济发展和居民收入水平提高，居民旅游消费尤其是生态旅游消费快速攀升，而森林旅游越来越成为居民偏好的旅游方式。

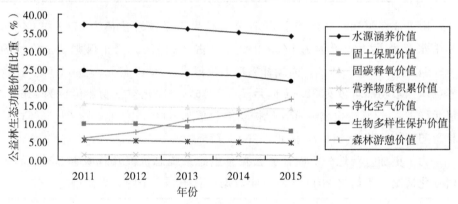

图 6.6　2011−2015 年浙江省公益林各项生态功能价值比重

从浙江省公益林各项生态功能价值比重来看（以 2011−2015 年平均值为标准进行比较），水源涵养功能价值比重最高，占总价值的 35.84％；其次为生物多样性保护功能价值，占总价值的 23.38％；然后是固碳释氧功能价值，占总价值的 14.50％；再次是森林游憩功能价值，占总价值的 10.76％；接下来分别是固土保肥功能价值、净化空气功能价值和营养物质积累功能价值，其占比分别为 9.13％、5.02％和 1.36％。由图 6.6 可知，在七种生态功能中，只有森林游憩功能价值比重增加（从 6.02％增加到 10.76％），其余生态功能价值比重均有所下降。其中，水源涵养功能价值比重从 37.24％下降为 33.97％；生物多样性保护功能价值比重从 24.50％下降为 21.59％；固碳释氧功能价值比重从 15.47％下降为 14.02％；固土保肥功能价值比重从 9.85％

下降为 7.89%；净化空气功能价值比重从 5.43% 下降为 4.58%；营养物质积累功能价值比重从 1.48% 下降为 1.16%。

　　显然，浙江省公益林生态系统价值十分巨大，2015 年的总价值高达 2769.69 亿元，占浙江省当年财政总收入（4810 亿元）的 57.58% 以及浙江省当年 GDP（42886 亿元）的 6.46%。如果要按照公益林生态系统价值完全补偿，补偿标准将高达 91650.87 元/公顷，这几乎是不可能实现的。因此，本研究认为公益林生态系统价值只能是理论上的最高补偿标准。

（三）适宜补偿标准

1. 基本思路

　　公益林最低补偿标准仅考虑了公益林的基本成本和机会成本，而最高标准则完全考虑了公益林生态效益和社会效应的价值，这都是处于极端条件下的理想状态。现实中，由于还受其他因素的影响，采用这两种标准都是不适合的，我们还必须根据其他影响因素对其进行综合考虑。适宜的补偿标准应当介于最低标准和最高标准之间。因此，本研究通过对最高补偿标准乘以一定的系数进行折算，来估算适宜的公益林生态补偿标准。

　　森林生态系统服务价值是理论上的最高生态补偿量，但在实际工作中，由于经营和开发利用，有时会造成森林生态资源一定量的损耗，如自主经营和限额采伐的森林生态资源只能进行部分补偿。即使是完全禁伐的生态公益林，也可以进行除伐木外的适度开发利用，如采摘花果、采脂以及狩猎、林下间种、套种等多种经营，还可以建设水利设施等利用森林涵养水源等效益实现部分补偿。再加上森林生态系统服务价值可能非常高，在现阶段很难实现完全补偿，因此需按照一定的系数进行折算作为公益林生态补偿量，这是符合现实情况的。

　　基于上述思考，本研究确定浙江省公益林适宜补偿标准计算公式为：

$$S_M = k \times V \tag{6.40}$$

　　式中：S_M 为浙江省公益林适宜生态补偿标准；V 为公益林生态系统总价值；k 为生态补偿系数。可见，确定公益林适宜生态补偿标准的关键问题在于确定补偿系数。

2. 生态补偿系数测算

　　1938 年比利时数学家哈尔斯特（P. Fverhulst）首先提出皮尔曲线。后来，近代生物学家皮尔（R. Pearl）和里德（L. J. Reed）两人将这个曲线应用于研究人口生长规律，因此这种特殊的曲线也被称为皮尔生长曲线，简称皮尔曲线。

皮尔生长曲线模型可反映因变量 l 随时间 t 的变动趋势，其主要描述：事物初期发展阶段，变量增长缓慢，随后进入急速增长的阶段，当达到一定程度后，增长率将逐步降低。这样的变化趋势反映了事物发展周期性变化的特征。皮尔生长曲线的一般模型为：

$$l = \frac{L}{1 + ae^{-bt}} \qquad a > 0, b > 0 \tag{6.41}$$

式中：l 代表事物发展特性的参数；L 为 l 的最大化，若定义 l 值区间为 $[0，1]$，则 $L = 1$；a, b 为常数，对模型变化趋势有影响；t 为自变量参数，常为时间或者经济发展程度。

人们对于生态环境价值认识的特点和皮尔生长模型有同样的变化关系。处于比较低的发展阶段时，人们比较难以对生态环境价值产生充分的认识；当经济发展到一定阶段后，解决了温饱的问题，尤其进入小康生活后，人们对于环境舒适性服务需求即对于生态环境的重视程度就会迅速提高；之后继续发展，到极富的阶段趋近饱和。因此，可以运用简化的皮尔生长曲线模型与能够表示经济社会发展水平的恩格尔系数相结合得到生态补偿系数。生态补偿系数可以理解为用来衡量在当前的经济发展水平下，人们愿意支付生态环境服务的付费标准系数。

由式 6.41 可知，l 的取值区间为 $[0，1]$，因此系数 $L = 1$。为了进一步简化研究，不妨令 $a = b = 1$，最后得到简化的皮尔曲线模型如下：

$$l = \frac{1}{1 + e^{-t}} \tag{6.42}$$

下文进一步把恩格尔系数的概念引入皮尔曲线模型。19 世纪中期，德国统计学家和经济学家恩格尔对比利时不同收入家庭的消费情况进行了调查，研究了收入增加对消费需求支出构成的影响，提出了带有规律性的原理，由此被命名为恩格尔定律。其主要内容是指一个家庭或个人收入越少，用于购买生存性食物的支出在家庭或个人收入中所占的比重就越大。对一个国家而言，一个国家越穷，每个国民的平均支出中用来购买食物的费用所占比例就越大。

恩格尔系数是根据恩格尔定律而得出的比例数，是指在家庭或者个人消费支出总额中食品支出所占的百分比，公式如下：

$$E_n = P_{食品} / P_{总消费} \times 100\% \tag{6.43}$$

式中：E_n 为恩格尔系数；$P_{食品}$ 为个人的食品消费支出；$P_{总消费}$ 为个人的总消费支出。

可以看出，在总支出金额不变的条件下，恩格尔系数越大，说明用于食物支出的所占金额越多；恩格尔系数越小，说明用于食物支出所占的金额越少，二者成正比。反过来，当食物支出金额不变的条件下，总支出金额与恩格尔系数成反比。因此，恩格尔系数是衡量一个家庭或一个国家富裕程度的主要标准之一。一般来说，在其他条件相同的情况下，恩格尔系数较高，作为家庭来说则表明收入较低，作为国家来说则表明该国较穷。反之，恩格尔系数较低，作为家庭来说则表明收入较高，作为国家来说则表明该国较富裕。

联合国根据恩格尔系数的大小，对世界各国的生活水平有一个划分标准，即一个国家平均家庭恩格尔系数大于 60% 为贫穷；50%～60% 为温饱；40%～50% 为小康；30%～40% 为相对富裕；20%～30% 为富裕；20% 以下为极其富裕。根据中国国情，本书对此进行一些调整，将居民生活水平划分为 5 个阶段，即贫困阶段、温饱阶段、小康阶段、富裕阶段和极富裕阶段，其与恩格尔系数的关系如表 6.6 所示。

表 6.6　生活水平和恩格尔系数的关系

生活水平	贫困阶段	温饱阶段	小康阶段	富裕阶段	极富裕阶段
恩格尔系数 E_n	>60%	60%～50%	50%～30%	30%～20%	<20%
$1/E_n$	<1.67	1.67～2	2～3.3	3.3～5	>5

按照在生态补偿系数曲线中发展阶段的对应（如果发展阶段 $1/E_n=3$，生态补偿系数曲线就会出现拐点，E_n 为恩格尔系数），本文把 $T=t+3$ 当作横坐标，代替时间 t 轴。恩格尔系数与皮尔生长曲线模型相结合计算生态补偿系数如图 6.7 所示。

根据上述，将皮尔曲线模型与恩格尔系数结合起来，可得到生态补偿系数模型，如式 6.44 所示。

$$k = \frac{1}{1 + e^{-(1/E_n - 3)}} \tag{6.44}$$

式中：k 为生态补偿系数；E_n 为恩格尔系数。由于恩格尔系数每年都会发生变化，因此生态补偿系数也会随之改变。

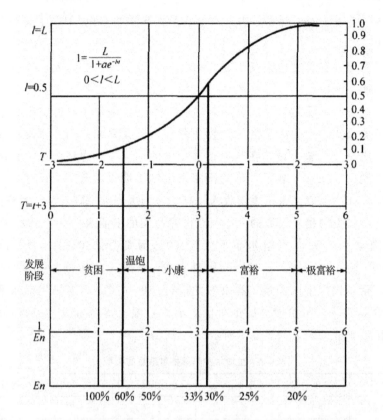

图 6.7　恩格尔系数与皮尔生长曲线模型相结合计算生态补偿系数

　　根据上述公式，利用城乡居民的生活消费总支出数据和食品消费支出数据，可求出城乡居民恩格尔系数[①]，进而求出生态补偿系数。结果如表 6.7 所示。

表 6.7　浙江省历年恩格尔系数及生态补偿系数

	项目	2011 年	2012 年	2013 年	2014 年	2015 年
农村	生活消费总支出（元）	9644	10208	11760	13312	14864
	食品消费支出（元）	3629	3844	4191	4538	4885
	恩格尔系数（%）	37.63	37.66	35.64	34.09	32.86

---

① 目前并无浙江省居民恩格尔系数的直接统计数据，因此先分别求出农村居民和城镇居民的恩格尔系数，取二者平均值作为全省居民恩格尔系数。

续表

	项目	2011 年	2012 年	2013 年	2014 年	2015 年
城镇	生活消费总支出（元）	20437	21545	23257	24969	26681
	食品消费支出（元）	7066	7552	8008	8464	8920
	恩格尔系数（%）	34.57	35.05	34.43	33.90	33.43
全省	恩格尔系数（%）	36.10	36.35	35.04	33.99	33.15
	生态补偿系数	0.4427	0.4380	0.4636	0.4854	0.5042

数据来源：作者根据历年《浙江省统计年鉴》相关数据整理得到。

由表 6.7 可知，2011－2015 年间，浙江省居民恩格尔系数从 36.10% 下降到 33.15%，下降了 2.95%，一定程度上说明居民收入水平有了明显的上升。而生态补偿系数则从 0.4427 增加到 0.5042，增加了 0.0615，说明随着经济发展，公益林生态系统服务价值中需要给予补偿的比例逐年增加。根据生态补偿系数和公益林生态系统服务价值总额，可以计算出适宜的生态补偿金额及其占浙江省 GDP、财政收入的比重（表 6.8）。

表 6.8　森林生态补偿金额及其占浙江省 GDP、财政收入的比重

	2011 年	2012 年	2013 年	2014 年	2015 年
生态系统价值（亿元）	2211.77	2293.23	2474.32	2529.74	2769.69
生态补偿系数	0.4427	0.4380	0.4636	0.4854	0.5042
生态补偿金额（亿元）	979.15	1004.43	1147.09	1227.94	1396.48
GDP（亿元）	32363.38	34739.13	37756.58	40173.03	42886.49
生态补偿占 GDP 比重（%）	3.03	2.89	3.04	3.06	3.26
财政收入（亿元）	3150.80	3441.23	3796.92	4122.02	4809.94
生态补偿占财政收入比重（%）	31.08	29.19	30.21	29.79	29.03

由表 6.8 可知，2011－2015 年，浙江省森林生态补偿标准分别为 979.15 亿元、1004.43 亿元、1147.09 亿元、1227.94 亿元和 1396.48 亿元，占当年 GDP 的比重约为 3%，占当年财政收入的比重达到 30% 左右，仍然十分巨大。如果按此标准全额补偿，政府财政压力将不堪重负，因此执行起来将十分困难。考虑到生态系统是一个有机的整体，它在发挥生态效益时并不是各项生态效益各自单独地起作用，所有的生态效益在发挥各自功能的同时相互之间都有密切的联系，存在交叉影响。如积累营养物质和保育土壤两者之间构成了营养物质的循环，单独把两个效益相加就出现了重复计算的问题。基于此，

在现实中具体执行时，可以再对上述补偿标准按照一定系数进行折算。不妨以 2015 年数据为例，当折算系数分别从 10％依次增加到 90％时，实际执行的生态补偿标准分别为（表 6.9）。

表 6.9　折算后的森林生态补偿标准

折算系数	10％	20％	30％	40％	50％	60％	70％	80％	90％
原补偿标准（亿元）					1396.48				
折算后补偿标准（亿元）	139.65	279.30	418.94	558.59	698.24	837.89	977.54	1117.2	1256.8
占 GDP 比重（％）	0.33	0.65	0.98	1.30	1.63	1.95	2.28	2.60	2.93
占财政收入比重（％）	2.90	5.81	8.71	11.61	14.52	17.42	20.32	23.23	26.13
单位面积补偿标准（元/公顷）	4621	9242	13863	18484	23105	27726	32347	36968	41589

由表 6.9 可知，当折算系数取 10％时，折算后的森林生态补偿标准为 139.65 亿元，占当年 GDP 和财政收入的比重分别为 0.33％和 2.90％，在政府财力可承受的范围内，具有较强的现实可操作性。进一步，可求出单位面积补偿标准为 4621 元/公顷。当折算系数依次提高时，折算后的生态补偿标准及其占当年 GDP 和财政收入的比重也逐渐提升。

四、浙江省公益林生态补偿标准预测及现实分析

（一）浙江省公益林生态补偿标准预测

本研究利用灰色预测方法对浙江省公益林生态补偿标准进行预测。灰色预测是一种对含有不确定因素的系统进行预测的方法。灰色预测通过鉴别系统因素之间发展趋势的相异程度，即进行关联分析，并对原始数据进行生成处理来寻找系统变动的规律，生成有较强规律性的数据序列，然后建立相应的微分方程模型，从而预测事物未来发展趋势的状况。其用等时距观测到的反应预测对象特征的一系列数量值构造灰色预测模型，预测未来某一时刻的特征量，或达到某一特征量的时间。

灰色预测建模主要包括两步：构建 GM（1，1）模型和模型检验。

1. 构建 GM (1，1) 模型

令 $X^{(0)}$ 为 GM (1，1) 建模序列，则：

$$X^{(0)} = (x^{(0)}(1), x^{(0)}(2), \cdots, x^{(0)}(n)) \tag{6.45}$$

$X^{(1)}$ 为 $X^{(0)}$ 的 1－AGO 序列，则：

$$X^{(1)} = (x^{(1)}(1), x^{(1)}(2), \cdots, x^{(1)}(n)) \tag{6.46}$$

$$x^{(1)}(k) = \sum_{i=1}^{k} x^{(0)}(i)，k = 1,2,\cdots,n \tag{6.47}$$

令 $Z^{(1)}$ 为 $X^{(1)}$ 的紧邻均值（MEAN）生成序列，则：

$$Z^{(1)} = (z^{(1)}(2), z^{(1)}(3), \cdots, z^{(1)}(n)) \tag{6.48}$$

$$z^{(1)}(k) = 0.5 x^{(1)}(k) + 0.5 x^{(1)}(k-1) \tag{6.49}$$

则 GM (1，1) 的定义型，即 GM (1，1) 的灰微分方程模型为：

$$x^{(0)}(k) + az^{(1)}(k) = b \tag{6.50}$$

式中：a 称为发展系数，b 为灰色作用量。设 $\hat{\alpha}$ 为待估参数向量，即 $\hat{\alpha} = (a,b)^T$，则灰微分方程（式6.51）的最小二乘估计参数列满足

$$\hat{\alpha} = (B^T B)^{-1} B^T Y_n \tag{6.51}$$

其中

$$B = \begin{bmatrix} -z^{(1)}(2) & 1 \\ -z^{(1)}(3) & 1 \\ \cdots & \cdots \\ -z^{(1)}(n) & 1 \end{bmatrix}，\quad Y_n = \begin{bmatrix} x^{(0)}(2) \\ x^{(0)}(3) \\ \cdots \\ x^{(0)}(n) \end{bmatrix} \tag{6.52}$$

称

$$\frac{dx^{(1)}}{dt} + ax^{(1)} = b \tag{6.53}$$

为灰色微分方程 $x^{(0)}(k) + az^{(1)}(k) = b$ 的白化方程，也叫影子方程。

如上所述，则有：

(1) 白化方程 $\frac{dx^{(1)}}{dt} + ax^{(1)} = b$ 的解也称时间响应函数为

$$\hat{x}^{(1)}(t) = (x^{(1)}(0) - \frac{b}{a})e^{-at} + \frac{b}{a} \tag{6.54}$$

(2) GM (1，1) 灰色微分方程 $x^{(0)}(k) + az^{(1)}(k) = b$ 的时间响应序列为

$$\hat{x}^{(1)}(k+1) = \left[x^{(1)}(0) - \frac{b}{a} \right] e^{-ak} + \frac{b}{a}，k = 1,2,\cdots,n \tag{6.55}$$

(3) 取 $x^{(1)}(0) = x^{(0)}(1)$，则

$$\hat{x}^{(1)}(k+1) = \left[x^{(0)}(1) - \frac{b}{a} \right] e^{-ak} + \frac{b}{a} \,, \; k = 1,2,\cdots,n \qquad (6.56)$$

（4）还原值

$$\hat{x}^{(0)}(k+1) = \hat{x}^{(1)}(k+1) - \hat{x}^{(1)}(k) \qquad (6.57)$$

上式即为预测方程。

2. GM（1，1）模型的检验

GM（1，1）模型的检验分为三个方面：残差检验；关联度检验；后验差检验。

（1）残差检验

残差大小检验，即对模型值和实际值的残差进行逐点检验。首先按模型计算 $\hat{x}^{(1)}(i+1)$，将 $\hat{x}^{(1)}(i+1)$ 累减生成 $\hat{x}^{(0)}(i)$，最后计算原始序列 $x^{(0)}(i)$ 与 $\hat{x}^{(0)}(i)$ 的绝对残差序列

$$\Delta^{(0)} = \{\Delta^{(0)}(i), i=1,2,\cdots,n\} \,,\; \Delta^{(0)}(i) = \left| x^{(0)}(i) - \hat{x}^{(0)}(i) \right| \qquad (6.58)$$

及相对残差序列

$$\varphi = \{\varphi_i, i=1,2,\cdots,n\} \,,\; \varphi_i = \left[\frac{\Delta^{(0)}(i)}{x^{(0)}(i)} \right] \%$$

并计算平均相对残差

$$\bar{\varphi} = \frac{1}{n} \sum_{i=1}^{n} \varphi_i$$

给定 α，当 $\bar{\varphi} < \alpha$，且 $\varphi_n < \alpha$ 成立时，称模型为残差合格模型。

（2）关联度检验

关联度检验，即通过考察模型值曲线和建模序列曲线的相似程度进行检验。按前面所述的关联度计算方法，计算出 $\hat{x}^{(0)}(i)$ 与原始序列 $x^{(0)}(i)$ 的关联系数，然后算出关联度，根据经验，关联度大于 0.6 便是满意的。

（3）后验差检验

后验差检验，即对残差分布的统计特性进行检验。

第一，计算出原始序列的平均值：

$$\bar{x}^{(0)} = \frac{1}{n} \sum_{i=1}^{n} x^{(0)}(i)$$

第二，计算原始序列 $X^{(0)}$ 的均方差：

$$S_1 = \left(\frac{\sum_{i=1}^{n} \left[x^{(0)}(i) - \bar{x}^{(0)} \right]^2}{n-1} \right)^{1/2}$$

第三，计算残差的均值：

$$\overline{\Delta} = \frac{1}{n}\sum_{i=1}^{n}\Delta^{(0)}(i)$$

第四，计算残差的均方差：

$$S_2 = \left(\frac{\sum_{i=0}^{n}\left[\Delta^{(0)}(k) - \overline{\Delta}\right]^2}{n-1}\right)^{1/2}$$

第五，计算方差比 C：

$$C = \frac{S_1}{S_2}$$

第六，计算小残差概率：

$$P = P\left\{\left|\Delta^{(0)}(i) - \overline{\Delta}\right| < 0.6745S_1\right\}$$

令 $S_0 = 0.6745S_1$ ，$e_i = \left|\Delta^{(0)}(i) - \overline{\Delta}\right|$ ，即 $P = P\left\{e_i < S_0\right\}$ 。

若对于给定的 $C_0 > 0$ ，当 $C < C_0$ 时，称模型为均方差比合格模型；如对给定的 $P_0 > 0$ ，当 $P > P_0$ 时，称模型为小残差概率合格模型。若相对残差、关联度、后验差检验在允许的范围内，则可以用所建的模型进行预测，否则应进行残差修正。

根据上述方法，可预测出浙江省公益林生态补偿标准，预测结果（折算系数取 10%）如表 6.10 所示。

表 6.10　浙江省公益林生态补偿标准的预测（折算系数取 10%）

年份	2016	2017	2018	2019	2020
生态补偿金额（亿元）	154.19	171.35	190.42	211.62	235.17
单位生态补偿标准（元/公顷）	5101.89	5669.51	6300.28	7001.22	7780.15

由表 6.10 可知，预测出的 2016－2020 年浙江省公益林生态补偿金额分别为 154.19 亿元、171.35 亿元、190.42 亿元、211.62 亿元和 235.17 亿元，单位生态补偿标准分别为 5101.89 元/公顷、5669.51 元/公顷、6300.28 元/公顷、7001.22 元/公顷和 7780.15 元/公顷。

（二）浙江省公益林生态补偿标准的现实分析

1. 公益林生态补偿标准的分阶段实施

近年来，浙江省公益林生态补偿标准不断提高，从最初 2004 年的 8 元/亩·年（折 120 元/公顷·年）快速增加到 2017 年的 40 元/亩·年（折 600 元/公顷·年），位居全国前列。但从绝对数量上来看，公益林补偿标准仍然十分低下。以

2015 年数据为例，浙江省公益林生态补偿标准为 30 元/亩·年（折 450 元/公顷·年），尚不能弥补公益林年平均基本运营成本（550 元/公顷·年，包括造林成本 475 元/公顷·年和管护成本 75 元/公顷·年），与前文所测算出的公益林最低补偿标准（1680 元/公顷·年，其中包括公益林建设机会成本 1130 元/公顷·年）差距就更大。为了提升公益林建设和维护者的积极性，推动浙江省公益林可持续发展，必须逐步增加公益林生态补偿标准。笔者以为，提升公益林生态补偿标准的过程可分为以下几个阶段。

第一阶段，全额补偿公益林生产运营成本（主要包括造林成本和管护成本）。公益林是社会经济发展到一定时期的产物，其建设和维护都需要人类付出一般无差别的劳动，因而必将产生一定建设和维护成本。公益林建设和维护的最终目标是生产出生态产品和社会产品，尽管生产的产品具有一定特殊性，但其整个生产过程同普通商品生产类似，也需要投入土地、资本、劳动和技术等生产要素，这些生产要素的价格则构成了公益林建设和维护的成本。对公益林生产运营成本进行全额补偿，是保证现有公益林面积不至于出现大面积过伐，保存现有森林生态功能存在的最低限度。目前，浙江省公益林生态补偿标准尚不能完全弥补基本的运营成本，因此存在大面积过伐的内在风险。因此，在经济杠杆失效时，为了保证公益林面积不减少，必须借助于行政杠杆，甚至法律杠杆。

第二阶段，维持公益林简单再生产的最低补偿标准（包括基本运营成本和机会成本）。除基本运营成本外，公益林建设和维护也会产生一些机会成本。主要包括：公益林建设和维护需要土地，该土地用于其他用途时所能产生的收益；由于公益林禁止砍伐或限制砍伐，而如果改种经济林的话则可获得一定收益；公益林建设和维护需要劳动，该部分劳动用于从事其他职业所能获得的收益。如果公益林建设的机会成本不能得到补偿，公益林的建设者和维护者、原土地使用权拥有者的合法权益将遭到部分或完全剥夺，他们建设和维护公益林的积极性将完全丧失，不仅于公益林建设和维护无益，反而可能对公益林建设和维护造成阻碍或破坏。因此对公益林建设和维护的机会成本进行补偿，是维持公益林简单再生产的前提。

第三阶段，推动公益林扩大再生产的适宜补偿标准（按一定系数进行折算，并逐步提高）。随着社会经济发展和居民收入水平提升，居民对森林生态产品的需求将日益扩大，公益林简单再生产将无法满足社会需求，必须进一步扩大公益林的面积。这需要给予公益林建设和维护主体足够的利润，充分调动他们的积极性，发挥市场主导作用。前文所测算出的公益林生态补偿适宜标准，能够使公益林建设和维护主体获得较高的利润，这能够推动公益林扩大再生产，满足市场需求。

第四阶段，公益林生态效益补偿标准（最高补偿标准）。从经济学角度来看，把修正经济外部性当作确定森林生态效益补偿标准的依据，即森林生态效益补偿理论标准应该等于最合适资源配置前提下，单位生态资源的边际收益。这完全符合公平公正原则，是在森林生态效益基础上对生态系统服务价值的计算，包括水源涵养、固碳释氧、固土保肥、净化空气、游憩等，即以公益林生态系统价值作为补偿标准。但是，这一方面需要国家长期投入大量资金，另一方面也需要具备比较系统、完善的生态产品评价体系，实际情况是这两点目前都不具备。从现实操作层面来看，当国家的资金比较充裕时，可以参照商品林的资源资产评估，结合意愿调查合理确定调整参数，估算不同的公益林资源资产价值量，尽可能购买全部的公益林。国家所有的公益林不需要任何形式的经济损失补偿，可以投入更多的财政资金加强管护和更新改造，从而使整个公益林事业向着良性、健康的方向发展，进一步提高公益林的生态、社会、经济效益。

2. 差异化的公益林生态补偿标准

（1）根据公益林供给主体区分

公益林是服务于社会、受益于全民的非营利性社会公益事业，公益林供给主体事实上存在多元化的趋势，企业、私人、社区都可能成为公益林的供给主体。在市场机制下，所有的公益林供给主体都应当得到正外部性的经济补偿。但我国经济属于以公有制为主体的社会主义市场经济，公益林权属类型有三种：国家所有、集体所有、个人所有。国营林场是国有公益林的产权代表，其收益应全部归属国家和全体公民，因此在生态补偿机制中不存在权益性的补偿，国家的补偿事实上是对公益林管护和新造林的成本补偿；集体林和私人经营的公益林应当获得经营收益和权益性收益，补偿机制提供的补偿应该包含因经营公益林减少的经营收益和拥有所有权的权益收益。因此，应区分公益林供给主体而制定不同的补偿标准。

（2）根据生态区位区分

公益林生态补偿标准的确定应该考虑公益林所处的不同生态区位的重要程度。重要生态功能区的公益林肩负着重要的生态屏障任务，是区域生态安全的重要保障，与仅仅发挥景观作用的公益林相比，生态区位重要程度明显不同。因此，对江河源头、水库、河流两岸、坡度陡峭地块公益林的补偿应较多。大量研究认为，对公益林的补偿不应该忽视森林生态功能等级的差异和生态区位的差别，实行统一的平均分配补偿，而应依据市场经济的规则，在对每一片公益林进行公正、客观的评估之后，实行分级别补偿。

（3）根据公益林质量区分

确定补偿标准时也应考虑公益林的质量。林分密度适度、树种多样、中幼龄林与成过熟林比例结构合理的公益林，可以形成较好的森林生态系统，发挥最大的森林生态效益。因此，公益林生态补偿标准的确定，应该考虑林分的质量问题。

（4）根据公益林经营规模区分

当公益林规模已经能够满足社会对生态环境的需求时，补偿标准可以私人边际收益即经营者经营公益林损失的经济利益来确定，包含公益林营造、管护、基础设施投入等各种成本，这是补偿标准的最低限，以此标准补偿可以维持现有公益林规模不变；当公益林规模不能满足社会对生态环境的基本需求时，为鼓励生产经营者扩大公益林规模，补偿标准制定时在最低限基础上，必须加上部分效益价值，即社会边际收益大于私人边际收益部分。

第七章 公益林生态补偿资金分摊机制

一、公益林生态补偿资金分摊的必要性与可行性

（一）公益林生态补偿资金分摊的必要性

1. 理论必要性

理论上，公益林生态补偿过程从实质上来说是受益主体与公益林建设和维护者之间关于公益林生态和社会产品或服务功能的交易过程，是一个补偿资金从补偿主体流向补偿客体的过程。从前文的分析中可以看出，公益林生态补偿主体的构成具有多样化特点，但由于公益林所提供的产品或服务功能难以界定，某一补偿主体在消费该产品或服务功能时无法有效排除其他补偿主体的消费，这就导致各补偿主体在消费时均抱有"搭便车"的心理，不愿为其消费行为支付经济代价，最终导致只能由国家来对公益林生态补偿埋单，从而造成国家财产被其他受益主体所变相侵占。这是现阶段公益林生态补偿理论的重大缺陷，不仅违背了公平性，也违背了经济学基本原理，长期来看是不符合经济发展规律的。因此，将公益林生态补偿所需资金在补偿主体之间进行分摊，实现"利益共享、成本共担"和"谁受益，谁补偿"，不仅是完善公益林生态补偿理论的有益尝试，也是促进公益林持续健康发展、促进社会公平的有效手段。

2. 现实必要性

随着经济社会的发展，生态环境正在持续恶化，生态环境资源正在渐显稀缺性，环境保护成为任何个体或组织的责任和义务。公益林作为重要的生态环境资源之一，其建设和维护从广义上来说是任何个体或组织所必须承担

的责任和义务。而在当前的实践中，受人们的环保意识以及公益林生态效益的公共物品性质所限，公益林建设和维护的责任主体缺失现象非常严重，大部分国家或地区均由政府来单独承担，这不仅在理论上不够合理，也导致国家承担着沉重的财政压力。以浙江省公益林为例，根据前文计算结果，2015年浙江省公益林生态系统总价值为 2769.69 亿元，按照生态效益加权及生态补偿系数折算后，需要支付的生态补偿总金额为 279.25 亿元，单位补偿标准为 9240.44 元/公顷，这远远高于目前浙江省的实践标准。而且可预见的是，由于生产要素价格提高所导致的成本增加以及调整系数的不断增大，该数额在未来还将持续增大，如果仅由政府来承担，那么政府财政压力将非常巨大。而事实上，一定时段内国家的财力总是有限的，需要支出的事项却是多元化的，因此补偿标准只能逐年缓慢上升，短期内很难达到理论上的适宜补偿标准，而这必将极大地打击公益林建设的积极性，导致出现"商品林建设热、公益林建设冷"的现象。

（二）公益林生态补偿资金分摊的可行性

首先，随着人们环保意识的增强，公益林在维护生态平衡、优化生态环境方面的重要作用越来越被人们所认识，公益林具有巨大的生态价值的认识越来越被社会所接受，社会个体或组织对公益林建设和维护的支付意愿开始慢慢显现。最突出的表现即为现阶段越来越多的关于生态环境保护方面的交易的出现，如森林碳汇交易、CDM 项目减排交易等，因此，将公益林生态补偿所需资金在受益者群体中进行分摊具备了一定的现实基础。其次，随着生态环境的恶化，人们对生态环境的要求越来越高，对优良的自然生态环境的需求也越来越强烈，公益林对于改善生态环境的作用巨大，因此受益主体对公益林的需求也将逐步增强，其支付意愿也将增强，补偿资金的分摊更容易为其所接受。最后，随着经济社会的发展，人们的收入水平逐渐提高，为生态环境付费也不再处于无能为力的状态，从支付能力的因素来考虑，将公益林生态补偿所需资金进行分摊是可能的。综合来看，对公益林生态补偿资金进行分摊在现实中是可行的。

二、公益林生态补偿资金分摊方法说明

（一）常用的资金分摊方法

资金分摊问题的研究最早起源于 1935 年美国对田纳西流域的综合开发①。到目前为止，可用于资金分摊的方法很多，有传统的分摊方法和基于对策理论的多人合作分摊方法。传统的分摊方法可以分为一次性分摊法和二次性分摊法。一次性分摊法根据项目的某个数量指标将成本按比例一次性分摊给各主体，这种方法计算起来简单方便，但是按照各个指标进行资金分摊时有各自的优缺点。二次分摊法主要是可分离费用——剩余效益法等。与一次性的分摊方法相比，二次分摊法计算较为复杂，但结果比一次性分摊方法更合理，在实际计算中也应用得较多。

一个比较好的资金分摊方法必须同时具备动机、公平、效率三大要素。一般来说，资金分摊问题有几个特点：1. 即使对于最简单的分摊问题，也不存在明显的最公平的分摊方法；2. 资金分摊结果被合作各方接受是保证项目成功实现的必要条件；3. 由于各自利益的不同，合作各方之间的讨价还价通常难以达成协议，同时兼顾所有合作方的利益有时是不可能的。因此，为了保证合作的顺利进行，有时资金分摊方法必须具有一定的强制性。以下是几种比较常见的资金分摊方法：

1. 平均分摊法

这种方法是一次分摊法中最为简单的方法，操作起来十分简单，仅仅在非常简单的情况下采用。但这种方法根本没有考虑到各个资金分摊主体在公益林建设及生态补偿利益关系中的复杂性，而把不同的各个主体完全同等地对待，因此是一种很不公平的方法，在实际应用中很少被采用。其计算公式如下：

$$K_i = K_总 / n \qquad (7.1)$$

式中：K_i 为第 i 个主体所承担的资金；$K_总$ 为所分摊的资金总和；n 为参与

---

① 田纳西流域的开发始于 20 世纪 30 年代。当时的美国正发生严重的经济危机，新任美国总统罗斯福为摆脱经济危机的困境，决定实施"新政"；田纳西流域被当作一个试点，即试图通过一种新的独特的管理模式，对其流域内的自然资源进行综合开发，达到振兴和发展区域经济的目的。

资金分摊的主体总数。

对于平均分摊法而言，最重要的是分摊结果不一定总是满足个体理性与集体理性，因此分摊结果不能被参与资金分摊的各主体接受，难以真正做到分摊的公平与合理性，也不利于公益林生态补偿资金筹集工作的展开。

2. 效益比例分摊法

该资金分摊法与各参与分摊的主体获得的效益大小有关，效益大则分摊资金多，效益小则分摊资金少。其表达式为：

$$K_i = K_{总}(B_i / \sum_{i=1}^{n} B_i) \tag{7.2}$$

式中：K_i 为第 i 个主体所承担的资金；$K_{总}$ 为所分摊的资金总和；B_i 为第 i 个主体在经济分析期内的效益现值或效益年值。

此法的优点是按效益分摊总投资资金较合理，容易被接受，但不足之处也很明显：（1）计算的各主体效益是否与实际相符取决于计算资料是否全面准确，计算方法是否完善；（2）没有规范规定效益计算的范围及各主体效益计算的统一基础，只能根据各项目实际情况决定。

3. 最优等效替代方案费用比例分摊法

在很多项目工程中，往往很难正确计算各受益主体的利益，故按效益计算的方法可能出现较大的偏差。因此，可以用最优等效替代方案来代替效益进行资金分摊。其表达式为：

$$K_i = K_{总}(D_i / \sum_{i=1}^{n} D_i) \tag{7.3}$$

式中：K_i 为第 i 个主体所承担的资金；$K_{总}$ 为所分摊的资金总和；D_i 为第 i 个主体最优等效替代工程的投资。

这种方法的特点是将各主体最优等效替代方案费用的比例作为各受益主体分摊投资比例系数的。这种方法的出发点是：各主体中最优等效替代方案费用大的主体应多负担工程资金；反之，则少承担。采用该方法的最大困难在于需要进行各个受益主体的最优等效替代方案的设计，以估计主体的最优等效替代措施的资金分摊，因而，所需资料较多，计算工作量大，需要有关部门密切配合，有时因条件限制，估算替代方案投资的正确性较差。

4. 可分费用——剩余效益法（简称"剩余效益法"）

可分费用——剩余效益法的基本原理是把多目标项目工程与单目标项目工程进行比较，所节省的费用看作剩余效益的体现，所有参与主体都有权分享。该方法的本质是按照剩余效益的比例分摊剩余费用，具体公式为：

$$K_i = K_{分i} + \omega_i \times K_{剩} \tag{7.4}$$

$$\omega_i = \frac{\min[B_i, D_i] - K_{分i}}{\sum_{i=1}^{n} \left[\min(B_i, D_i) - K_{分i}\right]} \tag{7.5}$$

式中：K_i 为第 i 个主体所承担的资金；$K_{分i}$ 为可分费用；$K_{剩}$ 为剩余效益；ω_i 为第 i 个主体剩余资金的分摊比例。

（二）公益林生态补偿资金分摊方法

公益林生态补偿资金分摊的实质是确定各补偿主体所应承担的补偿资金份额。而从经济学角度来看，公益林生态补偿资金分摊需要体现"谁受益，谁补偿；受益多，补偿多"的基本要求，要实现这一要求，就必须合理确定不同补偿主体享受公益林所发挥的生态效益和社会效益的比重。因此，补偿资金的分摊问题转化为各补偿主体享受的公益林生态效益和社会效益权重的确定问题。从公益林生态补偿的理论模型来看，公益林生态补偿主体具有多元性，且公益林实际所发挥的生态效益和社会效益也是多种多样的。因此，要确定不同补偿主体享受效益的权重是一个"多对多"的复杂系统问题。同时，由于公益林所发挥的生态效益和社会效益没有具体的实物形态，无法进行分割，导致权重的确定更加复杂。

然而，再复杂的问题也有解决的方法，深入分析后可以发现在这一系统中存在两个重要的特征。一是尽管不同地域的公益林所发挥的生态效益和社会效益大致相同，存在多样性，且由于形态的特殊性无法进行分割，但对于特定区域而言，考虑到生态区位因素，公益林所发挥的各种生态效益和社会效益的重要性往往是不同的。二是尽管所有的补偿主体都能够享受到公益林所发挥的全部生态效益和社会效益，但是，对于特定的生态效益或社会效应，其对不同补偿主体的重要性往往也是不同的。

基于上述两个特征，我们虽然无法取得确切的定量数据，但可以通过专家调查法获得不同效益的重要性排序的定性数据和不同效益对不同补偿主体的重要性排序的定性数据，然后可通过一定数量方法（如熵值法、主成分分析法、AHP 法等）将这些定性数据转化成定量数据，进而获得最终的分摊权重数据。

根据上述思想，假设公益林的生态效益和社会效益一共有 m 种，补偿主体一共有 n 个。实际计算时，一共有四个步骤：第一步，计算出第 i 种生态效益和社会效益在总效益中所占的权重（θ_i）；第二步，计算出第 i 种效益应由

第 j 个补偿主体承担的比重（θ_j）；第三步，将前两步所得比重相乘得到将第 j 个补偿主体在第 i 种效益上所应承担的总效益的份额（θ_{ij}）；第四步，将所有的相加则得到第 j 个补偿主体应承担的补偿资金分摊份额（θ_j'）。用公式表示如下：

$$\theta_j' = \sum_{i=1}^{m} \theta_{ij} \tag{7.6}$$

需要说明的是，根据前文所述，公益林生态补偿主体的构成呈现多元性特征，包括各级政府、公益林管理部门和公益林资源使用者，各级政府及公益林管理部门作为补偿主体来看，其指向性的确定较为明确。但是公益林资源使用者主要是指除前述各级政府及政府部门之外的个体或组织，其组成相对比较复杂，没有特定的指向性。因此，本书通过研究文献资料和咨询相关专家，将公益林资源使用者界定为重要流域下游省级政府、森林旅游景区、水资源利用企业（如自来水公司、水电企业等）、科教文卫相关企事业单位和其他资源使用者。

三、公益林各种具体效益占总效益的比重

评价指标权重的确定是多目标决策的一个重要环节，因为多目标决策的基本思想是将多目标决策结果值纯量化，也就是应用一定的方法、技术、规则（常用的有加法规则、距离规则等）将各目标的实际价值或效用值转换为一个综合值；或按一定的方法、技术将多目标决策问题转化为单目标决策问题。然后，按单目标决策原理进行决策。指标权重是指标在评价过程中不同重要程度的反映，是决策（或评估）问题中指标相对重要程度的一种主观评价和客观反映的综合度量。权重的赋值合理与否，对评价结果的科学合理性起着至关重要的作用，若某一因素的权重发生变化，将会影响整个评判结果。因此，权重的赋值必须做到科学和客观，这就要求寻求合适的权重确定方法。

（一）层次分析法基本步骤

本研究利用层次分析法来确定公益林生态系统各生态功能的相应权重，主要步骤为：建立层次结构模型、构造影响因素的比较判断矩阵、影响因素的单层次排序、一致性检验和权重的最终确定。

1. 建立层次结构模型

利用层次分析法解决问题时，需先将问题分为若干层次。最高一层称为目标层，在该层中只有一个元素，即所决策问题的目标或结果；中间层为准则层，该层中的元素主要包括要实现决策目标所采用的准则、政策和措施等。准则层中可以不止一层，可以根据问题规模的复杂程度和大小，分为准则层和子准则层；最低一层为方案层，包括了所有可供选择的方案。在递阶层次结构中，各层均由若干因素构成。当某个层次包含因素较多时，可将该层次进一步划分成若干子层次。

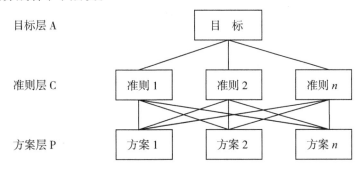

图 7.1 层次分析法多级递阶结构

按照前面对公益林生态系统价值指标的选取，本书将目标分为两层，目标层即为公益林生态系统总价值（A）；准则层为前文所述七个具体的功能价值，再加上其他社会功能价值[①]，共计 8 个指标，即水源涵养功能价值（B_1）、固土保肥功能价值（B_2）、固碳释氧功能价值（B_3）、营养物质积累功能价值（B_4）、净化空气功能价值（B_5）、生物多样性保护功能价值（B_6）、森林游憩功能价值（B_7）及其他社会功能价值（B_8）。

2. 构造比较判断矩阵

递阶层次结构建立以后，就确定了上下层元素之间的隶属关系，但是在目标衡量中，层次中各准则所占的权重并不一定相同，所以需确定某一因素的各个影响因子在该因素中所占的比重。在实际应用中，如果问题比较复杂，各因子的重要性无法直接量化时，通常使用两两比较的方法来确定权重，构建出一个判断矩阵。其一般形式如表 7.1 所示。

---

① 其他社会功能主要包括森林生态系统具备的文化宣传、教学科研、卫生保健和就业支持等其他功能。

表 7.1　层次分析法比较判断矩阵

A	B_1	B_2	B_3	...	B_n
B_1	b_{11}	b_{12}	b_{13}	...	b_{1n}
B_2	b_{21}	b_{22}	b_{23}	...	b_{2n}
B_2	b_{31}	b_{32}	b_{33}	...	b_{3n}
...	...	...	...	...	...
B_n	b_{n1}	b_{n2}	b_{n3}	...	b_{nn}

通常，我们用 b_{ij} 来表示以 A 作为判断准则，所得到的要素 B_i 对 B_j 的相对重要程度。不妨假设在 A 下各个要素 $B_1, B_2, \cdots, B_n$ 的权重分别为 $w_1, w_2, \cdots, w_n$，即 $W = (w_1, w_2, \cdots, w_n)^T$，则 $b_{ij} = \dfrac{w_i}{w_j}$。令

$$B = \begin{bmatrix} b_{11} & b_{12} & \cdots & b_{1n} \\ b_{21} & b_{22} & \cdots & b_{2n} \\ \cdots & \cdots & \cdots & \cdots \\ b_{n1} & b_{n2} & \cdots & b_{nn} \end{bmatrix} \tag{7.7}$$

则 B 称为判断矩阵，其中的元素 b_{ij} 是用来表示不同要素相对重要性的一个数量尺度，一般被称为判断尺度。其取值如表 7.2 所示。

表 7.2　判断矩阵元素取值含义

标度	含义	说明
1	同等重要	两元素相比较，同等重要
3	稍微重要	两元素相比较，一元素比另一元素稍微重要
5	明显重要	两元素相比较，一元素比另一元素明显重要
7	强烈重要	两元素相比较，一元素比另一元素强烈重要
9	极端重要	两元素相比较，一元素比另一元素极端重要
2，4，6，8	上述相邻判断的中间值	表示在上述两相邻标度之间折中时的定量标度
上述各数倒数	反比较	若元素 i 与 j 重要性之比为 a_{ij}，则元素 j 与元素 i 重要性之比为 $a_{ji} = 1/a_{ij}$

利用上述方法构造比较判断矩阵，能够减少其他因素的干扰，相对客观地反映出两个因子影响力的差别。但对全部比较结果进行综合分析时，其中难免会存在一定程度的非一致性。如果比较结果前后完全一致，则矩阵 B 的元素还应当满足：

$$b_{ij}b_{jk} = b_{ik} \quad \forall\, i,j,k = 1,2,\cdots,n \tag{7.8}$$

满足上述关系式的正互反矩阵 B 称为一致矩阵。一般来说，当且仅当 n 阶正互反矩阵 B 的最大特征根 $\lambda_{\max} = n$ 时，为一致矩阵；如果正互反矩阵 B 非一致时，必有 $\lambda_{\max} > n$。

3. 权重的确定方法与一致性检验

判断矩阵构造好后，还需要根据判断矩阵来计算不同元素的相对权重，同时进行一致性检验。根据上述，若矩阵 B 完全相容，则有 $\lambda_{maz} = n$，否则 $\lambda_{maz} > n$。所以我们可以用 $\lambda_{maz} - n$ 的大小来度量相容的程度。具体步骤为：

第一，计算一致性指标 $CI = \dfrac{\lambda_{\max} - n}{n - 1}$。一般情况下，若 $CI \leqslant 0.10$，就可认为判断矩阵 B 有相容性，得到的 W 是可以接受的，否则需要重新进行两两比较判断。

第二，查找相应的平均随机一致性指标 RI。一般来说，如果矩阵的维数 n 越大，其一致性将越差，所以对高维矩阵一致性的要求可以适当放宽，于是引入修正值 RI。RI 的值是这样得到的，用随机方法构造 500 个样本矩阵，随机地从 $1-9$ 及其倒数中抽取数字构造正反矩阵，求得最大特征根的平均值 $\lambda'_{\max}$，并定义 $RI = \dfrac{\lambda'_{\max} - n}{n - 1}$。

表 7.3　相容性指标的修正值

维数	1	2	3	4	5	6	7	8	9
RI	0.00	0.00	0.58	0.96	1.12	1.24	1.32	1.41	1.45

第三，计算一致性比例 CR。由表 7.3 可知，RI 与判断矩阵的阶数有关，阶数愈大，就越可能出现一致性随机偏离特性。所以，在对判断矩阵进行一致性检验时，最好将 CI 与 RI 进行比较，得出检验数 CR，即一致性比例 $CR = \dfrac{CI}{RI}$。一般来说，当 $CR \leqslant 0.10$ 时，则认为可以接受判断矩阵的一致性，否则，应对判断矩阵进行适当修正。

计算权重系数向量和特征值时，首先计算判断矩阵 B 中每行元素 b_{ij} 的乘积 M_i（B 的元素按列相乘得一新向量），并计算其 n 次方根

$$w_i = \left(\prod_{j=1}^{n} a_{ij}\right)^{\frac{1}{n}} \quad i = 1,2,\cdots,n \tag{7.9}$$

然后对 $W = (w_1, w_2, \cdots, w_n)^T$ 进行归一化处理，即

$$w_i^{(0)} = \frac{w_i}{\sum\limits_{j=1}^{n} w_j} \tag{7.10}$$

其结果就是 B_i 关于 A 的相对重要度。进一步可求出最大特征值 $\lambda_{\max}$ 为

$$\lambda_{\max} = \sum_{i=1}^{n} \frac{(Aw)_j}{nw_i} \tag{7.11}$$

其中 $(AW)_i$ 为向量 AW 的第 i 个元素，最后进行一致性检验。

4. 系统总体权重确定

各层次要素对其上一级要素的相对重要度确定了以后，就可以利用自上而下的方法，计算出各层要素对于系统总体的综合重要度（也叫做系统总体权重）。其计算过程为：假设由目标层 A、准则层 C、方案层 P 所构成的层次模型中，准则层 C 对目标层 A 的相对权重为：

$$\overline{w}^{(1)} = (w_1^{(1)}, w_2^{(1)}, \cdots, w_k^{(1)})^T \tag{7.12}$$

方案层 n 个方案对准则层的各准则的相对权重为：

$$\overline{w}_l^2 = (w_{l1}^{(2)}, w_{l2}^{(2)}, \cdots, w_{lk}^{(2)})^T \quad l = 1, 2, \cdots, n \tag{7.13}$$

这 n 个方案对目标而言，其相对权重是通过权重 $\overline{w}^{(1)}$ 与 $\overline{w}_l^{(2)}$ （$l = 1$, $2, \cdots, n$）组合而得到的，其计算可采用表格式进行（如表 7.4 所示）。

表 7.4　综合重要度的计算

	因素及权重				组合权重 $V^{(2)}$
	C_1 $w_1^{(1)}$	C_2 $w_2^{(1)}$	C_j $w_j^{(1)}$	C_k $w_k^{(1)}$	
P_1	$w_{11}^{(2)}$	$w_{12}^{(2)}$	$w_{1j}^{(2)}$	$w_{1k}^{(2)}$	$v_1^{(2)} = \sum\limits_{j=1}^{k} w_j^{(1)} w_{1j}^{(2)}$
P_2	$w_{21}^{(2)}$	$w_{22}^{(2)}$	$w_{2j}^{(2)}$	$w_{2k}^{(2)}$	$v_2^{(2)} = \sum\limits_{j=1}^{k} w_j^{(1)} w_{2j}^{(2)}$
P_i	$w_{n1}^{(2)}$	$w_{i2}^{(2)}$	$w_{ij}^{(2)}$	$w_{ik}^{(2)}$	$v_i^{(2)} = \sum\limits_{j=1}^{k} w_j^{(1)} w_{2j}^{(2)}$
P_n	$w_{n1}^{(2)}$	$w_{n2}^{(2)}$	$w_{nj}^{(2)}$	$w_{nk}^{(2)}$	$v_n^{(2)} = \sum\limits_{j=1}^{k} w_j^{(1)} w_{nj}^{(2)}$

这时得到的 $V^{(2)} = (v_1^{(2)}, v_2^{(2)}, \cdots, v_n^{(2)})^T$ 为 P 层各方案的相对权重。若最低层是方案层，则可根据 v_i 选择满意方案；若最低层是因素层，则根据 v_i 确定人力、物力、财力等资源的分配。

需要注意的是，层次总排序结果也要进行一致性检验①，方法依旧是由高到低逐层进行。假设在单排序中，B 层中与 A_j 相关的因素得到的比较判断矩阵通过一致性检验计算，得到单排序一致性指标为 $CI_j,(j=1,2,\cdots,m)$，相应的平均一致性指标为 $RI_j,(j=1,2,\cdots,m)$，则 B 层总排序一致性比例为

$$CR = \frac{\sum\limits_{j=1}^{m} CI_j a_j}{\sum\limits_{j=1}^{m} RI_j a_j} \qquad (7.14)$$

当 $CR \leqslant 0.10$ 时，认为层次总排序结果具有满意的一致性，是可以接受的。

(二) 判断矩阵及权重计算结果

在构造比较判断矩阵的过程中，本研究采用德尔菲法向相关的专家发放了专家评价问卷表，对公益林生态系统中 8 个功能价值的相对重要性进行评估。共发放问卷 20 份，收回有效问卷 20 份。判断矩阵计算结果如表 7.5 所示。

表 7.5　判断矩阵计算结果

	涵养水源	固土保肥	固碳释氧	营养物质积累	净化空气	生物多样性保护	森林游憩	其他价值
涵养水源	1	1.8	2.5	4.8	3.8	3.3	4.4	5.2
固土保肥	0.556	1	1.5	3.5	2.7	2.2	3.1	4.0
固碳释氧	0.400	0.667	1	2.6	1.6	1.2	2.2	3.1
营养物质积累	0.208	0.286	0.385	1	0.588	0.455	0.909	1.1
净化空气	0.263	0.370	0.625	1.7	1	0.833	1.2	2.2
生物多样性保护	0.303	0.455	0.833	2.2	1.2	1	1.8	2.5
森林游憩	0.227	0.323	0.455	1.1	0.833	0.556	1	1.5
其他社会价值	0.192	0.250	0.323	0.909	0.455	0.400	0.667	1

---

① 原因主要是虽然各层次单排序一致性检验通过了，比较判断矩阵具备较高的一致性结果，但是当进行综合考察时，分布于不同层次的非一致性可能产生累积效应，导致最终结果非一致性比较严重。

根据表 7.5 判断矩阵中数据，可以计算出各指标相应的权重。不妨以涵养水源和固土保肥两项功能为例，其权重计算如下：

$$v_1 = \frac{1}{8}\left(\frac{1}{1+0.556+0.400+\cdots+0.192} + \frac{1.8}{1.8+1+0.667+\cdots+0.250} + \cdots \right.$$
$$\left. + \frac{5.2}{5.2+4.0+3.1+\cdots+1}\right) = 0.306$$

$$v_2 = \frac{1}{8}\left(\frac{0.556}{1+0.556+0.400+\cdots+0.192} + \frac{1}{1.8+1+0.667+\cdots+0.250} + \cdots \right.$$
$$\left. + \frac{4.0}{5.2+4.0+3.1+\cdots+1}\right) = 0.201$$

以此类推，可求出其余功能价值的权重分别为：固碳释氧 0.135、营养物质积累 0.054、净化空气 0.086、生物多样性保护 0.107、森林游憩 0.065、其他社会价值 0.046。

四、补偿主体在公益林单项效益补偿中所承担的比重

考虑到基于专家调查法的 AHP 方法的主观性较强，有可能产生潜在的偏差和溯源数据的不确定性，本书计算各补偿主体在公益林各功能价值所需补偿资金中所承担的比重时，采用结构熵权法进行评价。

(一) 结构熵权法基本步骤

结构熵权法的基本思想是：分析系统中各指标的特征以及指标之间的关系，将待排序系统分解为若干个独立的层次结构，然后通过收集专家意见，采用德尔斐专家调查法与模糊分析法相结合，将各指标按重要性程度形成"典型排序"，再用熵理论对"典型排序"结构的不确定性进行定量分析，计算熵值并进行"盲度"分析，对可能产生潜在的偏差数据进行统计处理，得出同一层次各指标的相对重要性排序，从而确定出每一层次各指标的权重（程启月，2010）。具体步骤为：

1. 采集专家意见，形成"典型排序"

首先，根据测评指标集确定对应的权重集，用德尔斐法采集专家意见，设计定性排序的《指标体系权重专家调查表》（如表 7.6，是对四个指标定性排序），按照德尔斐法规定的程序和要求，向若干个专家问卷调查。专家组成

员的选取应满足鲜明的代表性、权威性和公正性条件，要特别注意从熟悉评测对象（指标系统）的专家中选择。专家组成员匿名填写调查表，即专家依据自己的知识和经验，独立地给出对测评指标集的重要性"排序"意见的定性判断（采用打√的方式），通过征询和反馈，最终形成专家"排序意见"，称为指标的"典型排序"。

表 7.6　测评指标重要性排序调查表

指标类别	专家序号	第一选择	第二选择	第三选择	第四选择
指标 1	1	√			
	2		√		
	3	√			
指标 2	1		√		
	2	√			
	3			√	
指标 3	1			√	
	2			√	
	3		√		
指标 4	1				√
	2				√
	3				√

注：按照专家对以上指标在某项中的重要性，给出其比较合理的排序。若认为在"指标类别"这一项中，"指标 1"应当最重要，即在"第一选择"处划√，其他意义同。允许几个（两个或更多）指标认为是同样重要的，此时依次在对应处划√。

2. 对"典型排序"进行"盲度"分析

专家"典型排序"的意见往往会因为数据"噪声"，产生潜在的偏差和溯源数据的不确定性。为消除数据"噪声"和减少不确定性，需要对表 7.6 中指标的定性判断结论统计分析与处理，即用熵理论计算其熵值，以减少专家"典型排序"的不确定性。具体方法如下：

不妨设有 k 个专家参加咨询调查，得到咨询表有 k 张，每一张表对应一指标集，记为 $U = \{u_1, u_2, \cdots, u_n\}$。指标集对应的"典型排序"数组，记作 $(a_{i1}, a_{i2}, \cdots, a_{in})$，由 k 张表获得指标的排序矩阵记为 $A = (a_{ij})_{k \times n}, (i = 1, 2, \cdots, k; j = 1, 2, \cdots, n)$，称为指标的"典型排序"矩阵。其中 a_{ij} 表示第 i 个专家对第 j 个指标的评价，$a_{i1}, a_{i2}, \cdots, a_{in}$ 取 $\{1, 2, \cdots, n\}$ 自然数中的任意一个

数。比如，需要对 4 个指标排序，则指标"典型排序"数组 $\{a_{i1},a_{i2},\cdots,a_{in}\}$ 中的 $n=4$，可以取 $\{1,2,3,4\}$ 中的任意一个数。

对上述"典型排序"定性、定量转化，定性排序转化的隶属函数定义为：

$$\chi(I)=-\lambda p_n(I)\ln p_n(I) \tag{7.15}$$

其中，令 $p_n(I)=\dfrac{m-I}{m-1}$，取 $\lambda=\dfrac{1}{\ln(m-1)}$，代入上式可得：

$$\chi(I)=-\frac{1}{\ln(m-1)}(\frac{m-I}{m-1})\ln(\frac{m-I}{m-1}) \tag{7.16}$$

化简为：

$$\chi(I)=-\frac{(m-I)\ln(m-I)}{(m-1)\ln(m-1)}+\frac{m-I}{m-1} \tag{7.17}$$

两边同时除以 $\dfrac{m-I}{m-1}$，令

$$\chi(I)/(\frac{m-I}{m-1})-1=\mu(I) \tag{7.18}$$

$$则\ \mu(I)=\frac{\ln(m-I)}{\ln(m-1)} \tag{7.19}$$

I 为专家按照"典型排序"的格式对某个指标评议后给出的定性排序数，如表 7.6，若认为指标 A、B、C、D 四个指标中 A 选择处于"第一选择"，则 I 取值为 1；如果认为是"第二选择"，I 取值则为 2；其他依此类推。其中，μ 是定义在 $[0,1]$ 上的变量，$\mu(I)$ 为 I 对应的隶属函数值，$I=1,2,\cdots,j,j+1$；j 为实际最大顺序号，比如，当 $j=4$ 时，表示 4 个指标参加排序，则最大顺序号取值为 4；m 为转化参数量，取 $m=j+2$，即 $m=6$。

当 $I=1$ 时，$p_n(1)=\dfrac{m-1}{m-1}=1$。

当 $I=j+1$ 取最大序号时，$p_n(j+1)=\dfrac{(j+2)-(j+1)}{(j+2)-1}=\dfrac{1}{j+1}>0$。

将排序数 $I=a_{ij}$ 代入式 7.19 中，可得 a_{ij} 的定量转化值 $b_{ij}=\mu(a_{ij})$，b_{ij} 成为排序数 I 的隶属度。矩阵 $B=(b_{ij})_{k\times n}$ 称为隶属度矩阵。视 k 个专家对指标 μ_j 的"话语权"相同，即计算 k 个专家对指标 μ_j 的"一致看法"，称为平均认识度，记作 b_j。令

$$b_j=(b_{1j}+b_{2j}+\cdots+b_{kj})/k \tag{7.20}$$

定义专家 z_i 对因素 μ_j 由认知产生的不确定性，称为"认识盲度"，记作 Q_j。令

$$Q_j = \left| \frac{[\max(b_{1j} + b_{2j} + \cdots + b_{kj}) - b_j] + [\min(b_{1j}, b_{2j}, \cdots, b_{kj}) - b_j]}{2} \right|$$

$$(7.21)$$

显然，$Q_j \geqslant 0$。

对于每一个因素 μ_j，定义 k（参加测评的全体专家数）个专家关于 μ_j 的总体认识度记作 x_j：

$$x_j = b_j(1 - Q_j), \quad x_j > 0 \tag{7.22}$$

由 x_j 即得到 k 个专家全体对指标 μ_j 的评价向量 $X = (x_1, x_2, \cdots, x_n)$。

3. 归一化处理

为得到指标 μ_j 的权重，对 $x_j = b_j(1 - Q_j)$ 进行归一化处理。令

$$\alpha_j = x_j / \sum_{j=1}^{m} x_j \tag{7.23}$$

显然，满足 $\alpha_j > 0$ 且 $\sum_{j=1}^{n} \alpha_j = 1$。$(\alpha_1, \alpha_2, \cdots, \alpha_n)$ 即为 k 个"专家意见"对因素集 $U = \{\mu_1, \mu_2, \cdots, \mu_n\}$ 重要性的一致性整体判断，它符合 k 个专家群体意愿或认知。$W = \{\alpha_1, \alpha_2, \cdots, \alpha_n\}$ 即称为因素集 $U = \{\mu_1, \mu_2, \cdots, \mu_n\}$ 的权向量。

（二）问卷调查及权重计算

根据结构熵权法的原理，我们将公益林生态补偿各主体作为此方法下的指标，各指标所代表的补偿主体如表 7.7 所示。按照表 7.6 的格式设计了专家调查问卷，问卷中的每一个表格都只包括单项公益林功能价值，一共 8 个表格。调查时由于需要通过对专家的征询与反馈来形成"典型排序"，我们将 20 个专家共分成四组。实际调查时，首先向某一组内的专家分别发放问卷表，专家根据自己的认识和专业能力对排序进行了选择之后反馈给我们，我们分析该组内专家排序选择的差异后，将分析结果再反馈给该组各位专家，在专家根据组内其他专家的排序意见进行思考后，再进行专家组的小组讨论，并最终获得该组专家对受益大小（即重要性程度）排序的统一意见，即"典型排序"。

表 7.7　结构熵权法指标含义表

指标号	补偿主体	指标号	补偿主体
指标 1	中央政府	指标 6	森林旅游景区
指标 2	省级政府	指标 7	水资源利用企业
指标 3	公益林所在区域政府	指标 8	科教文卫相关企事业单位

指标号	补偿主体	指标号	补偿主体
指标 4	公益林管理部门	指标 9	其他资源使用者
指标 5	重要流域下游省级政府		

由于公益林的生态效益及社会效益种类较多，限于篇幅，仅以公益林的涵养水源效益为例进行权重计算的说明。根据 4 组专家的最终意见，得到各指标的典型排序矩阵：

$$A = \begin{pmatrix} 1 & 2 & 5 & 6 & 4 & 7 & 3 & 8 & 9 \\ 2 & 1 & 4 & 7 & 3 & 6 & 5 & 8 & 9 \\ 1 & 4 & 5 & 6 & 2 & 8 & 3 & 9 & 7 \\ 2 & 4 & 5 & 8 & 3 & 6 & 1 & 7 & 9 \end{pmatrix}$$

运用公式 7.19 进行计算后可得排序数的隶属度矩阵：

$$B = \begin{pmatrix} 1 & 0.954 & 0.778 & 0.699 & 0.845 & 0.602 & 0.903 & 0.477 & 0.301 \\ 0.954 & 1 & 0.845 & 0.602 & 0.903 & 0.699 & 0.778 & 0.477 & 0.301 \\ 1 & 0.845 & 0.778 & 0.699 & 0.954 & 0.477 & 0.903 & 0.301 & 0.602 \\ 0.954 & 0.845 & 0.778 & 0.477 & 0.903 & 0.699 & 1 & 0.602 & 0.301 \end{pmatrix}$$

根据公式 7.20 可得指标集的平均认识度：

$b = (b_1, b_2, \cdots, b_9) = (0.977, 0.911, 0.795, 0.619, 0.901, 0.619, 0.896, 0.464, 0.376)$

根据公式 7.21，可计算得出专家对指标集的"认识盲度"：

$Q = (0, 0.0115, 0.0168, 0.0313, 0.0018, 0.0313, 0.007, 0.0128, 0.0753)$

根据公式 7.22 可计算出专家对指标集的总体认识度：

$X = (0.977, 0.9005, 0.7814, 0.5999, 0.8997, 0.5999, 0.8897, 0.4583, 0.3479)$

根据公式 7.23 则可得各指标的权重：

$W_1 = (0.1514, 0.1395, 0.1211, 0.0929, 0.1394, 0.0929, 0.1378, 0.0710, 0.0539)$

可知，在公益林涵养水源效益方面，中央政府补偿权重最大，为 0.1514；其次为省级政府，权重为 0.1395；权重最低的补偿主体为其他资源使用者，其权重为 0.0539。

根据上述方法和步骤，可以得出各补偿主体在公益林其他效益中的权重向量，分别表示为固土保肥 W_2、固碳释氧 W_3、营养物质积累 W_4、净化空气 W_5、生物多样性 W_6、森林游憩 W_7 和其他社会价值 W_8。限于篇幅，计算过程不再详细列出，最终结果为：

$$W_2 = (0.1452, 0.1527, 0.1452, 0.1161, 0.0656, 0.1059, 0.0740, 0.1213, 0.0740)$$

$$W_3 = (0.1422, 0.1467, 0.1466, 0.1026, 0.0627, 0.1305, 0.0627, 0.0974, 0.1086)$$

$$W_4 = (0.1470, 0.1436, 0.1471, 0.1194, 0.0708, 0.0732, 0.0649, 0.1086, 0.1254)$$

$$W_5 = (0.1444, 0.1407, 0.1489, 0.1081, 0.0900, 0.1369, 0.0647, 0.0637, 0.1027)$$

$$W_6 = (0.1509, 0.1469, 0.1389, 0.1120, 0.0601, 0.0954, 0.0717, 0.0988, 0.1253)$$

$$W_7 = (0.1116, 0.1384, 0.1464, 0.0846, 0.1202, 0.1503, 0.0598, 0.0694, 0.1192)$$

$$W_8 = (0.1120, 0.1389, 0.1508, 0.0975, 0.0745, 0.0867, 0.0628, 0.1469, 0.1298)$$

考虑到公益林生态系统是一个有机整体，各种效益之间难以完全分割，在确定补偿主体时无法穷尽所有的受益主体，因此必须抓住事物的主要矛盾，确定主要的受益主体。同时，因为结构熵权法的原理所限，专家在进行排序时无法排除某一效益的边缘受益主体（即受益极小甚至为零），必须在排序中出现，导致最终计算结果中这些主体仍然会占据一定的权重，这又会出现另一种不公平（即未受益却支付费用）。因此，对上文求出的权重进行一定修正，即对每一种单项效益均取其中六个主要的受益主体作为最终应承担补偿责任的主体，选择标准为结构熵权法计算出的权重排位前六的补偿主体。以涵养水源效益为例，权重排位前6的补偿主体为中央政府（0.1514）、省级政府（0.1395）、重要流域下游省级政府（0.1394）、水资源利用企业（0.1378）、公益林所在区域政府（0.1211）和森林旅游景区（0.0929）。因此，公益林涵养水源效益的生态补偿应由这六个主体承担。

这样处理之后，如果继续按上述权重进行补偿资金分摊，则会导致分摊比例不足，因此必须对结构熵权法计算出的权重数值进行转换，转换方法为：

$$\alpha'_j = \alpha_j / \sum_{j=1}^{6} \alpha_j \tag{7.24}$$

根据公式7.24，修正后的公益林涵养水源效益的补偿主体及其所占权重计算结果如下（表7.8）。

表 7.8　修正后的公益林涵养水源效益的补偿主体及其所占权重

补偿主体	α_j	$\sum \alpha_j$	α'_j
中央政府	0.1514		0.1936
省级政府	0.1395		0.1784
重要流域下游省级政府	0.1394		0.1782
水资源利用企业	0.1378	0.7821	0.1762
公益林所在区域政府	0.1211		0.1548
森林旅游景区	0.0929		0.1188

由表 7.8 可知，修正后的公益林涵养水源效益的补偿主体及分摊权重分别为中央政府（0.1936）、省级政府（0.1784）、重要流域下游省级政府（0.1782）、水资源利用企业（0.1762）、公益林所在区域政府（0.1548）和森林旅游景区（0.1188）。按照上述方法，可以对公益林其他效益补偿主体及其权重进行修正，为节约篇幅，计算过程不再赘述。结果如下。

固土保肥效益的补偿主体及分摊权重分别为省级政府（0.1942）、中央政府（0.1847）、公益林所在区域政府（0.1847）、科教文卫相关企事业单位（0.1543）、公益林管理部门（0.1476）和森林旅游景区（0.1346）。

固碳释氧效益的补偿主体及分摊权重分别为省级政府（0.1887）、公益林所在区域政府（0.1887）、中央政府（0.1830）、森林旅游景区（0.1679）、其他资源利用者（0.1397）和公益林管理部门（0.1320）。

营养物质积累效益的补偿主体及分摊权重分别为公益林所在区域政府（0.1860）、中央政府（0.1859）、省级政府（0.1815）、其他资源利用者（0.1585）、公益林管理部门（0.1509）和科教文卫相关企事业单位（0.1372）。

净化空气效益的补偿主体及分摊权重分别为公益林所在区域政府（0.1905）、中央政府（0.1847）、省级政府（0.1800）、森林旅游景区（0.1751）、公益林管理部门（0.1383）和其他资源利用者（0.1314）。

生物多样性效益的补偿主体及分摊权重分别为中央政府（0.1952）、省级政府（0.1901）、公益林所在区域政府（0.1798）、其他资源利用者（0.1621）、公益林管理部门（0.1450）和科教文卫相关企事业单位（0.1278）。

森林游憩效益的补偿主体及分摊权重分别为森林旅游景区（0.1912）、公益林所在区域政府（0.1863）、省级政府（0.1760）、重要流域下游省级政府

（0.1529）、其他资源利用者（0.1517）和中央政府（0.1420）。

其他社会价值的补偿主体及分摊权重分别为公益林所在区域政府（0.1944）、科教文卫相关企事业单位（0.1893）、省级政府（0.1790）、其他资源利用者（0.1673）、中央政府（0.1443）和公益林管理部门（0.1257）。

五、公益林生态补偿资金分摊权重

经过上述两个步骤，我们得到了公益林各单项效益在总效益中的比重，以及各单项效益中主要受益主体的所占比重，两者相乘即可得到各补偿主体在公益林单项效益补偿中应承担的补偿资金的分摊权重。计算结果如表 7.9 所示。

表 7.9　公益林生态效益各补偿主体分摊权重计算表

单项效益及权重	补偿主体	单项效益分摊权重	总效益分摊权重	单项效益及权重	补偿主体	单项效益分摊权重	总效益分摊权重
涵养水源 0.306	主体 1	0.1936	0.0592	净化空气 0.086	主体 3	0.1905	0.0164
	主体 2	0.1784	0.0546		主体 1	0.1847	0.0159
	主体 5	0.1782	0.0545		主体 2	0.1800	0.0155
	主体 7	0.1762	0.0539		主体 6	0.1751	0.0151
	主体 3	0.1548	0.0474		主体 4	0.1383	0.0119
	主体 6	0.1188	0.0364		主体 9	0.1314	0.0113
固土保肥 0.201	主体 2	0.1942	0.0390	生物多样性 0.107	主体 1	0.1952	0.0209
	主体 1	0.1847	0.0371		主体 2	0.1901	0.0203
	主体 3	0.1847	0.0371		主体 3	0.1798	0.0192
	主体 8	0.1543	0.0310		主体 6	0.1621	0.0173
	主体 4	0.1476	0.0297		主体 4	0.1450	0.0155
	主体 6	0.1346	0.0271		主体 8	0.1278	0.0137
固碳释氧 0.135	主体 2	0.1887	0.0255	森林游憩 0.065	主体 6	0.1912	0.0124
	主体 3	0.1887	0.0255		主体 3	0.1863	0.0121
	主体 1	0.1830	0.0247		主体 2	0.1760	0.0114
	主体 6	0.1679	0.0227		主体 5	0.1520	0.0099
	主体 9	0.1397	0.0189		主体 9	0.1517	0.0099
	主体 4	0.1320	0.0178		主体 1	0.1420	0.0092

单项效益及权重	补偿主体	单项效益分摊权重	总效益分摊权重	单项效益及权重	补偿主体	单项效益分摊权重	总效益分摊权重
营养物质积累 0.054	主体3	0.1860	0.0100	其他社会效益 0.046	主体3	0.1944	0.0089
	主体1	0.1859	0.0100		主体8	0.1893	0.0087
	主体2	0.1815	0.0098		主体2	0.1790	0.0082
	主体9	0.1585	0.0086		主体9	0.1673	0.0077
	主体4	0.1509	0.0082		主体1	0.1443	0.0066
	主体8	0.1372	0.0074		主体4	0.1257	0.0058

注：主体1为中央政府，主体2为省级政府，主体3为公益林所在区域政府，主体4为公益林管理部门，主体5为重要流域下游省级政府，主体6为森林旅游景区，主体7为水资源利用企业，主体8为科教文卫相关企事业单位，主体9为其他资源利用者。

根据表7.9的计算结果及公式7.6，可以得出各补偿主体最终在公益林生态补偿资金的分摊权重。以中央政府为例，其在涵养水源、固土保肥、固碳释氧、营养物质积累、净化空气、生物多样性、森林游憩和其他社会效益中均承担补偿责任，将其在各单项效益承担的权重相加，结果为0.1837，即中央政府应承担公益林生态补偿所需资金的18.37%。其他补偿主体所应承担的公益林生态补偿资金权重计算方法相同，不再赘述。结果如表7.10所示。

表7.10　公益林生态补偿资金分摊权重表

补偿主体	资金分摊权重（%）	补偿主体	资金分摊权重（%）
中央政府	18.37	森林旅游景区	11.36
省级政府	18.44	水资源利用企业	5.39
公益林所在区域政府	17.67	科教文卫相关企事业单位	6.08
公益林管理部门	8.88	其他资源利用者	7.36
重要流域下游省级政府	6.45		

由表7.10可知，在公益林生态补偿中，中央政府、省级政府和公益林所在区域政府等各级政府共需承担补偿资金的54.48%，公益林管理部门需承担8.88%，其余补偿主体共需承担36.64%。从理论上和实践上来说，该分摊结果是相对合理的。其一，各级政府和政府部门依然承担了公益林生态补偿主力军，这反映了公益林生态系统的公共产品性质，是符合经济学和生态学理论的；其二，公益林生态系统受益者和资源使用者分摊了公益林生态补偿所需的部分资金，可以切实减轻政府生态环境保护的巨大财政压力，使有限的财政资金可以更好地解决社会经济发展过程中亟须解决的其他更突出的问题，

从而提升社会的整体福利水平；其三，公益林生态系统受益者和资源使用者承担公益林生态补偿部分责任，这体现了"受益者付费"及自然资源价值论、环境价值论的理论观点，不仅有利于公益林可持续发展，也有利于社会公众环保意识的提高；其四，将重要流域下游省级政府纳入公益林生态补偿主体，体现了跨区域的横向生态补偿理念，丰富了自然资源生态补偿实践形式。

第八章　公益林生态补偿支付意愿及受偿意愿

一、城镇居民对公益林生态补偿的支付意愿（WTP）

（一）城镇居民对公益林生态补偿付费问题的提出

近年来，世界生态环境问题日益严重，而保护森林和植树造林是社会各界公认的最有效的解决办法之一。公益林是以发挥生态效益、改善生态环境为主要用途的防护林和特种用途林，公益林建设则是一项服务于整个社会，受益于全体民众的公益事业。由于森林生产经营行为具有较强的正外部性，且公益林禁伐产生了一定的机会成本，因此如何实现外部影响内部化，使私人成本（收益）与社会成本（收益）趋于一致，这是对公益林的生态效益进行补偿的实质所在。目前，我国很多省份都出台了《公益林管理办法》，设立了森林生态效益补偿基金，对公益林建设进行补偿。如浙江省近年来公益林补偿标准不断提高，2017 年省级以上公益林最低补偿标准达到 40 元/亩·年，较 2004 年最初实付森林生态效益补偿制度的 8 元/亩·年提高了 4 倍。尽管补偿标准不断提高，但相对于农民对公益林建设的投入，以及公益林禁伐带来的机会成本而言，生态补偿仍然很低，距离农民的心理预期尚存在较大距离，农民对公益林偷砍偷伐的行为时有发生。要大幅提高补偿标准，单靠政府财政支持是非常困难的，需要从其他更多的渠道筹集资金。

公益林对于城镇环境的改善有着很大的作用。通过公益林的全面建设，将各种富有生机与活力的因素注入整个管理之中，形成城镇发展的后花园。将城镇发展需要的疏林地、低产、低效能的农村林业发展壮大起来，在城镇发展的绿色通道中形成具有生机活力的源泉，对于整个城镇生态建设的整体形象有着很大的促进作用，能全面改观城镇的整体面貌，提升城镇发展的品味，更好地吸引经济发展的有力因素，促进整个经济社会繁荣发展。同时，通过公益林的建设，可以调节城镇工业发展中污染的形成对空气的影响，恢复森林条件下的自然气候，有利于植被的生长，形成良好的气候现象，保持良好的城镇空气湿度，减少污染现象的发生，提升城镇空气质量，保障城镇居民的生活质量，对于整个城镇的生活品位与民生福祉有着很大的影响力。按照"谁受益、谁付费"的原则，城镇居民理应为公益林建设支付一定费用。那么，城镇居民对公益林建设的支付意愿如何？哪些因素对城镇居民的支付意愿有重要影响？对这些问题进行研究，可以为公益林综合管理、生态补偿标准的制定提供理论借鉴，具有较强的现实意义。

国内外有大量文献对居民的生态补偿支付意愿进行了研究，内容主要集中于以下三个方面：一是居民对流域（Loomis 等，2000；杜丽永等，2013）、自然保护区（戴其文等，2014）等生态区域生态补偿的支付意愿；二是居民对单一生态系统服务功能生态补偿支付意愿，包括耕地（Cho 等，2005）、森林（张眉和刘伟平，2011）、草地（巩芳等，2011）、湿地（于文金等，2011）、湖泊（Jorgensen 等，2000）等；三是居民对矿产（李国平和郭江，2012）、空气（陈永伟和陈立中，2012）、野生动植物（Martinez，2006）、生产废弃物（何可和张俊飚，2014）等资源开发与保护的生态补偿支付意愿。以上研究得出了很多富有价值的结论，为本书提供了坚实的基础。从研究方法看，现有文献在估算支付意愿（Willingness to Pay，WTP）及影响因素时，多采用 Tobit、Logit 以及多元线性等传统的一阶段回归模型，这容易产生估计偏差问题。因为传统的分布函数通常不包含零支付样本，所以如果零响应率越高，模型得出的 WTP 偏差也就越大（Reiser 等，1999）。考察居民的支付意愿，是典型的两阶段问题，首先是居民的支付态度，即是否愿意支付，其次是有支付意愿者的支付水平。Heckman 两阶段模型是处理这类问题的最好选择，可以有效解决模型估计偏差的问题。基于此，本节内容选择 Heckman 两阶段模型，分析浙江省城镇居民对公益林生态补偿的支付意愿及影响因素，以期得出一些有价值的结论。

（二）研究方法、变量选择及模型构建

1. 研究方法

考虑基本的样本选择模型：

$$d_i^* = z_i^* \alpha + \nu_i \qquad i = 1, 2, \cdots, N \qquad (8.1)$$

$$y_i^* = x_i^* \beta + \mu_i \qquad i = 1, 2, \cdots, N \qquad (8.2)$$

$$d_i = 1(d_i^* \geqslant c); d_i = 0(d_i^* < c) \qquad (8.3)$$

$$y_i = y_i^* \cdot d_i \qquad (8.4)$$

其中，式 8.1 是选择方程，式 8.2 是结果方程。y_i^*、d_i^* 分别为观测变量 y_i 和指示变量 d_i 所对应的潜变量；x_i^*、z_i^* 为外生变量；α、β 为未知参数；μ_i、ν_i 为误差项，其均数为零，且 $E[\mu_i | \nu_i] \neq 0$。式 8.3 和式 8.4 分别反映了 d_i 和 d_i^*、y_i 和 y_i^* 的对应关系，c 为某一临界值。当潜变量 $d_i^* \geqslant c$ 时，则 $d_i = 1$，反之则 $d_i = 0$。当 $d_i = 1$ 时，则 $y_i = y_i^*$，说明 y_i 是可以观测到的，当 $d_i = 0$ 时，则 y_i 是不能观测到的。由于结果方程中 x_i^* 和 μ_i、μ_i 和 ν_i 是相关的，则对于 $d_i = 1$ 的样本，如果简单地利用最小二乘法（OLS）进行参数估计，将出现非一致估计现象，即所谓的样本选择偏误。基于此，Heckman 等（1979）提出了一个便于计算的两阶段估计方法。这个方法需要对误差项分布进行如下假设。

假设：μ_i、ν_i 均服从分布 $N(0, \Sigma)$，其中 $\Sigma = \begin{pmatrix} \sigma_\mu^2 & \sigma_{\mu\nu} \\ \sigma_{\mu\nu} & \sigma_\nu^2 \end{pmatrix}$，且 (μ_i, ν_i) 与 z_i 相互独立。

利用两阶段估计方法，则当 $d_i = 1$ 时，结果方程可以表示为：

$$y_i = x_i^* \beta + \mu_i \qquad i = 1, 2, \cdots, N \qquad (8.5)$$

上述结果方程的条件数学期望可以表示为：

$$E[y_i | z_i, d_i = 1] = x_i \beta + E[\mu_i | z_i, d_i = 1] \qquad i = 1, 2, \cdots, N \quad (8.6)$$

在该假设条件下，可以得到 $E[\mu_i | z_i, d_i = 1] = \dfrac{\sigma_{\mu\nu}}{\sigma_\nu} \left\{ \dfrac{\psi(z_i^* \gamma / \sigma_\nu)}{\varphi(z_i^* \gamma / \sigma_\nu)} \right\}$。其中，$\psi(\cdot)$ 和 $\varphi(\cdot)$ 分别是标准正态分布函数的密度函数及分布函数。令 $\lambda_i = \dfrac{\psi(z_i^* \gamma / \sigma_\nu)}{\varphi(z_i^* \gamma / \sigma_\nu)}$，称为逆米尔利斯（Mills）系数。Heckman 等（1979）提出，首先对选择方程利用 Probit 模型得出 γ 和 σ_ν 的估计值，并构造逆米尔利斯系数的估计值 $\hat{\lambda}_i$；然后将 $\hat{\lambda}_i$ 作为自变量加入结果方程，可得到新的结果方程：

$$y_i = x_i \beta + \kappa \hat{\lambda}_i + \varepsilon_i \qquad (8.7)$$

2. 变量选择

居民对资源节约和环境保护（如公益林生态补偿）的支付意愿的影响因素有很多。现有研究结果显示，受访者的个人特征、家庭特征对居民的生态支付意愿具有重要影响。还有不少学者发现居民的环境及政策认知等变量也具有较强的解释作用，并且加入这些变量后，模型的解释和预测能力会大为提高。鉴于此，结合现有文献观点、本节内容研究目的及浙江省实际情况，主要选择以下变量。

（1）因变量

居民支付意愿（Y），即城镇居民对公益林生态补偿的支付态度和支付水平。首先判断居民的支付态度，即是否愿意支付，然后再分析愿意支付者的支付水平。

（2）自变量

第一，受访者个人特征。主要包括：①性别（X_1），反映性别差异对居民支付意愿的影响；②年龄（X_2），反映年龄、社会阅历、健康程度等对居民支付意愿的影响；③文化程度（X_3），反映学习能力和文化水平对居民支付意愿的影响。

第二，受访者家庭特征。主要包括：④家庭人口数量（X_4），反映家庭规模对居民支付意愿的影响；⑤家庭人均可支配收入（X_5），反映生活水平和富裕程度对居民支付意愿的影响；⑥家庭社会地位（X_6），反映家庭社会影响力和社会关注度对居民支付意愿的影响；⑦家庭住宅与森林距离（X_7），反映住宅是否接近公益林对居民支付意愿的影响；⑧家庭成员人均户外锻炼时间（X_8），反映户外锻炼习惯对居民支付意愿的影响。

第三，受访者的环境及政策认知程度。主要包括：⑨对生态环境的关注度（X_9），反映居民环境关注度对支付意愿的影响；⑩对生态环境的满意度（X_{10}），反映居民环境满意度对支付意愿的影响；⑪对公益林重要性的认识（X_{11}），反映居民是否了解公益林的生态作用对支付意愿的影响；⑫对公益林建设所需资金投入的认识（X_{12}），反映居民是否了解公益林建设投入对支付意愿的影响。

变量选取及赋值说明如下（表 8.1）。

表 8.1 变量选取及赋值

变量代码	变量名称	变量含义及赋值
Y	支付意愿（元/年）	0＝"0"；1＝"1～50"；2＝"51～100"；3＝"101～300"；4＝"301～500"；5＝"＞500"
X_1	性别	0＝"女"；1＝"男"

变量代码	变量名称	变量含义及赋值
X₂	年龄（岁）	1＝"≤30"；2＝"31～45"；3＝"46～60"；4＝"＞60"
X₃	文化程度	1＝"小学及以下"；2＝"初中"；3＝"高中及中专"；4＝"大专及以上"
X₄	家庭人口数量（人）	1＝"1～2"；2＝"3～4"；3＝"≥5"
X₅	年人均可支配收入（元）	1＝"1～20000"；2＝"20001～40000"；3＝"40001～60000"；4＝"＞60000"
X₆	家庭社会地位	0＝"家庭成员中没有政府及企事业单位领导"；1＝"家庭成员中有政府及企事业单位领导"
X₇	住宅与森林距离（千米）	1＝"≤2.0"；2＝"2.1～5.0"；3＝"5.1～10.0"；4＝"＞10.0"
X₈	户外锻炼时间（小时/日）	1＝"≤0.5"；2＝"0.6～1.0"；3＝"1.0～2.0"；4＝"＞2.0"
X₉	对生态环境关注度	1＝"非常不关注"；2＝"比较不关注"；3＝"一般"；4＝"比较关注"；5＝"非常关注"
X₁₀	对生态环境满意度	1＝"非常不满意"；2＝"比较不满意"；3＝"一般"；4＝"比较满意"；5＝"非常满意"
X₁₁	对公益林重要性的认识	1＝"非常不重要"；2＝"比较不重要"；3＝"一般"；4＝"比较重要"；5＝"非常重要"
X₁₂	对公益林建设所需资金量的认识	1＝"非常小"；2＝"比较小"；3＝"一般"；4＝"比较大"；5＝"非常大"

3. 模型构建

本节内容研究对象是城镇居民对公益林生态补偿的支付意愿，由于在调查样本中，有一部分居民不愿意进行支付，即存在零响应样本。早期处理方法是将零支付样本直接剔除或用很小的正数代替。直接剔除不仅混淆了零响应和抗议性响应的不同含义，而且造成信息量损失，甚至产生样本选择偏差；而用很小的正数来代替零响应者的真实 WTP，则存在很大的主观随意性，也缺乏理论依据。因此，本文拟采用 Heckman 两阶段模型，对城镇居民的支付态度和支付水平的影响因素进行估计。第一阶段利用 Probit 模型，考察城镇居民对公益林生态补偿有无支付意愿（支付态度）的影响因素；第二阶段利用多元线性回归模型，进一步对有支付意愿居民的支付水平及其影响因素进行分析。具体模型如下：

$$Z = \alpha_0 + \alpha_1 X_1 + \alpha_2 X_2 + \alpha_3 X_3 + \alpha_4 X_4 + \alpha_5 X_5 + \alpha_6 X_6 + \alpha_7 X_7 + \alpha_8 X_8 +$$
$$\alpha_9 X_9 + \alpha_{10} X_{10} + \alpha_{11} X_{11} + \alpha_{12} X_{12} + \nu \qquad (8.8)$$

$$Y = \beta_0 + \beta_1 X_1 + \beta_2 X_2 + \beta_3 X_3 + \beta_4 X_4 + \beta_5 X_5 + \beta_6 X_6 + \beta_7 X_7 + \beta_8 X_8 +$$
$$\beta_9 X_9 + \beta_{10} X_{10} + \beta_{11} X_{11} + \beta_{12} X_{12} + \kappa \lambda + \mu \qquad (8.9)$$

其中：式 8.8 为 Heckman 第一阶段的 Probit 模型，Z 是因变量，表示城镇居民对公益林生态补偿有支付意愿的概率；式 8.9 为 Heckman 第一阶段的多元线性回归模型，Y 是因变量，表示有支付意愿居民的支付水平，与普通最小二乘法不同的是，模型中加入了逆米尔利斯系数，这较好地解决了样本偏差的问题。$X_1, X_2, \cdots, X_{12}$ 为自变量；$\alpha_1, \alpha_2, \cdots, \alpha_{12}$ 和 $\beta_1, \beta_2, \cdots, \beta_{12}$ 以及 κ 均为待估计参数；μ、ν 为残差项；λ 为逆米尔利斯系数，其计算公式为：

$$\lambda = \frac{\varphi(\alpha_0 + \alpha_1 X_1 + \alpha_2 X_2 + \cdots + \alpha_{12} X_{12})}{\varphi(\alpha_0 + \alpha_1 X_1 + \alpha_2 X_2 + \cdots + \alpha_{12} X_{12})} \qquad (8.10)$$

（三）数据来源及样本特征

1. 数据来源

本节内容以浙江省城镇居民为调查对象。样本产生方法为：在浙江省 11 个地市中，各随机选择 3 个县（市、区），每个县（市、区）各随机选择 30 人进行调查。具体调查时，由事先经过培训的在校大学生，在样本县（市、区）的游乐场、广场、商场等人群集中的地方，面对面进行随机抽样问卷调查。这样调查人员和受访者可以面对面交流，避免受访者由于对问卷理解困难而可能产生的误差。随机调查可以保证受访者在总体中的均匀分布，避免倾向性误差出现，也可以保证受访者的相互独立，样本代表性更强。本次调查累计发放问卷 990 份并全部回收，剔除那些明显随意作答、关键信息缺失的问卷，实际有效样本数为 932 份，问卷有效回收率为 94.14%。

问卷内容主要包括三个部分：其一，受访者个人及家庭特征。主要调查选项有性别、年龄、文化程度、家庭人口数量、家庭人均可支配收入、家庭成员中是否有公务员及其他单位干部、家庭住宅与森林距离、家庭成员人均户外锻炼时间等。其二，受访者对环境及政策的认知情况。主要调查选项有对生态环境关注度、对生态环境满意度、对公益林重要性认识、对公益林建设所需资金量的认识等。其三，受访者对公益林生态补偿的支付意愿。首先是受访者支付态度，即是否愿意支付。如果受访者选择不愿意支付，则继续询问其不愿意支付的原因；如果受访者选择愿意支付，则继续询问愿意支付的金额和支付方式，以及愿意支付的主要原因。

2. 样本分布特征

调查样本的分布情况如下：性别方面，女性 501 人，占 53.76%，男性 431 人，占 46.24%；年龄方面，被调查人员以壮年和中年为主，年龄在 31 ~ 60 岁之间的人数为 591，占总样本的 63.41%，其余年龄段人数为 341，占总样本的 36.59%；文化程度方面，被调查人员以中学文化为主，高中及初中文化水平的人数为 560 人，占总样本的 60.09%，其余文化层次的人数为 372，占总样本的 39.91%；家庭规模方面，523 个被调查人员家庭人口数为 3—4 人，占总样本的 56.12%，其余 309 个家庭人口数为 2 个及以下，或 5 个及以上，占总样本的 43.88%；家庭人均可支配收入方面，2 万—4 万元的有 338 人，4 万—6 万元的有 307 人，分别占总样本的 36.27% 和 32.94%，大于 6 万元和小于 2 万元的共 287 人，占总样本的 30.88%；社会地位方面，544 个家庭没有政府或企事业单位领导，占总样本的 58.37%，其余 388 个家庭中有政府或企事业单位领导，占总样本的 41.63%；家庭住宅与森林距离方面，选择 2 千米—5 千米、5 千米—10 千米的分别为 284 人和 236 人，分别占总样本的 30.47% 和 25.32%，选择小于 2 千米或大于 10 千米的共有 412 人，占总样本的 44.21%；家庭成员人均户外锻炼时间方面，546 人选择小于 0.5 小时或在 0.5—1 小时，占总样本的 58.58%，386 人选择 1—2 小时或大于 2 小时，占总样本的 41.42%；对生态环境的关注度方面，共 485 人选择比较关注或非常关注，占总样本的 52.04%，只有 242 人选择比较不关注或非常不关注，占总样本的 25.96%，其余的 205 人选择一般，占总样本的 22.00%；对生态环境的满意度方面，共 540 人选择比较不满意或非常不满意，占总样本的 57.94%，只有 178 人选择比较满意或非常满意，占总样本的 19.10%，其余的 214 人选择一般，占总样本的 22.96%；对公益林重要性的认识方面，362 人选择比较重要或非常重要，占总样本的 38.84%，374 人选择一般，占总样本的 40.13%，其余 196 人选择比较不重要或非常不重要，占总样本的 21.03%；对公益林建设所需资金量的认识方面，372 人选择比较小或非常小，占总样本的 39.92%，328 人选择一般，占总样本的 35.19%，232 人选择比较大或非常大，占总样本的 24.89%。

（四）城镇居民支付意愿结果及分析

1. 城镇居民支付意愿的总体情况

调查结果显示（图 8.1），在 932 份有效问卷中，有 674 个被调查人员选择愿意对公益林生态补偿进行支付，占总样本的 72.32%；258 人选择不愿意支付，占总样本的 27.68%。在有支付意愿的 674 人中，195 人选择 50 元 < Y ≤ 100 元，占 28.93%；169 人选择 100 元 < Y ≤ 300 元，占 25.07%；148 人选择 0 元 < Y ≤ 50 元，占 21.96%；108 人选择 300 元 < Y ≤ 500 元，占 16.02%；54 人选择 Y > 500 元，占 8.02%。

关于愿意支付的原因，主要集中于以下几方面：①为了改善生态环境，保护身体健康；②响应政府的号召；③该支出占家庭总支出比重较小；④别人这么做，我也这么做。关于愿意的支付方式，调查结果显示：39.02%的受访者选择以纳税形式上缴，32.05%的受访者选择以购买生态彩票的形式进行支付，17.06%的受访者选择捐赠并委托某一基金组织专用，11.87%的受访者选择以现金形式上交给政府。由于税收具有公平性、强制性等特征，大多数受访者选择了税收的形式。很多人都有一种博彩心理，购买生态彩票既可响应国家政策，又存在一定中奖概率，因此也被较多受访者所接受。捐赠方式没有硬性约束，而且会给捐赠者带来一定的道德满足感，基金组织可以有效地利用好资金，因此也有一定的接受度。

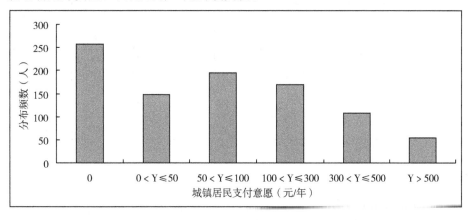

图 8.1　城镇居民公益林生态补偿支付意愿频数

在选择不愿意支付的受访者中，进一步调查不愿意支付的原因。主要包括：①公益林建设是政府职责，不应由居民另行付费；②企业是主要的污染源，应由污染企业出资；③应由各种环境保护组织出资；④居住地远离森林，公益林建设对自己帮助不大；⑤家庭经济比较困难，支付能力有限；⑥对公益林建设资金的管理和使用缺乏信心，可能存在资金挪用甚至贪污情况。

2. 城镇居民支付意愿的影响因素

基于 Stata12.0 软件的 Heckman 两阶段分析模块，将城镇居民生态补偿支付意愿数据作为因变量，对应的居民个人特征、家庭特征及对环境和政策的认知等调查数据作为自变量，代入式 8.8 和式 8.9 进行估计。结果如表 8.2 所示。

表 8.2　模型估计结果

	Probit 模型				多元线性回归模型		
	系数 Coefficient	误差项 Error term	Z 统计值 Z statistics		系数 Coefficient	误差项 Error term	Z 统计值 Z statistics
C	−1.862＊＊	0.585	−3.155	C	−2.336＊＊	2.702	−1.884
X_1	0.208＊	1.014	1.072	X_1	0.312＊	1.080	2.045
X_2	0.348＊＊	0.812	2.663	X_2	0.016	0.114	0.430
X_3	0.252＊＊	1.036	3.440	X_3	0.442＊＊＊	1.246	1.869
X_4	0.022	0.228	0.651	X_4	0.010	0.076	0.122
X_5	0.764＊＊＊	1.926	5.288	X_5	1.026＊＊＊	2.552	6.209
X_6	0.515＊＊＊	2.102	4.226	X_6	0.148＊	0.446	1.214
X_7	−0.472＊＊＊	0.966	−1.638	X_7	−0.762＊＊＊	1.420	−2.886
X_8	0.016	0.067	0.335	X_8	−0.033	1.046	−1.033
X_9	0.608＊＊＊	1.382	3.700	X_9	0.364＊＊	1.338	3.068
X_{10}	0.184＊	0.552	1.806	X_{10}	0.131＊	0.222	1.412
X_{11}	0.904＊＊＊	0.000	7.121	X_{11}	0.725＊＊＊	1.336	4.200
X_{12}	0.204＊	0.812	1.122	X_{12}	0.320＊	1.052	1.744
				λ	0.882＊＊＊	1.224	2.006

注：＊、＊＊、＊＊＊分别表示在 10％、5％、1％水平下通过统计检验。

(1) 个人特征因素

性别（X_1）在两阶段模型中的回归系数均为正且通过统计检验，说明女性居民对公益林生态补偿支付意愿和支付水平均显著低于男性居民。原因可能是女性居民对国家生态环境政策以及公益林建设的重要性认识不足，导致支付意愿偏低。

年龄（X_2）在第一阶段模型中系数为正且通过检验而在第二阶段模型中系数未通过检验，说明随着居民年龄增加，其对公益林生态补偿支付意愿增加，但对支付水平影响不大。这可解释为：随着年龄增加和社会阅历更加丰富，居民对身体健康和对生态环境质量的关注度有所增强，因此支付意愿会更强烈。但支付水平可能还受收入、环境认知等其他因素影响，并未显著增加。调查结果显示，60岁以上的样本，支付意愿显著高于其他年龄样本，但支付水平多集中于较低层次。

文化程度（X_3）在两阶段模型中回归系数均为正且通过检验，说明随着居民文化程度提升，其对公益林生态补偿支付意愿及支付水平均显著增加。文化程度越高，居民越能理解公益林建设对改善生态环境的重要性，以及对公益林建设进行生态补偿的必要性，因此更愿意为公益林建设付费。

（2）家庭特征因素

家庭人口数量（X_4）在两阶段模型中的回归系数均未通过统计检验，说明家庭人口数量对城镇居民支付意愿和支付水平没有显著影响。

家庭人均可支配收入（X_5）在两阶段模型中回归系数均为正且通过检验，说明随着家庭人均可支配收入提高，居民对公益林生态补偿支付意愿及支付水平均显著增加。居民收入水平提高后，对休闲、旅游、养生等精神需求大幅上升，进而对生态环境、空气质量提出了更高的要求，因此对公益林建设付费的意愿和水平也会明显提高。

社会地位（X_6）在两阶段模型中回归系数均为正且通过检验，说明如果家庭成员中有政府或者企事业单位领导，居民对公益林生态补偿支付意愿及支付水平均显著增加。政府或企事业单位领导是社会地位相对较高的职业或岗位，其行为受到社会的广泛关注并且具有一定的表率作用，加上这些人往往文化层次和收入水平较高，因此对公益林建设付费的意愿和能力也相对较高。

家庭住宅与森林距离（X_7）在两阶段模型中回归系数均为负且通过检验，说明家庭住宅离森林越远，居民对公益林生态补偿支付意愿及支付水平就越低。公益林的空气净化功能及其他生态改善效应往往具有一定的半径范围，如果住宅距离森林太远，居民会降低对公益林生态效益的预期，认为自己享受不到好处，因此对公益林建设付费的意愿和水平也会下降。

家庭成员人均户外锻炼时间（X_8）在两阶段模型中的回归系数均未通过统计检验，说明户外锻炼时间对城镇居民支付意愿及支付水平没有显著影响。

户外锻炼时间较长的受访者大多为 30 岁以下的年轻人和 60 岁以上的老年人，虽然对公益林建设有一定的支付意愿，但由于收入较低等原因，他们支付水平却相对偏低。

（3）环境及政策认知因素

生态环境关注度（X_9）在两阶段模型中回归系数均为正且通过检验，说明如果居民对生态环境、空气污染问题等比较关注，其对公益林生态补偿支付意愿及支付水平会有所提高。随着生态文明建设进程的不断深入，居民的生态环境意识和关注程度不断提高，对国家生态环境政策了解程度也会加深，因此对公益林建设付费的意愿和水平也会提高。

生态环境满意度（X_{10}）在两阶段模型中回归系数均为正且通过检验，说明如果居民对生态环境、空气质量等比较满意，其对公益林生态补偿支付意愿及支付水平会有所提高。生态环境是区域重要的公共物品，与当地居民的身心健康息息相关，对生态环境的满意度一定程度上可以体现居民对政府履行职能的满意度。满意度越高，居民对政府政策的认可度和支持度就越高，其对公益林建设付费的意愿和水平也会提高。

公益林重要性认识（X_{11}）在两阶段模型中回归系数均为正且通过检验，说明随着居民对公益林重要性认识的加深，其对公益林生态补偿支付意愿及支付水平会有所提高。公益林可以吸附灰尘、降低噪音、吸收二氧化碳和二氧化硫，可以有效调节城市气候，生态效益十分明显。如果城镇居民能深刻认识到公益林重要性，其对公益林建设付费的意愿和水平也会提高。

公益林建设所需资金量认识（X_{12}）在两阶段模型中回归系数均为正且通过检验，说明随着居民对公益林建设所需资金量认识的加深，其对公益林生态补偿支付意愿及支付水平会有所提高。公益林建设需要大量资金，完全依赖政府财政投入，势必会存在较大资金缺口，如果居民对此有足够的认识，其对公益林建设付费的意愿和能力也会提高。

二、农户对公益林生态补偿的受偿意愿（WTA）

（一）农户公益林受偿意愿问题的提出

公益林建设是国家推行的重要生态项目，是一项服务于整个社会，受益于全体民众的公益事业，具有显著的正外部性，因此国家需要给予一定的经济补偿。但总体而言，目前我国对公益林建设的补偿激励尚存在一些问题，如补偿标准很低、经营吸引力差、配套措施不足等，农户参与积极性不高，乱砍滥伐现象时有发生（梁增然，2015）。因此，弄清楚农户受偿意愿及其影响因素，对科学制定补偿标准、推动生态公益林建设具有重要意义。

有关生态环境和资源保护的管理机制很多，归纳起来看，主要有基于经济手段的生态补偿和基于行政手段的强制管制机制。在市场经济条件下，生态补偿机制是全球生态保护领域最有效的管理途径。目前，国内外有较多文献对居民参与生态建设的受偿意愿进行了研究，内容涉及流域（Rocio，2012）、湿地（Yu 和 Belcher，2011）、农田（余亮亮等，2015；蔡银莺等，2011）、矿产（李国平等，2011）等众多领域。关于公益林（森林）生态补偿，现有文献集中于补偿标准（Lindhjema，2012）、居民支付意愿（吴小旋等，2013）、农户参与意愿（姜波等，2011）等内容，对农户受偿意愿关注不够。

本节内容在现有文献基础上，基于浙江省丽水市调研数据，利用条件价值法和右端截取模型，对农户参与公益林建设的受偿意愿及影响因素进行实证研究，以期得出一些有价值的信息，为公益林生态补偿标准制定提供理论依据。

（二）研究区域、研究方法与假设

1. 研究区域

丽水市地处浙江省西南部浙闽两省交界处，是浙江省陆地面积最大的地级市，地势以丘陵、中山地貌为主，由西南向东北倾斜。境内设莲都区、龙泉市、缙云县、青田县、松阳县、遂昌县、庆元县、云和县和景宁县等9个县（市、区），总面积为17298平方千米。其中景宁县是我国唯一的畲族自治县。丽水市素有"浙南林海"之称，从1999年开始实施退耕还林、千里绿色长廊和生态公益林建设。截至2014年底，丽水市省级以上公益林面积达1163.3万亩（包括国家级330.8万亩和省级832.5万亩），占全省公益林总面积的29%，占全市林业用地面积的53%。其中公益林优质林分面积达到907万亩，占丽水全市公益林总面积的78%。从2004年开始实施公益林生态补偿制度以来，到2014年底，丽水市发放公益林补偿资金已累计20.10亿元，受益村集体3294个，受益农户达21.5万户。公益林补偿金已经成为农民长期增收的重要来源之一。

2. 研究方法

条件价值法（Contingent Valuation Method，CVM）是一种典型的陈述偏好的价值评估方法，以希克斯（Hicks）的效用函数为基础，通过构造环境资源与服务虚拟市场，直接询问人们对于实施资源保护或环境效益改善的支付意愿（Willingness To Pay，WTP），或者对于资源或环境质量受损的受偿意愿（Willingness To Accept，WTA），并以此来估计环境效益改善或环境质量损失的经济价值。CVM 主要包括 4 种引导受访者受偿意愿的方式，即开放式、投标博弈式、二分选择式和支付卡式。与其他三种引导方式相比，支付卡式优势非常明显：第一，从原始数据中可以直接得出受访者的受偿意愿；第二，支付卡为受访者提供了一系列表示受偿意愿的货币金额，受访者投标环境良好，不会产生大量的极端异常值，也不会出现起始点偏误。因此，本文将采取支付卡方式来引导受访农户参与公益林建设的受偿意愿。

3. 研究假设

受偿意愿是生态产品供给方在家庭经济社会特征、生产要素投入等众多约束条件下对效用（福利）水平变化的反映。首先，生态功能区农户作为生态产品供给方，为了保护当地生态环境，不得不牺牲部分发展权，但每个农户的自身素质、生计因素并不完全相同，其（间接）效用函数形式存在一定差异，从而提供生态产品的福利水平也不同，可能会对农户的受偿意愿产生一定影响。其次，在市场经济背景下，农户林业生产要素投入因素对林业经营效率有重要影响。农户林业生产要素主要包括林地面积、林业生产投资和劳动力人数等。山林面积的大小、分散程度直接影响林农的经营方式和生产积极性；如果自身林业经营生产投资较小，或者家庭劳动力短缺，农户自身将难以开展有效的林业经营，林业经营绩效会下降。因此对农户的林业生产要素投入因素进行考察是必要的。再次，根据行为科学理论，农户在进行生产经营决策时，其对相关政策及生态环境的认知情况往往会产生重要影响。我国实行了很多生态工程项目（如退耕还林），通过提供技术培训、现金补贴等形式减少了农户保护生态环境的机会成本，同时提升了农户的收入预期，使得农户提供生态产品的意愿大大增加。另外，农户所处区域的生态环境状况及农户对政府的满意度等都可能对农户真实受偿意愿产生影响。基于上述分析和相关经济理论，本书提出如下研究假设。

假设 1：农户的个人及家庭经济社会特征差异会对农户参与公益林建设的受偿意愿产生潜在影响。

假设 2：农户的林业生产经营投入变量会对农户受偿意愿产生潜在影响。

假设 3：农户对政策、环境的认知因素会对农户受偿意愿产生潜在影响。

(三) 数据来源、模型构建与变量说明

1. 数据来源

由于 CVM 并未进行实际的市场观察，只是从受访者的回答中得到受偿意愿，可能会存在一些偏差。因此，需要通过精心设计问卷、样本数量较大、进行随机调查等来降低偏差的影响。为了减少偏差，在正式调查前，对丽水市莲都区 60 个农户进行了预调查，通过充分模拟真实市场，修正了问卷中不恰当的提问方式，同时得到初始投标值的预计范围。

修正后调查问卷主要内容包括两部分：第一部分是受访农户个人及其家庭的社会经济特征、林业生产经营投入情况、政策及环境认知因素等，如受访者的性别、文化程度、年龄、是否村干部、家庭人均纯收入、农业劳动力数量、林地面积、政策满意度、公益林重要性认识等。第二部分是农户参加公益林建设的受偿意愿，只有一个问题：如果政府将您的山林划定为生态公益林，您认为每年最少应补偿多少金额（元/亩），才能弥补您家的损失？具体选项包括：0 元、10 元、20 元、30 元、40 元、50 元、70 元、100 元、150 元、200 元、200 元以上。

本节内容以浙江省丽水市农户为调查对象。样本产生方法为：在丽水市 9 个县（市、区）中，各随机选择 3 个乡（镇），每个乡（镇）各随机选择 3 个行政村，每个行政村随机选择 10—15 个农户作为调查对象。具体调查时，由事先经过培训的在校大学生到样本村随机入户面对面调查。本次调查共发放问卷 1068 份并全部回收，剔除那些明显随意作答、关键信息缺失的问卷，实际有效样本数为 987 份，问卷有效回收率为 92.42%。受访者基本特征如表 8.3 所示。

表 8.3　受访者基本特征

变量	变量说明	频数	比例（%）	变量	变量说明	频数	比例（%）
性别	男	519	52.6	家庭成员是否有村（镇）干部	有	165	16.7
	女	468	47.4		没有	822	83.3

续表

变量	变量说明	频数	比例（%）	变量	变量说明	频数	比例（%）
年龄	≤30 岁	179	18.1	农业劳动力人数	≤2 人	275	27.9
	31－45 岁	305	30.9		3－4 人	387	39.2
	46－60 岁	277	28.1		≥5 人	325	32.9
	>60 岁	226	22.9	人均纯收入	≤5000 元	40	4.0
文化程度	小学及以下	259	26.2		5001－10000 元	215	21.8
	初中	343	34.8		10001－15000 元	355	36.0
	高中（含中专）	305	30.9		15001－20000 元	274	27.8
	大专及以上	80	8.1		>20000 元	103	10.4

在调查的有效样本中，男性 519 人，略多于女性；受访者中年龄最小 22 岁，最大 71 岁，主要集中于 31－60 岁之间；文化程度以初中为最多，其次分别为高中（含中专）和小学及以下，大专及以上文化程度者仅占 8.1%；有 16.7% 的农户家庭成员中有村（镇）干部或党员；约 40% 的农户家庭中农业劳动力人数为 3－4 人，约 33% 的农户为 5 人及以上；家庭人均纯收入主要集中于 10001－15000 元和 15001－20000 元，5000 元以下的仅占 4.0%。

2. 模型构建

调查结果显示，有部分农户选择的受偿意愿比支付卡投标上限值要高，即选择 200 元/亩以上。受访者报告的 WTA 高于支付卡投标上限值，与 CVM 调研过程中的经验事实相符，这是受访者选择的策略性行为，高报真实 WTA，类似于在支付意愿调研中出现的抗议性零支付现象。如果直接将这些样本纳入分析，或者直接剔除，都将可能导致估计结果产生策略性偏差（Strategic bias）。为了有效利用这部分样本，避免策略性偏差，本书采用右端截取模型（Censored model）来进行分析。右端截取模型一般形式为：

$$y_i^* = \beta_0 + X_i\beta + \mu_i, \mu_i \sim N(0, \sigma^2), i = 1, 2, \cdots, n$$

$$y_i = \begin{Bmatrix} y_i^*, 若 \ y_i^* < R \\ R, 若 \ y_i^* \geqslant R \end{Bmatrix} \tag{8.11}$$

式 8.11 中，y_i^* 为潜变量，符合经典线性模型条件，即服从条件均值为线性的正态同方差分布。根据上述方程，当 $y_i^* < R$ 时，所观测的 y_i 等于 y_i^*；反之，y_i 等于 R。据此，本文设定如下截取回归模型，来分析农户受偿意愿的影响因素：$y_i^* \geqslant R$

$$WTA^* = \alpha + X\beta + \mu \tag{8.12}$$

式 8.12 中，WTA^* 是农户报告的受偿意愿，X 为影响农户受偿意愿的不同因素，α、β 为待估计系数，μ 为随机误差项。

3. 变量说明

本节内容因变量是利用问卷调查得到的农户受偿意愿值。自变量主要包括三类：第一类是受访者个人及家庭经济社会特征因素，主要包括性别、年龄、文化程度、家庭成员是否有村（镇）干部及党员、家庭人均纯收入；第二类是农户林业经营要素投入变量，主要包括农业劳动力人数、林地面积、林业投资占家庭支出比重；第三类是农户对政策、环境的认知变量，主要包括对公益林重要性的认识、对政府政策的满意度、对当地生态环境的满意度。自变量含义及描述性统计结果如表 8.4 所示。

表 8.4　自变量含义及描述性统计结果

变量	变量说明	最小值	最大值	均值	标准差
	（1）个人及家庭经济社会特征变量				
X_1	性别（0＝女，1＝男）	0	1	0.526	0.499
X_2	实际年龄（岁）	22	71	42.34	11.26
X_3	文化程度（1＝小学及以下，2＝初中，3＝高中或中专，4＝大专及以上）	1	4	2.209	0.923
X_4	家庭成员是否有村（镇）干部及党员（0＝没有，1＝有）	0	1	0.167	0.373
X_5	家庭人均纯收入对数值	7.79	10.27	9.64	0.86
	（2）农户林业经营要素投入变量				
X_6	农业劳动力人数（人）	1	7	3.547	1.643
X_7	林地面积（亩）	0	128	37.82	44.63
X_8	林业投资占家庭支出比重（1＝10%以下，2＝10%－30%，3＝30%－50%，4＝50%以上）	1	4	2.875	1.227
	（3）农户对政策、环境的认知变量				
X_9	对公益林重要性的认识（1＝不重要，2＝一般，3＝重要）	1	3	2.246	1.045
X_{10}	对政府政策的满意度（1＝不满意，2＝一般，3＝满意）	1	3	1.463	0.514
X_{11}	对当地生态环境的满意度（1＝不满意，2＝一般，3＝满意）	1	3	2.377	1.208

（四）农户受偿意愿研究结果与分析

1. 农户受偿意愿的统计分析

生态功能区农户参与公益林建设、提供生态产品可能会影响当地的经济发展，即当其他条件不变时，生态功能区农户为保护生态环境而不得不放弃一些工业和农业经营活动时，会减缓当地经济发展速度，导致农户的福利水平受损，因此需要给予一定的补偿。

在 987 个有效样本中，965 个农户表示愿意接受公益林建设生态补偿，其中受偿意愿频次最高的两个等级是 50 元/亩和 100 元/亩，分别有 157 人次和 148 人次，分别占样本总量的 15.91％和 14.99％。受访农户受偿意愿的均值为 96 元/亩，中位数为 70 元/亩。其中 122 个农户报告的 WTA 为 200 元/亩，高于支付卡上限值，占样本总量的 12.38％，这可能是受访农户采取的策略性行为，故意高报真实 WTA。

此外，有 22 个受访农户明确表示不愿意参与公益林建设并且受偿意愿为零，调查人员进一步询问了不愿接受补偿的原因。主要包括：第一，政府将农户山林纳入公益林管理并未事先征求农户意愿，而是强制性要求；第二，补偿金额太少，根本不足以弥补农户因参与公益林建设而导致的发展权和收入损失；第三，对政府不信任，认为地方政府不作为和村委会腐败现象非常严重，农户很难拿到足额补偿金。调查中还发现，在愿意接受公益林建设生态补偿的受访农户中，也有相当一部分农户表示了对地方政府和村委会的不信任，以及对公益林生态补偿政策实施力度的担心。

表 8.5　受访者 WTA 累计频率分布

WTA	绝对频次	相对频度（％）	调整频度（％）	累计频度（％）
10	16	1.62	1.66	1.66
20	32	3.24	3.32	4.98
30	105	10.64	10.88	15.86
40	83	8.41	8.60	24.46
50	157	15.91	16.27	40.73
70	115	11.65	11.92	52.65
100	148	14.99	15.34	67.99
150	90	9.12	9.33	77.32

续表

200	97	9.83	10.05	87.37
200以上	122	12.36	12.63	100
愿意接受（WTA＞0）	965	97.77	100	
拒绝接受（WTA＝0）	22	2.23		
总计	987	100		

2. 农户受偿意愿的影响因素分析

利用 Stata12 软件，对前文构建的右端截取模型进行估计，结果见表 8.6。模型的 LR 统计量为 78.42，同时在 1% 显著性水平下通过检验，说明模型整体拟合程度较好。为了更好地解释各变量对农户受偿意愿的影响大小，本书进一步估计了各变量的边际效应。

表 8.6　模型估计结果及边际影响

变量	模型 1		模型 2	模型 3
	β	dy/dx	β	β
X_1	4.236 (0.782)	2.733 (0.780)	3.538 (0.692)	3.361 (0.704)
X_2	2.672** (2.238)	1.448** (2.238)	2.633* (2.179)	2.595* (2.146)
X_3	−27.63*** (−2.921)	−18.66*** (−2.924)	−32.87*** (−2.834)	−33.18*** (−3.005)
X_4	−216.3*** (−3.155)	−128.5*** (−3.155)	−222.5*** (−3.426)	−208.4*** (−3.229)
X_5	−5.284** (−2.414)	−3.022** (−2.414)		
X_6	15.54*** (2.622)	9.116*** (2.621)	13.50*** (2.558)	13.16*** (2.812)
X_7	3.766** (2.285)	2.024** (2.282)	3.546** (2.305)	3.388** (2.364)
X_8	34.55*** (2.772)	18.45*** (2.770)	32.62*** (2.813)	31.18*** (2.906)

变量	模型 1		模型 2	模型 3
	β	dy/dx	β	β
X_9	-15.46^*	-8.726^*	-17.18^{**}	-17.82^{**}
	(-2.112)	(-2.117)	(-2.418)	(-2.264)
X_{10}	-21.38^{**}	-12.39^{**}	-22.42^{**}	-23.02^{**}
	(-2.329)	(-2.330)	(-2.348)	(-2.485)
X_{11}	-18.27^{***}	-10.08^{***}	-20.05^{***}	-20.64^{***}
	(-3.094)	(-3.102)	(-3.226)	(-3.162)
constant	-58.72^{***}		-64.26^{***}	-66.15^{***}
	(-4.216)		(-4.104)	(-4.332)
LR χ^2	78.42		72.38	67.27
Pseudo R^2	0.069		0.052	0.047
样本量	965		965	987

注：*、**、***分别表示在 1%、5%、10%显著性水平下通过检验。

（1）农户个人及其家庭的社会经济特征因素的影响

由表 8.6 可知，在农户个人及其家庭的社会经济特征因素中，除性别（X_1）外，年龄（X_2）、文化程度（X_3）、家庭成员是否有村（镇）干部及党员（X_4）、家庭人均纯收入（X_5）这四个变量对农户受偿意愿均存在显著影响，假设 1 得到了验证。

年龄对农户受偿意愿在 5%水平下有显著的正向影响。由边际效应值可知，年龄每增加一岁，农户受偿意愿将提高约 1.45%。这可以解释为青壮年群体劳动力素质总体较高，外出务工机会多，对林地的依赖程度小，随着年龄增加，劳动力转移更加困难，收入来源更加单一，对林地的依赖程度不断加深，因此公益林受偿意愿增加。

文化程度对农户受偿意愿在 1%水平下有显著的负向影响。由边际效应值可知，文化程度每提高一个层次，农户受偿意愿将降低约 18.66%。这主要是因为文化程度越高，可供选择的就业机会越多，生计模式更加丰富，从事林业经营的机会成本越大，对林地的依赖程度就会下降，因此受偿意愿减少。

家庭成员是否有村（镇）干部及党员对农户受偿意愿在 1%水平下有显著的负向影响。由边际效应值可知，家庭成员没有村（镇）干部及党员，农户受偿意愿将会提高 128.5%。这主要是因为村（镇）干部及党员总体政治觉悟较高，其言行受到社会的广泛关注，加上公益林建设的政治属性，因此他们的受偿意愿会更低。

家庭人均纯收入对农户受偿意愿在5%水平下有显著的负向影响。由边际效应值可知，家庭人均纯收入每提高1%，农户受偿意愿就会下降约3.02%。这主要是因为农户收入水平越高，对生态补偿额度的期待就越低，同时从事林业经营的机会成本就越大；反之，农户收入水平越低，生产生活质量不尽如人意，越希望通过公益林生态补偿来改变目前的贫困状况。

（2）农户的林业生产经营投入因素的影响

由表8.6可知，农户的林业生产经营投入因素中，农业劳动力人数（X_6）、林地面积（X_7）、林业投资占家庭支出比重（X_8）这三个变量对农户受偿意愿均存在显著影响，假设2得到了验证。

农业劳动力人数对农户受偿意愿在1%水平下有显著的正向影响。由边际效应值可知，农业劳动力人数每增加一个，农户受偿意愿将提高约9.12%。这主要是因为农业劳动力人数越多，农户可以投入更多的劳动力从事林业经营，对林地的依赖程度会增加，因此受偿意愿会更高。

林地面积对农户受偿意愿在5%水平下有显著的正向影响。由边际效应值可知，林地面积每增加一亩，农户受偿意愿将提高约2.02%。这主要是因为林地面积越大，农户从事林业经营更容易获得规模经济效益，单位经营成本将下降，林业经营收入提升，因此受偿意愿会更高。

林业投资占家庭支出比重对农户受偿意愿在1%水平下有显著的正向影响。由边际效应值可知，林业投资占家庭支出比重每提高一个等级，农户受偿意愿将提高约18.45%。这主要是因为林业投资规模越大，林业经营将成为农户的主要生计模式，林业经营收入占家庭总收入的比重越大，因此参与公益林建设的机会成本和受偿意愿也就越高。

（3）农户对政策、环境认知因素的影响

由表8.6可知，农户对政策、环境认知因素中，对公益林重要性的认识（X_9）、对政府政策的满意度（X_{10}）、对当地生态环境的满意度（X_{11}）这三个变量对农户受偿意愿均存在显著影响，假设3得到了验证。

公益林重要性的认识对农户受偿意愿在10%水平下有显著的负向影响。由边际效应值可知，对公益林重要性的认识提高一个层次，农户受偿意愿将下降约8.73%。公益林可以净化空气、涵养水源，具有重要的生态功能，对改善区域生态环境具有重要作用，公益林建设是国家实施的重要生态工程，如果农户能深切认识到公益林的重要性，其受偿意愿将会下降。

政府政策满意度对农户受偿意愿在5%水平下有显著的负向影响。由边际效应值可知，对政府政策满意度提高一个层次，农户受偿意愿将下降约12.39%。近年来，政府出台了许多惠农政策，但政策的实施效果和农户受益情况参差不齐，如果农户对政府政策的实施效果比较满意，对政府的信任度及政策的拥护度会提高，因此受偿意愿将会下降。

生态环境满意度对农户受偿意愿在1%水平下有显著的负向影响。由边际效应值可知，对当地生态环境的满意度提高一个层次，农户受偿意愿将下降约10.08%。随着收入水平提升和生活质量提升，农户对生态环境越来越关注。如果农户对当地生态环境满意，会产生一种自豪感，并自觉对生态环境加以维护，因此受偿意愿将会下降。

3. 模型稳健性检验

本书采用剔除解释变量和改变样本容量的手段，并运用双边界 Tobit 和右端截取两种估计方法，对所建立的模型进行稳健性检验。首先，家庭人均年收入对受偿意愿来说可能具有较强的内生性，因此不太适合作为影响受偿意愿的因素。将该变量剔除后仍利用右端截取模型进行估计（表8.6中的模型2），结果发现，除了年龄、对公益林重要性的认识等变量的显著程度略有变化外，其他变量的显著水平及影响系数均没有明显变化。然后，我们将样本容量扩大到所有987个样本（包括WTA为零的22个样本），为了避免由于样本性质改变可能产生的估计偏差，我们采用双边界 Tobit 模型（适用于处理因变量具有上下边界的情况）进行估计（表8.6中的模型3）。结果发现，与模型2相比，模型3中变量的显著水平及影响系数均没有明显变化。可见，在弱化变量间内生性问题和改变样本容量的情况下，模型估计结果并未明显改变，主要研究结论具有较强的解释力。

三、研究结论及政策建议

（一）研究结论

1. WTP 与 WTA 存在一定差异

根据问卷调查数据，浙江省城镇居民对公益林生态补偿的支付意愿（WTP）约为320元/年·户，按2016年末浙江省城镇居民5590万人（约

1600 万户）计算，支付意愿共计约 51.2 亿元。而农户居民对公益林生态补偿的受偿意愿（WTA）约为 96 元/亩·年，按浙江省森林面积约 9090 万亩计算，受偿意愿共计约 87.3 亿元。受偿意愿要明显高于支付意愿，约为支付意愿的 1.7 倍。这与现有研究结论比较一致。大量 CVM 的实证研究报道：WTA 与 WTP 之间存在不可忽视的差异，并且 WTA 大于 WTP，平均倍数在 2—10 倍（Veisten，2006）。Horowitz 和 McConnell（2003）综合研究了 45 份调查后得出比例为 7.17，最低 0.74，最高 112.67。WTA 与 WTP 之间的差异被 CVM 的批评者认为 CVM 理论无效的重要依据。因此，伴随着 CVM 的大量应用，对 WTA 与 WTP 差异的研究在国际上尤其是西方国家广泛开展。对 WTA 与 WTP 之间差异的主要解释（Carmon 等，2000；Thomas，2005）有：（1）收入效应和替代效应。WTP 受收入约束，而 WTA 不受收入限制，收入弹性越小，差异越小；替代效应指若替代物越少，差异越大，如面对独一无二的自然景观，可能索取无限的货币补偿，而有紧密替代物的私人物品，其 WTA 与 WTP 收敛。（2）损失规避。人们厌恶损失，认为出售意味损失，购买意味得益，这也符合消费边际效应递减规律。（3）谨慎消费。由于没有充足时间和机会收集关于环境物品的信息，从而表现为不确定性下购买和出售谨慎。（4）适应性心理。由于不愿意接受比现状更差的状况从而索要较高赔偿。（5）捐赠效应。商品的价值取决于相对参照位置的改变。WTA 与 WTP 较大差异的存在，产生了在价值评估中选用哪个指标更为合理的问题。不同指标的选取将对以 CV 结果为基础的环境公共政策与治理决策的制定和实施产生重大影响。

2. WTP 与 WTA 的影响因素

关于支付意愿的影响因素，研究结论为：

（1）大多数城镇居民认为公益林建设可以增加其福利，高达 72.32% 的受访者愿意为公益林建设进行付费。少数城镇居民由于对公益林建设重要性及生态补偿必要性认识不足，以及自身经济能力不足等原因，而不愿意付费。说明生态公共物品"谁受益，谁付费"的观念获得大多数城镇居民认同，实施公益林生态补偿居民付费制度具有较强的现实基础。

（2）性别、文化程度、家庭人均可支配收入、家庭社会地位、家庭住宅与森林距离、对生态环境关注度、对生态环境满意度、对公益林建设重要性及公益林建设所需资金量的认识等因素对城镇居民的支付态度和支付水平均有显著影响。其中家庭住宅与森林距离的影响系数为负，其余变量的影响系数为正。

（3）年龄对城镇居民的支付态度有正向影响，而对支付水平影响不显著；家庭人口数量、家庭成员人均户外锻炼时间对城镇居民的支付态度和支付水平均无显著影响。

关于受偿意愿的影响因素，研究结论为：

（1）农户个人及其家庭的社会经济特征因素中，除性别外，年龄、文化程度、家庭成员是否有村（镇）干部及党员、家庭人均纯收入这四个变量对农户受偿意愿均存在显著影响。

（2）农户的林业生产经营投入因素中，农业劳动力人数、林地面积、林业投资占家庭支出比重这三个变量对农户受偿意愿均存在显著影响。

（3）农户对政策、环境认知因素中，对公益林重要性的认识、对政府政策的满意度、对当地生态环境的满意度这三个变量对农户受偿意愿均存在显著影响。

（二）政策建议

公益林建设是改善区域生态环境的重要途径，是一项长期的系统工程，需要大量的资金和社会全体成员积极参与。基于上述调查结果和研究结论，提出如下政策建议：

第一，加大生态环境和公益林建设重要性的宣传。公益林建设是一项社会公益事业，应通过各种渠道和手段，如网络、电视、报纸等不断对社会公众进行生态环境教育培训，培训内容包括公益林建设重要性、生态环境对经济发展的作用等方面，提高城镇居民对生态环境和公益林建设的关注度和认知度。值得一提的是，女性居民对环境认知程度普遍偏低，其支付态度和支付水平均明显低于男性，因此应鼓励女性居民积极参加相关培训。

第二，强化生态补偿机制必要性的教育。宣传推广"谁受益，谁付费"的补偿原则和支付理念，改变居民认为"生态环境只是污染企业和政府的责任，与个人无关"的传统观念，为其生态收益适度埋单。同时积极推进支付方式改革，实行生态补偿税收、发行生态彩票等多种支付方式供居民选择，加强补偿资金的管理，提高资金运营效率和经费使用的透明度。

第三，建立居民生态支付奖励制度。借助移动终端、互联网金融等工具建立生态环境公益服务平台，设立生态账户，对积极参与公益林建设的居民给予一定的奖励，如生态移民优先权、生态游景区门票等，提升城镇居民参与生态建设的满意度。

第四，切实提高城镇居民收入水平和文化层次。收入水平和文化层次是提升居民公益林生态补偿支付意愿的重要因素，因此政府部门应大力发展教育事业，增强居民对生态环境保护政策的理解能力和认识水平。鼓励和引导城镇居民开展多种生产经营，提高收入水平，提升居民参与生态环境保护的积极性和支付能力。

第五，逐步提高生态公益林生态补偿标准。以浙江省为例，目前公益林补偿标准为 40 元/亩，与农户受偿意愿（96 元亩）相去甚远，政府应不断拓宽资金来源，提高补偿标准。

第六，基层地方政府要加大政策执行力度，出台的各项惠农政策要坚决落实到位，提高农户对政府的信任度。此外，还应充分发挥村（镇）干部和农村党员的示范作用，提高农户参与公益林建设的主动性和积极性。

第九章　公益林生态补偿契约设计与激励约束机制
——以退耕还林为例

一、退耕还林生态补偿契约设计问题的提出

自 20 世纪 90 年代中期以来，为抑制土地沙漠化和水土流失，我国政府启动了很多大型生态保护工程，如环京津风沙源治理、国家天然林保护、退耕还林等。《退耕还林条例》规定，退耕还林政策是指国家向森林、草地环境脆弱恶化地区的农民发放粮食、资金、种苗费等补助，激励其进行复原林地的一项政策，其采取的实施形式是政府和农户签订委托——代理契约，农户按照契约的要求进行退耕还林，政府对农户的生态保护行为给予补偿。退耕还林通过钱粮补助的形式，来激励环境脆弱恶化地区的农户复原林地，是迄今世界范围内造林最多、投资最大、涉及面最广、效果最显著的重大生态工程，大大降低了我国水土流失等自然灾害的频率和数量，同时带动县域经济增长和产业结构优化，增加了农户收入。更为重要的是，退耕还林工程首次面向农户农业生态建设正外部性进行补偿，成为世界范围内生态环境服务付费（PES）机制的成功操作案例，产生了良好的国际影响（Michael，2008）。

但必须正视的是，通过《退耕还林条例》和各省的实施情况来看，我国的退耕还林补贴政策基本上是"一刀切"政策（庞淼，2012），这在一定程度上节约了交易成本，易于操作，但其代价是政府的补贴大幅度增加。同时，该政策也没有考虑农户方面的差异性，使得补偿分配有失公平，导致虽然农户的退耕热情很高，但对退耕地的生态建设努力不够，不利于退耕还林工程的可持续性。

退耕还林是一项长期而艰巨的任务，政府补偿机制是目前开展生态补偿

最主要的形式，也是目前比较容易启动的补偿方式。我国第一阶段退耕还林补偿政策已于 2007 年到期，为退耕还林实施成果的巩固及持续推进提供了宝贵的经验教训。有研究表明，退耕还林补偿政策结束之后，可能会出现农户返耕的现象（杨子生等，2011；万海远和李超，2013）。因此，在巩固现有退耕还林成果的基础上，如何激励农户继续参与退耕还林工程、保障退耕还林实施的可持续性，成为后退耕还林时期的退耕还林政策制定研究的重点议题。

国外有许多类似我国退耕还林工程的项目，如美国的土地休耕保护计划（CRP）、欧盟的土地保护计划（CPP）、加拿大的森林长期覆盖计划（PCP）和墨西哥的环境支持服务计划（PSAH）等，这些计划在减少水土流失、保护生态环境方面发挥了巨大作用。国外的土地一般归地主私有，在这种私有土地制度下，生态补偿契约设计的研究取得了丰富的成果。Smith（1995）以美国土地休耕保护计划（CRP）为例，运用机制设计理论分析了成本最低的 CRP 的性质，认为 3400 万英亩的休耕土地成本不应超过 10 亿美元/年。Moxey 等（1999）基于委托代理模型，认为在隐藏信息和隐藏行动条件下，按投入土地面积计算转移支付补偿标准的方式能够实现最佳的真实自愿告诉机制（truth—telling mechanisms）。White（2002）通过对 Moxey 模型的扩展得到了不同的结论，认为按投入成本计算转移支付补偿标准的契约更有效，按投入成本计算的生态补偿标准契约允许监管者设计一个相对简单的机制。但随后 Ozanne 等（2007）通过数理模型分析认为，在存在道德风险和逆向选择条件下按投入土地面积和投入成本设计的农业环境政策契约的效果等同，二者在生态保护效果水平、补偿费、监测成本和检测概率确认等方面的效果一致，同时还得出在违规罚金可变条件下，最优的契约独立于农场主的风险偏好。国外学者研究表明，契约的设计是提高生态环境保护效率的最有效方法（Igoe 等，2010），而作为生态补偿契约代理人的农户状况，必然对契约效率产生重要影响，Whittington 等（2012）、Bremer 等（2014）分别从政策分析和实证研究角度验证生态补偿参与农户类型对最优支付产生的影响。

国内学者关于退耕还林生态补偿问题的研究，从研究内容来看，主要涉及两部分：其，退耕还林生态补偿的标准问题。如李国平和石涵予（2015）基于实物期权理论，认为农户退耕的机会成本会随时间和地域发生变动，退耕补偿标准也应随之改变；韩洪云和喻永红（2014）基于时点机会成本均值，估算出重庆万州样本地区补偿标准应为 599 元/（亩·a），认为农户并未得到足够补偿；于金娜和姚顺波（2012）基于净现值角度，认为现行补助标准要比理论上的补偿标准低。此外，徐晋涛等（2004）、郭慧敏等（2015）、郭佳和包慧娟（2012）等的文献也从不同角度分析了退耕还林生态补偿标准问题。其二，生态补偿的机制、模式及政策等。如姜志德（2014）基于联合生产视角，认为现行生态补偿机制对农户的退耕行动有过分激励效果，而对农户的生态建设努力则缺乏激励作用；赵敏娟和姚顺波（2012）利用随机距离前沿和技术效率影响模型，分析了退耕还林政策与技术效率之间的关系。此外，蒋海（2003）、刘璨和张巍（2006）等的文献也对生态补偿政策进行了相关研究。

从退耕还林的实施过程来看，政府与农户之间是一种实质上的委托代理关系，因此生态补偿契约的设计决定了退耕还林的绩效。目前，有少数学者对退耕还林生态补偿契约问题进行了一定研究。如王永莲和杨卫军（2005）认为，退耕还林政策同时具备分成契约、固定地租型契约和固定工资型契约特征，是一种组合型契约；李国平和张文彬（2014）认为，应根据低技术农户和高技术农户的数量比例来设计退耕还林生态补偿契约，以减少契约效率的损失。

现有文献从不同角度对退耕还林生态补偿进行了研究，得出了许多富有价值的结论。但总体而言，尚存在两个问题：其一，研究内容较窄，多集中于生态补偿标准、政策及机制构建等，对退耕还林补偿契约设计等重要问题关注不够，虽有少数学者开展了一些研究，但这远远不够；其二，研究方法上，现有文献多采用理论研究、实地调研等经验性研究方法，缺乏具有严格逻辑的数理分析，得出的结论说服力不足。本书在现有文献基础上，构建基层地方政府与农户之间的委托代理模型，分析了农户行为（努力程度）信息不对称下退耕还林生态补偿契约的设计及效率问题，与现有文献存在较大差异，以期得出一些有价值的结论。

二、退耕还林生态补偿契约模型假设

根据中华人民共和国国务院2002年颁布的《退耕还林条例》规定，县级人民政府或者其委托的乡级人民政府（以下称基层地方政府）应该与有退耕还林任务的土地承包经营权人签订退耕还林合同，对造林面积、造林成活率、管护责任、补助标准等进行明确规定。可见，退耕还林工程具有典型的委托代理特征，基层地方政府是委托人，而农户则是代理人，基层地方政府作为社会公众的代表，对农户所承担的退耕还林项目产生的生态效益给予一定补偿。

在退耕还林工程中，基层地方政府的收益为退耕还林项目的生态效益，取决于造林产量（造林面积、造林成活率等），与农户付出的努力程度（成本）有一定关系；农户的收益即为基层地方政府支付的生态补偿（成本），因此委托代理双方利益是相互冲突的。同时，基层地方政府很难直接观测到农户的努力工作程度，即使能够掌握，也不可能被第三方证实，而农户则非常清楚自己付出的努力程度，因此委托代理双方存在明显的信息不对称。由于信息不对称和利益冲突，农户的道德风险将不可避免，其将利用自身的信息优势损害委托人的利益。因此，基层地方政府必须设计出某种机制或契约，诱使农户积极参与退耕还林项目，并付出符合委托人利益的最优努力程度。

假设农户有价值的努力程度 e 可以标准化为两个可能的值，即零努力水平（$e=0$）和正努力水平（$e=1$）。付出努力 e 意味着该农户将获得一个值为 $v(e)$ 的负效用，不妨设 $v(0)=0$，$v(1)=v$。同时，该农户从基层地方政府获得一笔生态补偿 r。假设农户的效用函数在货币和努力成本之间是可分的，即 $U(r,e)=u(r)-v(e)$，其中 $u(\cdot)$ 为递增的凹函数，即 $u'>0,u''<0$。本文还将用到 $u(\cdot)$ 的逆函数 $f=u^{-1}$，显然，$f(\cdot)$ 为递增的凸函数，即 $f'>0$，$f''>0$。

由于气候及自然条件等的影响，造林产量（造林面积、造林成活率等）具有一定的随机性，假设随机的造林产量 q 只能取两个值，即高产量水平 $\overline{q}$ 和低产量水平 $\underline{q}$，其中 $\overline{q}>\underline{q}$。农户的努力程度对造林产量 q 的随机影响呈现出一定的概率分布，即 $\Pr(q=\overline{q}|e=0)=p_0$，$\Pr(q=\overline{q}|e=1)=p_1$，其中 $p_1>p_0$。当然，农户的努力程度越高，造林产量 q 在一阶随机占优的意义上越高，即对任何给定的产出 q^*，$\Pr(q\leqslant q^*|e)$ 随 e 的增加而递减。进一步，由 $p_1>p_0$ 可知，$\Pr(q=\underline{q}|e=1)=1-p_1<1-p_0=\Pr(q=\underline{q}|e=0)$。可见，虽然造林产量具有一定的随机性，但显然，基层地方政府更加偏好于农户选择正努力水平（$e=1$）的随机造林产量分布，而不是在 $e=0$ 的随机分布。

假设农户的行为（努力程度）不能直接被基层地方政府观察到，所以基层地方政府只能根据最终的造林产量来确定给农户的生态补偿额度，即高产量高补偿，低产量低补偿。也就是说，基层地方政府提供一组契约 $\{(\overline{q},\overline{r})$；

$(\underline{q},r)\}$供农户选择，而农户则根据自己所属的类型选择接受或拒绝该生态补偿契约。一旦农户选择接受该契约，他将选择付出正努力水平还是零努力水平，然后造林产量实现，契约执行。因此，该契约时序可以表示为图9.1。

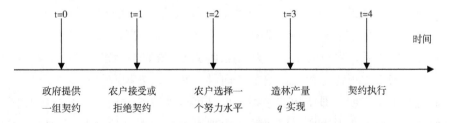

图9.1 道德风险下的生态补偿契约时序

假设基层地方政府和农户均为追求自身利益最大化的经济人，其中基层地方政府为风险中性，而农户为风险回避，且农户的保留效用为v^*。因此，基层地方政府的期望收益为：

当农户付出正努力水平（$e=1$）时：

$$V_1 = p_1 \cdot (S(\overline{q}) - \overline{r}) + (1 - p_1) \cdot (S(\underline{q}) - \underline{r}) \quad (9.1)$$

当农户付出零努力水平（$e=0$）时：

$$V_0 = p_0 \cdot (S(\overline{q}) - \overline{r}) + (1 - p_0) \cdot (S(\underline{q}) - \underline{r}) \quad (9.2)$$

其中$S(\cdot)$为基层地方政府的收益函数，为了方便讨论，不妨记$S(\overline{q}) = \overline{S}$和$S(\underline{q}) = \underline{S}$。根据上述，基层地方政府面临的问题是如何设计契约，鼓励农户积极参与到退耕还林工程中，且付出正努力水平，提高造林产量。

三、退耕还林生态补偿契约模型构建及分析

（一）对称信息下的最优契约

为了进行比较，先分析对称信息下退耕还林生态补偿契约设计。假设基层地方政府及公正的第三方（如法律机关）可以观察到农户的行为，因此农户付出的努力是可验证的，可以在由法律强制执行的契约之中进行体现。因此，当基层地方政府需要激励农户付出正努力水平时，可以表示为数学规划问题M_1：

$$(M_1): \max_{(\bar{r}, \underline{r})} p_1 \cdot (\overline{S} - \bar{r}) + (1 - p_1) \cdot (\underline{S} - \underline{r}) \quad (9.3)$$

$$s.t. \quad p_1 \cdot u(\bar{r}) + (1 - p_1) \cdot u(\underline{r}) - v \geqslant v^* \quad (9.4)$$

需要说明的是，由于农户可以被强制付出正努力水平，因此基层地方政府在决策时仅需考虑农户的参与约束，而激励约束则不必考虑。如果农户没有选择正努力水平，将被立刻发现并受到惩罚。同时由于农户的行为可以被观测，基层地方政府支付的生态补偿只能够达到农户保留效用水平，因此农户的参与约束（式9.4）是紧约束。很容易求解该数学规划问题，结果为：

$$\bar{r}^{FI} = \underline{r}^{FI} = f(v^* + v) \quad (9.5)$$

其中，上标 FI 表示对称信息下所得到的最优解。显然，$r^{FI} = f(v^* + v)$ 为基层地方政府支付给农户的最优期望生态补偿，或者说是基层地方政府激励农户付出正努力水平的最优成本 c^{FI}。对基层地方政府而言，通过激励农户付出正努力水平，可获得的期望利润为：

$$V_1 = p_1 \cdot \overline{S} + (1 - p_1) \cdot \underline{S} - f(v^* + v) \quad (9.6)$$

反之，如果基层地方政府希望农户付出零努力水平（$e = 0$），则不论农户实现的造林产量为多少，都只给予零补偿。此时，基层地方政府的期望利润为：

$$V_0 = p_0 \cdot \overline{S} + (1 - p_0) \cdot \underline{S} \quad (9.7)$$

所以，只有当 $V_1 \geqslant V_0$ 时，基层地方政府才会选择去激励农户付出正努力水平，即：

$$p_1 \cdot \overline{S} + (1 - p_1) \cdot \underline{S} - f(v^* + v) \geqslant p_0 \cdot \overline{S} + (1 - p_0) \cdot \underline{S} \quad (9.8)$$

式9.8还可以变换为：

$$\Delta p \cdot \Delta S \geqslant c^{FI} = f(v^* + v) \quad (9.9)$$

其中，$\Delta p = p_1 - p_0 > 0$，$\Delta S = \overline{S} - \underline{S} > 0$。式9.9左边 $\Delta p \cdot \Delta S$ 表示当农户努力水平从 $e = 0$ 增加到 $e = 1$ 时，基层地方政府增加的收益，而右边 $c^{FI} = f(v^* + v)$ 表示基层地方政府激励农户付出正努力水平的最优成本，则当且仅当 $\Delta p \cdot \Delta S \geqslant c^{FI} = f(v^* + v)$ 时，最优努力水平为 $e^{FI} = 1$，否则为 $e^{FI} = 0$（图9.2）。

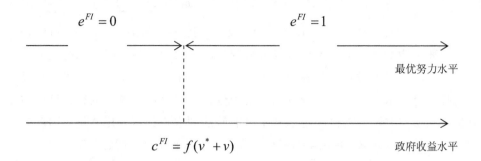

图 9.2   对称信息下的最优努力水平

根据上述，可得出如下结论。

结论 1：在对称信息情况下，农户所获得的生态补偿刚好能够抵消其付出正努力水平带来的负效用，也就是说，农户不能获得超过自己保留效用的效用水平，即 $r^{FI} = f(v^* + v)$。并且只有当 $\Delta p \cdot \Delta S \geqslant c^{FI} = f(v^* + v)$ 时，基层地方政府才会选择激励农户付出正努力水平。

（二）不对称信息下的最优契约

当农户的行为（努力水平）不能被基层地方政府及公正的第三方（如法律机关）所观测到，其行为是不可验证的。由于信息不对称，为了自身利益最大，农户在执行契约过程中，其道德风险问题将不可避免。此时的造林产量是农户的努力水平和外界环境变量的综合体现，但是基层地方政府只能根据造林产量来确定生态补偿额度。当基层地方政府需要激励农户付出正努力水平时，可以表示为数学规划问题 M_2：

$$(M_2): \max_{(\bar{r}, \underline{r})} p_1 \cdot (\bar{S} - \bar{r}) + (1 - p_1) \cdot (\underline{S} - \underline{r}) \tag{9.10}$$

$$s.t. \quad p_1 \cdot u(\bar{r}) + (1 - p_1) \cdot u(\underline{r}) - v \geqslant p_0 \cdot u(\bar{r}) + (1 - p_0) \cdot u(\underline{r}) \tag{9.11}$$

$$p_1 \cdot u(\bar{r}) + (1 - p_1) \cdot u(\underline{r}) - v \geqslant v^* \tag{9.12}$$

其中，式 9.11 表示基层地方政府面临的激励约束。为了保证该规划的凹性，不妨令 $\bar{u} = u(\bar{r})$ 及 $\underline{u} = u(\underline{r})$，或者说 $\bar{r} = f(\bar{u})$ 及 $\underline{r} = f(\underline{u})$，其中 $f(\cdot)$ 为逆效用函数。则数学规划问题 M_2 可由新的规划问题 M_3 代替：

$$(M_3): \max_{(\bar{r}, \underline{r})} p_1 \cdot (\bar{S} - f(\bar{u})) + (1 - p_1) \cdot (\underline{S} - f(\underline{u})) \tag{9.13}$$

$$s.t. \quad p_1 \cdot \overline{u} + (1 - p_1) \cdot \underline{u} - v \geqslant p_0 \cdot \overline{u} + (1 - p_0) \cdot \underline{u} \quad (9.14)$$

$$p_1 \cdot \overline{u} + (1 - p_1) \cdot \underline{u} - v \geqslant v^* \quad (9.15)$$

该规划的 K-T 条件为：

$$p_1 \cdot f'(\overline{u}) - \lambda \cdot (p_1 - p_0) - \kappa \cdot p_1 = 0 \quad (9.16)$$

$$(1 - p_1) \cdot f'(\underline{u}) + \lambda \cdot (p_1 - p_0) - \kappa \cdot (1 - p_1) = 0 \quad (9.17)$$

由式 9.16 和式 9.17，可得到规划问题 M_3 的最优乘子：

$$\kappa = p_1 \cdot f'(\overline{u}) + (1 - p_1) \cdot f'(\underline{u}) \quad (9.18)$$

$$\lambda = \frac{p_1 \cdot (1 - p_1) \cdot [f'(\overline{u}) - f'(\underline{u})]}{p_1 - p_0} \quad (9.19)$$

由于 $f(\cdot)$ 为递增的凸函数，即 $f' > 0, f'' > 0$，因此拉格朗日乘子 κ、λ 均为正数。由此可判断式 9.14 和式 9.15 均为紧约束，即：

$$p_1 \cdot \overline{u} + (1 - p_1) \cdot \underline{u} - v = p_0 \cdot \overline{u} + (1 - p_0) \cdot \underline{u} \quad (9.20)$$

$$p_1 \cdot \overline{u} + (1 - p_1) \cdot \underline{u} - v = v^* \quad (9.21)$$

由式 9.20 和式 9.21，可得出规划问题 M_3 的最优解为：

$$\overline{u} = v* + \frac{(1 - p_0) \cdot v}{p_1 - p_0} \quad (9.22)$$

$$\underline{u} = v* - \frac{p_0 \cdot v}{p_1 - p_0} \quad (9.23)$$

将其进行代换，可得到规划问题 M_2 的最优解为：

$$\overline{r}^{PI} = f\left(v* + \frac{(1 - p_0) \cdot v}{p_1 - p_0}\right) \quad (9.24)$$

$$\underline{r}^{PI} = f\left(v* - \frac{p_0 \cdot v}{p_1 - p_0}\right) \quad (9.25)$$

其中，上标 PI 表示由于信息不对称所得到的次优解。由于 $f(\cdot)$ 为递增函数，可得：

$$\overline{r}^{PI} = f\left(v* + \frac{(1 - p_0) \cdot v}{p_1 - p_0}\right) > \overline{r}^{FI} = f(v^* + v) \quad (9.26)$$

$$\underline{r}^{PI} = f\left(v* - \frac{p_0 \cdot v}{p_1 - p_0}\right) < \underline{r}^{FI} = f(v^* + v) \quad (9.27)$$

由此得出如下结论：

结论 2：在信息不对称下，如果实现了高造林产量时，农户获得了比对称信息下更高的生态补偿，即 $\overline{r}^{PI} > \overline{r}^{FI}$；如果实现了低造林产量时，农户获得了比对称信息下更低的生态补偿，即 $\underline{r}^{PI} < \underline{r}^{FI}$。

进一步讨论基层地方政府的次优解。此时基层地方政府付给农户的期望

生态补偿为 $p_1 \cdot \overline{r}^{PI} + (1-p_1) \cdot \underline{r}^{PI}$，这也是基层地方政府激励农户付出正努力水平的次优成本 C^{PI}。根据式 9.24 和式 9.25，次优成本 C^{PI} 可以表示为：

$$c^{PI} = p_1 \cdot f(v* + \frac{(1-p_0) \cdot v}{p_1 - p_0}) + (1-p_1) \cdot f(v^* - \frac{p_0 \cdot v}{p_1 - p_0})$$

(9.28)

而基层地方政府激励农户付出正努力水平所获得的收益仍为 $\Delta p \cdot \Delta S$，因此只有收益大于次优成本时，基层地方政府才会选择激励农户付出正努力水平，即：

$$\Delta p \cdot \Delta S > c^{PI} = p_1 \cdot f(v* + \frac{(1-p_0) \cdot v}{p_1 - p_0}) + (1-p_1) \cdot f(v^* - \frac{p_0 \cdot v}{p_1 - p_0})$$

(9.29)

由于 $f(\cdot)$ 是严格凸的，根据詹森不等式，可得到：

$$c^{PI} = p_1 \cdot f(v* + \frac{(1-p_0) \cdot v}{p_1 - p_0}) + (1-p_1) \cdot f(v^* - \frac{p_0 \cdot v}{p_1 - p_0}) > c^{FI} = $$
$$f(v^* + v)$$

(9.30)

其中，c^{PI} 与 c^{FI} 的差即为基层地方政府激励农户付出正努力水平的信息成本。所以，可得到如下结论：

结论 3：不对称信息下，基层地方政府激励农户付出正努力水平的次优成本要高于对称信息下的最优成本，即 $c^{PI} > c^{FI}$。也就是说，由于道德风险存在，基层地方政府激励农户付出正努力水平要比对称信息下更加困难（图 9.3）。

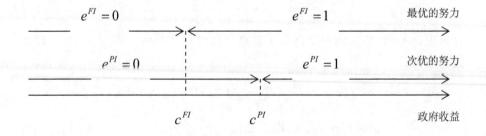

图 9.3 道德风险和风险回避下的次优努力水平

（三）造林产量概率对生态补偿额度的影响

由式 9.24 式 9.25 可知，农户努力程度对造林产量的影响概率 p_1 和 p_0

是基层地方政府支付给农户的生态补偿额度的重要影响因素。为便于分析，不妨利用具体数值进行模拟。假设农户效用函数 $u(x) = x^{1/2}$，则其逆函数 $f(x) = x^2$，农户付出正努力时支付的效用 $v = 10$，保留效用 $v = 100$。分别探讨 p_1 和 p_0 变化对生态补偿额度 $\overline{r}^{PI}$、$\underline{r}^{PI}$、$\overline{r}^{FI}$、$\underline{r}^{FI}$ 以及期望生态补偿额度 $E(r^{PI})$ 和 $E(r^{FI})$ 的影响。数值计算结果如表9.1所示。

表9.1　p_1 和 p_0 对生态补偿额度影响的数值模拟结果

$p_0 = 0.1$								
p_1	0.2	0.3	0.4	0.5	0.6	0.7	0.8	0.9
$\overline{r}^{PI}$	36100	21025	16900	15006	13924	13225	12737	12377
$\underline{r}^{PI}$	8100	9025	9344	9506	9604	9669	9716	9752
$E(r^{PI})$	13700	12625	12367	12256	12196	12158	12133	12114
$\overline{r}^{FI} = \underline{r}^{FI} = E(r^{FI})$	12100	12100	12100	12100	12100	12100	12100	12100
$p_1 = 0.9$								
p_0	0.1	0.2	0.3	0.4	0.5	0.6	0.7	0.8
$\overline{r}^{PI}$	12377	12416	12469	12544	12656	12844	13225	14400
$\underline{r}^{PI}$	9752	9437	9025	8464	7656	6400	4225	400
$E(r^{PI})$	12114	12118	12125	12136	12156	12200	12325	13000
$\overline{r}^{FI} = \underline{r}^{FI} = E(r^{FI})$	12100	12100	12100	12100	12100	12100	12100	12100

由表9.1可知，p_1 和 p_0 变化对对称信息下基层地方政府支付给农户的最优生态补偿 $\overline{r}^{FI}$、$\underline{r}^{FI}$ 及其期望值没有任何影响，$\overline{r}^{FI} = \underline{r}^{FI} = E(r^{FI}) = 12100$，但是对非对称信息下基层地方政府支付的次优生态补偿 $\overline{r}^{PI}$、$\underline{r}^{PI}$ 及其期望值有显著影响。

当 p_0 固定时（$p_0 = 0.1$），随着 p_1 不断增加，高补偿额度 $\overline{r}^{PI}$ 不断减少，而低补偿额度 $\underline{r}^{PI}$ 不断增加，期望值 $E(r^{PI})$ 不断减少，三者均不断逼近对称信息下的最优生态补偿额度。这可解释为：当 p_1 增加时，意味着农户付出正努力时获得高造林产量的概率提高，外界环境的不确定性影响下降，基层地方政府掌握的信息就越充分，其信息成本就越低，因此其支付的生态补偿额度更加接近最优。

当 p_1 固定时（$p_1 = 0.9$），随着 p_0 不断增加，高补偿额度 $\overline{r}^{PI}$ 不断增加，而低补偿额度 $\underline{r}^{PI}$ 不断减少，期望值 $E(r^{PI})$ 不断增加，三者均不断偏离对称信息下的最优生态补偿额度。这可解释为：当 p_0 增加时，意味着农户付出零努力时获得高造林产量的概率提高，外界环境的不确定性影响提升，基层地方政府掌握的信息就越不充分，其信息成本就越高，因此其支付的生态补偿额度更加偏离最优。

由于自然条件及其他外界环境的影响，农户在参与退耕还林项目时，实现的造林产量具有一定的随机性，农户付出正努力水平并不必然获得高造林产量，付出零努力水平也并不必然是低造林产量。因此现行的完全按照造林产量进行生态补偿的政策可能会存在一些问题。比如，农户确实付出了正努力水平，但由于发生干旱、洪涝等自然灾害导致造林产量不高，由此只能获得较低的生态补偿，农户参与生态建设的积极性就会下降。同时，由于付出零努力水平也可能获得高生态补偿，农户道德风险问题不可避免，导致生态补偿效率下降。基于上述研究结论，本文提出如下建议。

1. 因地制宜地制定生态补偿标准。研究结果显示生态补偿额度与农户付出正努力水平的负效用（成本）、保留效用以及获得高造林产量的概率有关。在我国不同地区，农户的收入水平存在较大差异，其参与退耕还林项目的机会成本及个人的保留效用肯定不同。同时，不同地区的气候、降水量等自然条件也有所不同，获得高造林产量的概率肯定会存在差异，因此现行"一刀切"的补偿政策往往效率较低，政府需要因地制宜地制定生态补偿标准。对农户参与退耕还林的机会成本及保留效用较高的地区，以及自然条件恶劣的地区实行较高的生态补偿标准，提高农户参与生态建设的积极性。

2. 不同林种制定不同的生态补偿标准。在参与退耕还林项目的过程中，理性的农户会按照成本—收益比较的原则进行决策，如果退耕补助比原来经营（如种粮）的收益高，农户必然会选择退耕。但退耕之后如果选择还生态林，农户一定会采取支付最低成本的方式，即一次性种树还林，而不愿付出更多的努力，因为付出额外的努力并不会增加个人的经济收益，只会增加成本。而选择还经济林（尤其是市场行情好的产品）则不一样，农户可以获得更大的收益，因此有付出努力的内在驱动力，导致经济林的比重远超政府规定的上限。因此政府应针对不同林种制定不同的生态补偿标准，生态林具有更大的生态效益，公共品特征更加明显，应给予更高的生态补偿；而经济林的私人受益特征更加明显，应给予更低的生态补偿。

3. 进一步完善退耕还林生态补偿保障机制。其一，加强财政保障和退耕还林数据的统计监测。一方面，建立有效的财政保障体系，确保退耕还林生态补偿专款专用，确保农户得到应有的补偿；另一方面，利用遥感技术对造林的成活率、密度等进行动态监测，以便掌握退耕还林指标的真实变化，并将相关数据及时向社会各界公开。其二，建立市场化激励机制。研究制定一定生态环境下区域性的林木间伐机制，稳步发展木材加工业，改变现行"种树难，伐树更难"的抑制农户造林积极性的误区，推动林地的循环式发展。同时，推动退耕还林地区产业转型，吸纳农村剩余劳动力，鼓励失去土地的农户发展规模养殖以及皮毛粗加工等相关产业，帮助农民找到新的致富途径，提高农户参与退耕还林的积极性。

4. 加强信息收集，减少因信息不对称带来的信息租金。在正式启动退耕还林项目前，通过走访和调研，了解农户的努力成本、保留效用、参与意愿、预期补偿金额等信息，为生态补偿契约设计提供数据支撑。与农户签订退耕还林契约后，要加强对农户造林行为的监督，减少农户的道德风险，可以通过筛选合同、采购拍卖、投标造林等方法让农户主动披露自己的私人信息，减少信息租金，提高生态补偿效率。如 ACIAR 资助的"提高中国土地利用变化工程效率"项目，在四川省试点通过投标方式分配退耕补偿资金，结果与固定补贴造林相比节约了 15% 的补偿成本，且几乎所有的投标方案都增加了社会福利（Wang 和 Bennett，2008）。此外，要加强基础设施建设，推广先进的林木种植和管理技术，改变"靠天吃饭、广种薄收"的粗放型生产现状，增强农业抗灾能力，农户只要付出正努力水平，其获得高造林产量的概率会很大，这样也可以减少信息不对称，降低信息成本。

四、退耕还林生态补偿激励约束机制构建

（一）退耕还林生态补偿对农户激励性较弱

1. 对农户退耕还林的直接成本补偿不足

农民在退耕还林中的直接成本包括因退耕而造成的钱粮损失和还林中必须支付的种苗费、管护费及劳动力成本等。实际情况是，一方面，由于退耕还林涉及的地域范围广，地区差异巨大，国家钱粮补贴不足以弥补土地生产率和生活水平较高地区的农民经济损失，对农民激励不足。如陕南许多地区，由于农户在退耕地上种植药材、烟叶等经济作物的收益高于短期内种植林木和政府补偿性收益之和，退耕还林的实施遇到了一定阻力，出现有的农民向

当地政府提出希望撤销已签订的退耕协议、退耕不还林等现象；另据四川省社科院调查结果显示，该省天全县退耕还林导致农户油料种植面积和产量减少 50％以上，有 42％的农户减少了生猪饲养数量。由于积极性未调动起来，虽然农民响应政府号召退了耕，但 80％的农户没有明确的增收来源计划，对国家停止补助后的生计安排，大部分农民的想法是到时候再说（汪小勤和黎萍，2001）。另一方面，国家向退耕户提供的种苗和造林补助，还不足以支付农民购买种苗的费用。我国北方地区气候干旱、病虫害频繁，造林难度比长江流域要大得多。据西北地区有关部门测算，如果栽种树种为乔木，则需苗木费约 4500 元/公顷，灌木约需 1500 元/公顷，即使是种草也需要种籽费1050－1200 元/公顷；长江流域退耕还林苗木费平均在 1200－1350 元/公顷之间（张殿发、张祥华，2001）。补助标准过低，种苗数量不足、质量差，直接影响了退耕还林任务的完成及完成的质量；林木管护费匮乏，农民造林的劳动耗费也得不到应有的补偿，更不利于退耕还林成果的保存。

2. 补贴政策在一定程度上存在激励功能缺失

第一，补助期限制。经济林 5 年、生态林 8 年的补贴年限仅考虑到林木的种植和生长阶段，对农户退耕还林的激励缺乏持续性。因此国务院做出了继续对退耕农户进行直接补助的决定，但如果参与退耕的农户在补助期内无法及时实现收入结构的转换、收入来源多样化，摆脱对退耕土地的依存关系，农户复垦的可能性也将存在。

第二，政策制定有"一刀切"倾向，缺乏分类指导和因地制宜的灵活性。对不同立地条件的农户来说，存在退耕地粮食产量不同、补助相同的情况。由于农户所剩耕地没有更大的增收空间，对于拥有较高产量退耕地的农户来说，补贴政策相对不具有激励性。

第三，地方政府无力监督。中央政府通过财政转移支付的方式对地方财政减收部分给予了适当的补偿，但现有补助远不足以补偿地方政府退耕还林的执行成本，对地方政府而言缺乏退耕还林的经济激励，因而没有精力和财力认真落实发展如基本口粮田建设、发展后续产业、农村能源建设、生态移民、封山禁牧等配套工程，很可能会引发农户复垦行为的产生。

3. 产权制度不完善导致激励功能弱化

私人承包、延长退耕土地还林后的承包经营权期限，允许依法继承和转让等产权激励政策，因生态林收益低下、林地使用权限制性强、林木处置权残缺、缺乏可交易性等原因，对农民退耕还林的激励功能弱化。农民退耕还林的积极性，既来自近期国家的钱粮补贴和林产品收益，更源于未来营林的直接经济收益。退耕还林主要是涵养水土的生态林，生态林在一定时期内没有收益，农民缺乏退耕还林的动力。国家政策又禁止农民在退耕还林地间作粮食和放牧，补助期满后，退耕还林的农户还要经林业部门批准，才可对其所有的林木进行择伐，以保证退耕还林的生态效益，这无疑会造成农民预期收益的不确定性。Zhang 和 Flick（2000）对美国森林产权的研究结果表明，对为社会提高环境效益的某些林地的所有者实行限制性和惩罚性政策导致他们过早采伐森林，减少营林投资，从而影响森林环境效益的发挥。尽管退耕还林地的承包经营权可依法转让，但人们希望拥有产权的实质是为了获取产权带来的直接经济收益，生态林为主的退耕还林地不仅经济效益低、外部性强，而且其使用权还受到国家诸多政策法规限制，市场交易很难实现。国家亦没有制定出有关生态林收购的政策和措施，这必然会提高营林的机会成本和投资风险，从而进一步削弱产权对农民退耕还生态林的激励功能。

4. 产业结构调整后农户面临增收困难

第一，耕地是农民的基本经济来源和生存保障资料，退耕还林后，不仅农户生产利益受损，而且农户原有种植业过程中产生的烧火秸秆、养畜饲料、间接的经济作物收入也因退耕还林相应消失。第二，从本质上来说，农户造林的积极性取决于他们对未来收益的预期，而林木的现期和未来收益很小甚至没有。据调研仅有 4.2% 的生态林有现期收益，并且很不稳定；在高海拔地区退耕还林种植生态林或封山绿化不会产生经济效益，在条件相对较好的坡耕地种植经济林也要七八年，甚至十多年才能见效。林业预期收入由于成材速度较慢，市场木材价值偏低，加上未来砍伐存在的不确定性而不乐观，易造成具有经济理性的农户的短期行为。第三，剩余劳动力转移的外部环境约束。就业机会及就业信息缺乏是最主要的农村剩余劳动力转移的外在限制因素。受城市就业机会不足影响，乡镇企业对剩余劳动力的吸纳能力在减弱，农村劳动力转移速度放慢。务工外部环境不佳，如拖欠工资或收入相对较低、安全事故频发、维权困难等，造成部分务工人员开始"回流"。并且一些地方政府在帮助退耕户的就业培训支持上力度不够，客观上制约了农村劳动力转移的步伐。第四，后续产业发展困难。多位于边远贫困地区的退耕还林区内，后续产业发展滞后和后劲不足是普遍现象，如缺乏符合区域比较优势的主导产业和一般专门化产业，产业链条短，缺乏龙头企业和产品精深加工，区域产业同构化严重，规模不经济的现状，成为维持退耕成果和实现退耕目标的

"瓶颈"。

（二）退耕还林生态补偿激励机制构建

1. 多元退耕还林补偿机制

根据环境经济学的外部性理论可知，退耕还林重建植被，改善水土流失状况，由此而影响退耕农户目前的收入水平，农户是受损者，应给予补偿。补偿有直接补偿和间接补偿两种方式。退耕还林的直接补偿机制包括：（1）国家直接补偿，包括直接的粮食和现金补偿。（2）社会补偿，泛指由受益的地区、部门（企业）和个人提供的直接补偿，具体包括地区补偿、部门补偿、个人补偿。其一，地区补偿。西部是中国生态环境的重要屏障，是中、东部的资源输出地，在西部进行生态环境建设，对下游地区的公益价值是巨大的。向受益地区征收生态环境补偿费有其合理性，比如向下游地区的水资源管理者和使用者、向下游的森林使用者收取补偿费等。其二，部门补偿。退耕还林影响农业、林业、牧业、粮食、旅游、国土、水利、扶贫、乡镇、同级政府、企业等诸多机构和部门，这些部门在工程实施中承担的责任和获得的利益是不同的。因此，协调部门间的利益关系、调动各方面的积极性是部门补偿的关键。其三，个人补偿。退耕还林工程的实施，改善了生态环境，奠定了经济发展的基础，其效益具有广泛性，有关个人也从中受益，可通过缴纳生态环境建设费、发行生态环境建设彩票等方式体现个人的补偿内容。

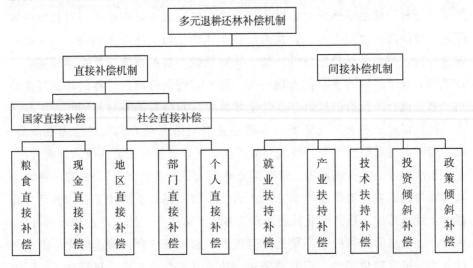

图 9.4　多元退耕还林补偿机制

然而，由于退耕农户涉及面广、地区差异大、土地生产力水平不一，因此直接补偿不充分有可能发生，单一靠提高直接补偿费来满足退耕农户的需要，实际难以做到。因此，还可以通过间接补偿的方式来对农户损失加以弥补。间接补偿方式包括：给予优惠贷款、就业指导和帮助、技术援助、扶持发展新产业、政策倾斜等。间接补偿是逐渐产生效应的，受损者在这个过程中陆续得到实际的好处，所以间接补偿可以被视为多次补偿、分期补偿。因此，在退耕还林（草）工程实施中，应把直接补偿和间接补偿相结合，构建起多元退耕还林补偿机制（图9.4），利用直接补偿的机遇强化间接补偿，调整产业结构并尽快发展后续产业，通过产业化开发促进经济发展来增加农户收入，才是长久之策。

2. 充分的林权安全保障机制

从制度经济学的角度分析，产权不清和权属利益关系不统一是导致外部性的主要制度原因，也是导致生态资源和自然资源过度利用的根本原因。产权是否明晰，是农民愿意投资并积极进行管护的关键。产权制度安排是影响林业经营活动中人们经济行为的一个重要工具，它决定资源的分配效率和利益的分享，对人们造林、护林以及合理利用森林资源的积极性有着深远的影响。退耕还林还草中最主要的权属利益关系是退耕土地使用权及其与之对应的权属利益，也就是林权，包括退耕还林后的林地使用权和林木所有权、处置权、收益权等。退耕林权关系是退耕农户的经济利益核心之所在，稳定、落实林权，要借助于政策、制度创新使林权建立在法律保障的基础上，这样才能从根本上激发退耕农户从事林业生产的积极性。然而在实践中，农户的林权往往是残缺不全的。在中国现行的退耕还林实践中，虽然《退耕还林条例》中规定"谁退耕、谁造林、谁经营、谁受益"原则，退耕农户可享有50年的土地承包经营权和在退耕土地上所种植林木的所有权。但农户砍伐其所种植的林木，必须经有关主管部门批准方可，也就是说，农户对其所拥有的林木的处置权是受政策约束的，不能完全依据市场信息来处置，对林木处置权的残缺使农户承包经营的预期直接收益具有明显不确定性，从而严重抑制了农户种植林木的积极性。再加上中国的林业政策多变，土地承包政策不稳，并且没收、盗伐和哄抢承包林的现象也时有发生。这些都使农民在退耕还林时感到未来收益很不确定，更直接影响到农民退耕还林的信心。

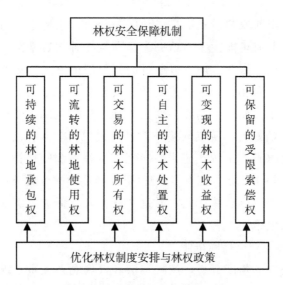

图 9.5　充分的林权安全保障机制

　　因此，当前迫切需要进行林权制度创新，构建起充分的林权安全保障机制体系（图 9.5）。具体包括：（1）可延续的林地承包权，即退耕农户有权自愿申请继续承包退耕地，以保障林农长期的承包收益。（2）可流转的林地使用权，引入可流转的林地产权是引入市场机制的必要条件。在核发林权证、明确林地产权的基础上，应引入退耕林地使用权可转让和可买卖的林地产权流转制度，建立起退耕林地使用权转让市场。有市场，农民就可按市场需求种植他们想要种植的林种，也可根据实际需要对退耕林地进行有偿转让、转包、租赁或合作经营等，从而提高退耕林木资产的流动性并容易盘活投入的现金流，减低投资风险。（3）可交易的林木所有权，退耕农户可以通过林木所有权交易市场进行林木的所有权交易，通过交易平台可以让林木资源变成资产或资本进行运营，以实现林木的增值收益。（4）可自主的林木处置权，退耕农户在法律框架下，可以自主处置林木资源，以实现处置收益。（5）可变现的林木收益权，林木资源成熟后，可以自主采伐加以变现，或不采伐以维持其生态效益的发挥，但可以获得政府的生态补偿收益。（6）可保留的受限索偿权，即退耕农户的林木采伐权或处置权受限时，有权向限制方索取补偿。在退耕还林实践中，还需要通过进一步优化中国的林权制度和相关政策来实现林权保障机制，其中农户的林木处置权和林木收益权是明显受限的，需要特别加以关注。

3. 退耕生态林国家收购机制

在土地私人承包制的基础上实施退耕还林，决定了退耕还林工程的主体是一个个追求私人利益且分散决策的个体农户，但要求提供的却是与他们自身利益不明确相关的公共价值，再加上未来的风险预期，个体农户难以维系持久的造林和管护积极性，林粮间作、只种不理也是难免。因此，在退耕初期，进行积极监管和补贴及时到位十分重要。从长期来看，比如林木到了采伐期，这时补贴停止，个体农户和市场直接接触，由于市场的利益或市场的风险，个体农户有可能过渡采伐、乱砍滥伐，甚至复耕。到了那时，这种行为将很难用法规控制，且监督成本巨大。

为此，可以考虑建立"退耕生态林收购制度"，即保证退耕农在承包期内可将达到一定规模的成片成林的生态林出售给政府，政府按合理的价格进行收购，获得林木的所有权，将退耕生态林木资源转纳入国家生态公益林体系，以继续充分发挥生态效益（图9.6）。从激励的角度来讲，由于这种措施能拓宽农户对生态林的处置权，即农户可以选择将"林权"出售给政府，种植生态林的风险成本将大大减少。风险成本的降低会激励农户增加在种植林木上的投入，加大对林木的管护力度，从而提高森林存活率。因此，通过"退耕生态林收购制度"创新，保证了退耕农直接经济利益的实现，给予退耕农更大的制度激励。同时这项制度创新也能从根本上弥补因为生态林是具有生态效能的公共品，导致退耕农不能直接从市场获得经济收益的缺点，能使退耕农从其他途径获得直接的经济利益，减轻退耕农对退耕还林经济补助款的依赖性，从而极大地调动农民退耕还林的积极性。

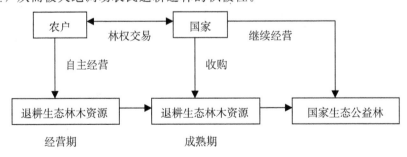

图 9.6　退耕生态林国家收购机制

4. 其他配套激励机制

其一，专项基金援助。专项基金援助是国家将财政收入的一部分设立专项基金，用于促进农户对生态环境建设的投入，实现生态环境建设的外部收益内部化。建议国家增加退耕还林区公共支出的力度，通过地方政府及相关主管部门的协助，对退耕户进行经济援助，推动退耕区经济发展。基金用途包括：用于退耕区基本农田建设和农用能源建设，保护"口粮田"；用于救济补贴政策到期后生活仍然十分贫困的退耕还林地区的农户；用于对退耕户进行各种系统的免费技能培训；用于增加退耕户种苗补助，并适当补贴林木管护费；用于增加地方政府退耕还林的执行费用，切实减轻地方政府的财政负担；用于扶持退耕区龙头企业和发展退耕区支柱产业，加大技术支持力度，推进农业生产方式转变；用于实施林业分类经营，对生态林进行长期补贴。

其二，参与激励。参与激励是赋予政策执行者部分投票权及选择权，激发他们对工程顺利实施的参与积极性和责任意识。沈茂英和沈桂龙（2001）提出在退耕还林建设中，组织农户充分参与项目的规划、实施和项目的监测评估全过程，通过权利与义务相结合的方式建立以农户为主体的参与式检查评估模式，改变目前退耕还林的检查评估采用较少或无法倾听群众意见的自查、互查和上级检查的方式。在退耕还林工程中，我们应强调村民的"自我意识"、"自主决定"和"自主管理"的参与意识，把这种参与意识贯穿于退耕还林工程活动的始终，具体包括退耕还林工程管护、采伐、销售、分配方案等事项的决策和评估，利益的分配等。

除上述机制外，退耕的配套激励机制还包括：退耕风险规避机制、林业投资激励机制、产业扶持激励机制、技术支撑服务机制等。比如可效仿国外退耕还林经验，建立退耕还林地托管机制，对一些不愿继续退耕的农户，可将其退耕地托管给退耕还林地托管银行，并定期获得一定的补助，或变为其养老保障金。此外，政府及林管部门应不断健全和优化服务机制体系，促使退耕农户走向自我发展之路。从长远来看，农户的脱贫致富需要找到较好的途径，政府补贴只能是短期的促进政策。从现阶段看，退耕后的农民走向致富之路无非有两条途径：农户或者转移到其他产业，即兼业化；或者依托林业，依靠技术，发展林草业特产。这两条路，都需要政府的支持。一方面，政府应该给农户提供良好的生产技术和生产资料等服务；另一方面通过营造良好的政策环境，从而促进退耕户向加工业、服务业转移，促进农户找到自我发展的持续致富之路。

（三）退耕还林生态补偿约束机制构建

与激励不同，约束的目的主要是确保个体的行动方向不与组织的目标方向发生偏离。公益林生态补偿约束机制的目的应该是确保维护者和建设者及其他补偿客体能够遵照实施生态公益林补偿的根本目的，自动自觉地维护和建设生态公益林，避免生态公益林遭到破坏，促进生态公益林的良性发展。因此，约束机制最少应包括以下几个方面的内容：通过竞争环境的营造形成压力约束，如管护人员的绩效评价和竞聘上岗等；通过工作标准或规范的制定形成制度约束，如生态公益林保护、管护的工作制度、工作规范、纪律要求等；通过惩罚性措施的构建形成责任约束，对于未能够履行职责甚至违反规范的，应通过批评教育、处罚等措施修正错误行为方向。

《退耕还林条例》中针对国家工作人员、退耕还林者、非特定主体设定了法律责任，以及就退耕还林管护与检查验收、保障措施等方面也有一些法律规定。条例明确了各级检查验收制度，并规定了检查验收的程序；引入了社会监督机制，明确实施退耕还林的乡（镇）、村应当建立退耕还林公示制度；规定了退耕还林者禁止林粮间作和破坏原有林地植被等行为。据农户毁林复耕的可能性分析我们可以得出，只有建立了有效的约束机制，退耕还林政策才能收到真正的成效。

其一，法律制度。国外的经验告诉我们，法律是退耕还林工程取得成效的重要保证。如意大利林业主管部门对山区开发中不符合林业有关法律的经营活动实行"一票否决制"等措施，为其保持了较高的森林覆盖率。借鉴发达国家的成功经验，我们首先应该发挥法律约束机制的作用，大力宣传贯彻森林法等一系列配套的法律、法规，增强农户珍惜绿色植被、维护生态平衡的意识；同时严格执法，严厉打击侵占林地、破坏林木的行为；健全还林质量评估体系；对退耕地数量、空间配制及其开发方式进行必要的约束和控制，使农户在健全的法律框架约束下进行退耕还林。

其二，规划约束机制。要尽快建立和完善管护约束机制，对退耕地利用实行严格程序、全程覆盖、全程管理和动态检测的行政管理，对开垦、放牧、砍伐等行为进行规范，坚决制止对忽视主体目标而搞林粮间作、随意放牧的做法，确保林草植被不受破坏，尽快建立新型退耕还林管理制度。具体方法可通过退耕还林工程的管护和退耕户直接挂钩，退耕户为承包管护责任人，实行责任、质量与经济利益挂钩，依法治林护林，或是退耕还林工程的管护以护林员为主、以农牧户为辅，并分别签订责任书，以责任到人的管理办法来实现。

第十章　公益林生态补偿的国际经验及借鉴

一、欧盟的森林生态补偿制度

(一) LIFE 环境金融工具

LIFE 环境金融工具（The Financial Instrument for the Environment）是欧盟针对环境的金融自助工具。LIFE 的主要目标在于贯彻执行、更新和发展欧盟的环境政策和立法，以实现欧盟相关环境项目的价值。LIFE 环境金融工具始于 1992 年，至今已经历了三个阶段。第一阶段是从 1992 年到 1995 年，其主要内容包括提升可持续发展和环境品质，占据了项目预算的 40%；保护栖息地和自然资源，占据了项目预算的 45%；经营环境生态服务，占据了项目预算的 5%；教育、培训和信息公开，占据了项目预算的 5%；对第三国家的援助，占据了项目预算的 5%。第二阶段是从 1996 年到 1999 年，主要目标在于通过新的方法和科技手段为存在于各领域的不同环境政策的实施铺平道路。第三阶段是从 2000 年到 2004 年，以及最终延长到 2006 年。此阶段历时 5 年，共计投入资金 6.4 亿欧元。从 1992 年 LIFE 环境资助项目实施到 2006 年，欧盟共计投入了 40 亿欧元以支持环境政策的实施（Jones，2006）。当然，这其中很大一部分用于森林生态系统的建立、维持和修复。

1. 对森林修复的支持

自 1992 年该项目成立以来，LIFE 有选择性地资助了那些支持野鸟指令和栖息地指令实施的有价值的森林和林地修复与管理的项目。在 1997 年英国大西亚橡树林的修复工程中，LIFE 环境金融工具在该项目所聚焦的 7 个区域中，以当时所了解到的主要的生态威胁为基础，资助建立了一系列的管理目标区。并且开展了一系列有针对性的行动，清理了约 690 公顷的针叶林和阔叶林区域，在周围 405 公顷范围内进行治理以消除杜鹃花，以及在更远的区域中超过 370 公顷的范围内进行治理以控制蕨菜的生长。最终，LIFE 资助的这些管理活动取得了非常好的效果，使得大西洋橡树在多个国家以及多个区域中重新达到了所期望的种植规模。与此同时，LIFE 并非短暂性地通过一个项目来对林木的修复给予支持，在随后的项目中，LIFE 通过"林木栖息地修复项目：森林栖息地网的核心区域"以及"苏格兰雷鸟的紧急保护管理"等项目来对之前的森林和林地修复项目给予后续的支持，从而使之发挥最大的效能。大西洋橡树修复项目历时 4 年，从 1997 年 4 月 1 日到 2001 年 8 月 31 日，LIFE 向此项目资助 1703000 欧元，占到此项目总投入 3406000 欧元的 50%，可谓对此项森林与林地修复工作起到了至关重要的作用（Jones，2006）。

2. 对森林生物多样性的保护

森林是当今拥有生物多样性数量最多的生态系统。LIFE 环境金融工具所资助的某些森林项目的修复与管理活动则直接或间接地保护了这些森林生态系统下的生物多样性。在 1998 年德国的针对黑森林松鸡的栖息地综合保护项目中，LIFE 资助的目的是在一块 80 平方千米的特殊土地上（50% 国有、38% 地方政府所有，以及 12% 私有），使得黑森林松鸡的数量能长期保持下来。黑森林松鸡栖息地综合保护项目，始于 1998 年 5 月 1 日，终于 2002 年 4 月 30 日，历时 4 年。在这期间 LIFE 资助了 114000 欧元，占到项目总投入的一半左右。在项目实施期间，从 20 世纪就开始减少并且在 80 年代数量有显著下降的松鸡在 2004 年到 2005 年间有了小规模的增长。在此项目结束后，LIFE 后续项目对原项目范围提供了更为广泛的资金支持，在保育森林的过程中，同时也对森林范围内诸如松鸡等濒危物种进行了保护，LIFE 的作用可谓一举两得。

3. 对森林管理的协助

LIFE 中的 LIFE－Nature 和 LIFE－Environment 项目对可持续的森林管理做出了非常大的贡献。在 1997 年保留 Rothwald 原始森林项目中，LIFE 在奥地利资助建立了阿尔卑斯山地区最大的原始森林保护区。其中最为重要且花费最为昂贵的措施，是在 874 公顷的私人林地区域内禁止开发并实施严厉的法律保护，进而在奥地利建立第一个原始荒芜区来对自然进行保育。保留 Rothwald 原始森林项目历时 4 年，始于 1997 年 7 月 1 日，终于 2001 年 6 月

30 日。在这期间，由于 LIFE 的援助，2387 公顷的原始自然保护区得以建立，并且奥地利政府也决定在资助下额外再建立 1236 公顷的原始自然保护区。通过这一系列由 LIFE 所资助的项目，45 种双翅目物种别重新发现，并且其中的 26 种是依存于非常古老的原始森林而存在。此外，650 种真菌与相当数量的稀有和濒临灭绝的物种也被重新发现。

总体而言，欧盟的 LIFE 环境金融工具针对森林所采用的补偿措施与我国针对林业的中央财政森林生态补偿比较相似。然而，LIFE 环境金融工具在措施的实施上具有更强的灵活性，在最终的效果标准上具有更高的严格性，在项目资金的使用上具有更高的透明性，在项目实施的后续保障上具有更强的完整性。因此，我国在针对森林生态效益的财政补偿上依旧有着很多地方需要改进。

（二）政府提供林业补贴的措施

1. 英国的森林补助金制度

英国森林委员会在 1991 年制定并颁布了英国森林政策（Forest Policy for Great Britain），随后又在 1994 年制定并颁布了旨在对森林进行多用途利用和可持续经营的"可持续林业——英国计划"（Sustainable Forestry——The UK Programme）。随后，在经历了农用林奖励制度之后，又在 2003 年依据欧盟共同农业政策，制定了新的森林补助金制度。随着 2007 年欧盟共同农业和农村发展政策的再一次变革，英国森林委员会也在 2008 年对英国的森林补助金重新进行了规定，将补助金分为 6 种类型：森林规划补助金（WPG）、森林评价补助金（WAG）、森林更新补助金（WRG）、森林改良补助金（WIG）、造林补助金（WCG）及森林管理补助金（WMG）。具体的补偿标准如表10.1—10.6 所示。

表 10.1　森林规划补助金（英国）

林地范围	补助标准（最低支付 1000 英镑）	条件
初始 100 公顷	20 英镑/公顷	计划 3 公顷以上
超过 100 公顷追加范围	10 英镑/公顷	

表 10.2　森林评价补助金（英国）

评价种类	补助标准	最低支付额	
生态学评价	5.6 英镑／公顷	300 英镑	生态学上重要的森林
景观设计计划	2.8 英镑／公顷	300 英镑	森林是否影响美观
历史与文化评价	5.6 英镑／公顷	300 英镑	是否影响地区历史及文化价值
对利益关系者关心程度	每项评价 300 英镑	300 英镑	是否有必要与居民、社区讨论

表 10.3　森林更新补助金（英国）

更新前	更新内容	补助标准（英镑／公顷）
针叶树人工林	地区乡土树种	1100
	阔叶树人工林	950
	针叶树人工林	360
阔叶树人工林	地区乡土树种	1100
	阔叶树人工林	950
	长伐期阔叶树经营林	360
原本是森林用地的针叶树人工林	地区乡土树种	1760
	阔叶树人工林种	950
	针叶树种	0
原本是森林用地的阔叶树人工林	地区乡土树种	1760
	阔叶树人工林种	950
天然林和育成天然林	地区乡土树种	1100

表 10.4　森林改良补助金（英国）

为改良森林，在超过 5 年的合同期内地区可自由酌情支付补偿金

首次支付的补偿金为与地区达成协议经费的 50％或 80％

基金类型：森林生物多样性、森林特殊科学价值、森林公共准入

表 10.5　造林补助金（英国）

范围	阔叶树	针叶树
Standard，Small Standard、Native，社区林业	1800 英镑／公顷	1200 英镑／公顷
特殊阔叶树	700 英镑／公顷	

表 10.6　森林管理补助金（英国）

条件	100 公顷以上的森林需要英国森林认证标准（UKWAS）的认证和可持续管理计划； 30－100 公顷的森林必须取得认证或必须有 WMG 资格的适当管理计划； 30 公顷以下的森林同样需要取得认证，或 1 年以内的条件、机遇和危险评估
对象	对英国生物多样性行动计划（UKBAP）重要的森林、提供符合要求的公共准入、应受保护的红灰鼠栖息地、东米德兰林地鸟类优先地区
金额	每年平均 30 英镑/公顷，共 5 年

英国森林委员会通过以上表格中所列明的各种森林补助金，在森林补助金制度的框架下向提供森林生态服务的以及居住在森林周边并经营森林的林区居民发放林业补贴。这些补贴分别对林地的规划、管理决策信息获取、采伐后更新、增进林地公益价值、增强林地公益性管理和造林等活动提供资金支持。

2. 瑞士林业补助金制度

在欧洲，瑞士是对林业资金补助最多的国家之一。20 世纪 90 年代，瑞士政府所提供的林业补助金的用途主要体现在三个方面：其一为森林施业及管理；其二为结构改善及基础治理；其三为预防自然灾害。在三项主要用途中，用于森林施业及管理的支付比例大致占到 50%，主要内容包括：对抚育和保育森林保护区、森林灾后恢复以及森林经营计划的基础资料整理；用于结构改善及基础治理的支付比例大致占到 15%，主要内容是针对加强与森林所有者的合作以及森林市场战略的拓展；用于预防自然灾害的支付比例占到约 29%，主要内容包括森林生态资源的保全作业，以及与保育森林资源的相关基础设施的建设。21 世纪初，依据欧洲森林研究所针对瑞士林业补助金所提出的建议，以及基于欧盟的森林行动计划，瑞士政府在 2004 年制订了在本国内所实施的国家森林行动计划，并且依据本国国情对所引入的成果、指标以及相关合作计划进行了改革。随后在 2008 年对所有森林补助金计划进行了重新修订，并开始全面有计划地执行森林补助金制度。由于林业补贴的提供方和受益方的合作十分契合，所以瑞士的森林补助金制度在短时间内就产生了良好的效果，不但对森林生态资源进行了有力的保育，并且也将森林所有者以及与森林密切相关的人群生活水平提升到了一个较高的水平。

3. 德国林业补贴制度

德国特别重视森林资源的保育工作，其中将国土内所含整体森林覆盖面积的三分之一划归为需要特别保护的生态森林，并对特殊的树木种类，以及稀有的或者是濒危的动植物等进行保护。基于森林管理和环境保护部门所制定的森林保护规划，与森林的实际拥有者进行协商谈判，对其经营和管理森林的费用给予财政补贴，其中在 1990－1999 年间由政府通过直接的项目资金支持向森林资源保育工作投入了 11.39 亿欧元。德国对森林的补助范围十分广泛，只要是进行可持续森林发展和经营，有利于森林生态资源保护的一般都予以政府的财政支持。林业补贴的内容主要包括：（1）补种其他树种（如阔叶）造林补助。如勃兰登堡州，每年提供约 1500 万欧元的资助，按种植成本（按种植其他树种的株数）的 85％的进行补贴[①]。（2）成林抚育补助。对于森林抚育和树种结构调整给予补助，如肯普滕州，补助标准为：30 年以下的中幼林抚育，给予 300 欧元/公顷的补助；如果是生态防护林的抚育，再增加 50％的补助，将补助提高到 450 欧元/公顷。（3）林地土壤改良给予补助。德国有些州由于酸雨等原因造成土壤侵蚀和林地生产力下降，为鼓励经营者改良土壤提高林地生产力，政府通过资金补助的形式给予支持。（4）森林调查规划补助。对于私有林主为制订森林经营方案开展的调查规划设计，州政府给予一定的补助。国有林和社团林（集体林）规划制定的费用由州财政支付，大约 30－40 欧元/公顷；私有林森林规划编制，一般可以得到 10 欧元/公顷的补助。

（三）森林生态标签认证措施

欧盟生态标签认证措施始于 1992 年，是一项自愿性的计划。此措施的实施旨在促使商业中的产品和服务能够更加有利于环境，即减少对环境的破坏。除了对环境更加友好外，更为重要的是一旦一项产品或者服务被授予了生态标签，那么它将会得到消费者更为彻底的信任，从而此商品或者服务便能在市场竞争中占据有利的竞争地位。所以生态标签的颁布不仅能够让生产者、销售者以及服务的提供者从消费者那里获得高品质的认可，同样也可以帮助消费者在购买产品或者服务时做出更为理性的选择。

生态标签措施具体应用在森林及其相关产品之上就演变成为森林认证体系，这是一种通过市场促进与激励机制来推动森林可持续经营的方法。据统计，世界范围内有 50 多个森林认证体系。其中 FSC 认证体系（森林管理委员

---

① 补贴办法是先由林主提出申请，再由专门机构按照一定的标准进行监督，并按时抽检，合格后给予补贴。补贴成本先由林主垫付，然后凭发票报账。

会）和 PEFC（泛欧森林认证体系）是最具影响力的两个认证体系，而欧盟国家广泛采用的则是 PEFC 认证体系。PEFC 认证体系于 1999 年 6 月 30 日成立于法国巴黎，由 11 个官方组成的国家 PEFC 管理机构的代表组成，并获得了代表欧洲地区 1500 万林地业主的协会，以及一些国际森林工业和贸易组织的支持。其中第一个被 PEFC 认可的便是 2000 年 5 月的北欧三国芬兰、挪威和瑞典的森林认证体系。随后 PEFC 在 2000 年认可德国，在 2001 年吸纳了英国。之后，PEFC 从 2001 年至今已经认可了包括捷克、西班牙、瑞士、卢森堡、斯洛伐克、斯洛文尼亚等欧盟国家的森林认证体系。

在欧盟范围内普遍采用的 PEFC，对于森林经营、林产品贸易和森林所有者和经营者来说有着重要的影响，并且也具有广泛的作用。首先，森林认证有助于提高林业管理质量。森林认证严格要求经营企业在森林管理过程中必须注重组织、规划和监测等一系列操作程序。通过对森林资源的制图、清查、规划、监测、评估、登记和建档，及时掌握森林资源的发展态势，这种森林管理程序长期的影响无疑有助于提高森林管理的质量。其次，森林认证有助于保护生态环境。如果想要通过森林认证，必须要在认证之前就建立起良好的森林经营实践，依靠规范性的保护森林战略和严格的森林保护措施来对森林生态资源进行保育，以达到保护森林生态环境的可持续发展目标。再次，森林认证有助于提升森林企业的经济效益。森林认证提供了可持续发展的回报，这种回报得益于市场的开拓，而消费者则是主要驱动力。最后，森林认证可以促进林产品贸易。没有通过森林认证的林产品可能会面临贸易中环境标准的瓶颈，而通过森林认证的产品则会因为其具有包括质量优越性以及环境友好性等多种原因而在国际贸易市场中占据领先地位。

（四）森林碳汇交易措施

目前，在一些国家和地区，碳汇交易的运作已经相当成熟，主要的碳汇市场就包括欧盟碳市场。欧盟的碳市场是依托于欧盟排放交易体系（EU Emissions Trading System）而存在的，此项体系是欧洲应对气候变化的基石和有效减少工业温室气体排放的关键所在。作为世界首个并且是最大的温室气体排放配合交易的国际计划，欧盟排放交易体系已经涵盖了 30 个国家中的大约 11000 个发电站和工厂。欧盟排放交易体系开始于 2005 年，其遵循着"限额与交易原则"。这意味着欧盟需要指定一个温室气体排放总量，在这个总量的上限内通过市场手段来进行排放配额交易，从而对提供森林碳吸收和转化的林场所有人和经营者实现森林生态补偿。故而在该体系中，森林生态系统由于其能够对二氧化碳进行固定、存储和转化，减缓气候变化，而成为欧盟排放交易体系中一个关键性的要素，同样也成为实现欧盟森林生态补偿制度的一个非常重要的途径。

在欧盟排放交易体系当中，存在着两种主体：一种是森林碳汇服务的提供者，包括个体农户、集体林场、国有林场以及其他拥有或经营森林资源的个人、企业以及其他实体等；另一种则是森林碳汇服务的受益者。以上两种主体即相当于市场中的产品生产商和消费者，所以基于欧盟排放交易体系，便能够改善农户林业收入构成、稳定增加农户林业收入，并且在此经济利益的激励下，实现森林可持续经营。可见，欧盟排放交易制度并非简单的具备资助林区效应的政府财政项目，而的确是森林生态服务的购买者与造林实体的一种商业交易行为，因为在这样的体系下，林地的所有者和经营者通过造林活动和销售林产品等管理活动从森林碳汇项目中获取了直接的收益。但是他们在获取收益的同时，也失去了对林地以及林产品的所有权。所以这是一种彻彻底底的经济利益与所有权进行交换的市场手段。

（五）在森林生态补偿过程中实施公众参与

2003 年 6 月，欧盟对农业政策做出根本性改变，环境保护被确立为欧洲农业管理的中心目标。根据新的交叉遵守原则的要求[①]，环境管理被作为农民接受支付的先决条件，农民要具有良好的农业环境条件及达到法定管理的要求，才能得到农业支付。如果农民没有能够遵守这些条件而导致环境的恶化，则将会削减其至完全取消所应得到的直接支付。研究发现，大约有 10％的农民被发现未完成土壤保护手册中所规定的义务，从而要面临罚款。所以交叉遵守原则作为一种补贴的方式，虽然能够调动农民的积极性，同时对农民来说也存在一定的风险，因为交叉遵守是一种强制性的义务，农民必须遵守环境保护标准，将土地保持在良好的农业状况，否则不但不能拿到补贴，反而会受到处罚。

---

① 所谓的"交叉遵守"，即在从事农业生产的时候主要满足两个不同方面的要求。其一是良好的农业环境和条件要求，农民有义务对农业用地进行管理，最低标准应当确保下列基本目标的实现：减少水土流失，维护有机物质，维护土壤结构，并确保最低限度的保全。其二是法定管理的要求，要求农民处理更广泛的环境问题，包括牲畜的鉴定和登记，公众、动物、植物的健康问题和全体动物的福利问题。

农业环境协议在森林生态补偿中表现为固定补偿标准自愿协议,旨在奖励那些提供遵守基本环境标准以外的环境服务的农民。按照农业环境协议所提供的机制,各国的农业机构可向农民提供自愿性管理合同。参加的农民要签订一个管理合同,同意在约定的年限里按照一定的方法管理土地,发展土地的环境价值,同时可以得到相应的报酬。农业环境协议的推行填补了共同农业政策的空白,它既承认农民在环境管理中的作用,又可以保护农业环境。无论是强制性的交叉遵守原则还是自愿性的农业环境协议,在某种程度上都极大地调动了农民参与环境保护的积极性。同时在这两项措施中,既为农民从政策上设定了严格的权利与义务,又在协议层面上设定了可选择的权利与义务,从而在法理基础层面保证了权利与义务的对等性。

二、日本的公益林补偿政策工具

1897 年,随着《森林法》的制定,日本建立并开始实行公益林制度,目的是维护国土安全,发挥公益功能,增进社会福祉。从 2006 年末到现在,日本公益林实际面积为 1176 万公顷,约占森林面积的一半,其中 60% 左右是国有林,国有林中接近 90% 被指定为公益林。根据公益林的不同用途,对其进行命名,种类达 17 种。其中主要林种包括:水源涵养林,占公益林总面积的67.3%;防止水土流失公益林,占公益林总面积的 22.1%;保健公益林,占公益林总面积的 6.8%。这 3 种林种占据了公益林总面积的 96.2%(于牧雁,2017)。为了更好地发挥公益林的作用,日本实施了多种补偿政策,涉及自愿型政策工具、强制型政策工具和混合型政策工具,取得了较好的效果,其经验可以为中国所借鉴。

(一)自愿型政策工具

对于自愿型政策工具,日本主要选择了志愿者组织、森林旅游、森林认证等政策工具。其中,志愿者组织主要是指森林组合和环保组织。森林组合是由私有林主依据自愿的原则组建而成,共分为 3 级(图 10.1),在林业经营和管理中发挥着重要作用。1950 年(昭和 25 年),"绿色羽毛募金"运动开始,此后每年由天皇下赐资金,后来通过社会集资"绿色羽毛基金"(于牧雁,2017)。日本共有非政府组织 3913 个,活动的领域主要为防止沙漠化、森林保护、绿化和环境教育，如有推进造林和林道建设的"绿资源机构"、支持林业发展的"农林渔业金融金库"和"农林渔业信用基金"、促进国民绿化运动开展的"国土绿化促进机构"等。除了社会组织，个人自愿参与山村交流活动也很活跃，个别企业积极进行资金投入，参与植树造林活动。日本森林旅游非常发达。森林旅游人数每年达 8 亿人次，相当于本国人口的 6.15 倍。2015 年日本全国森林公园总数达到 3000 多处，森林旅游人数达到 5 亿人次（郑植，2016）。日本先后成立了森林疗养基金会、森林体验教育活动，成为世界上森林体验的典范。森林体验主要是利用森林的保健功能，达到身心疗养的目的。森林认证最早始于森林管理委员会（FSC），日本于 2003 年创立了"绿色循环认证会议"（SGEC），这是日本独立的森林认证制度，由 7 个标准及 35 个指标构成，以促进森林环境功能为重要依据。

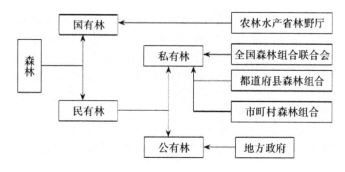

图 10.1　日本森林管理体系

（二）强制型政策工具

公益林补偿强制型政策工具主要是管制。日本《森林法》第 35 条规定，如果森林被指定为公益林，国家或都道府县须对森林所有者进行补偿。随着法律制度的不断修订和完善（表 10.7），对于公益林的相关规定也更为具体，包括公益林的立木采伐、指定、解除和管理都做出了明确规定。

表 10.7　日本公益林法律变迁汇总

年份	法律或制度	具体内容
1875	《暂行山林规则》	设立了"禁伐木"的条款
1876	《官林暂行调查条令》	设立"禁伐林"（"官"后称"国有林"）
1881	《山地限制规划》	对淀川流域附近地带的开垦和林木采伐做了规定

年份	法律或制度	具体内容
1882	《明治15年森林法草案》	设立了指定9种水源涵养林项目,没有出台
1897	第一部《森林法》	规定了12种公益林,对公益林营林监督制度进行了补充
1907	对《森林法》进行修改	创立公有林等编制森林作业方法。经营作业的种类不仅局限于禁伐,择伐、皆伐成为可能
1948	公益林强化事业	重要河流山川上游开始指定大规模的公益林,以5年计划为基础
1951	对《森林法》进行修改	政府建立森林计划制度,正式规范了森林组合制度。公益林种类增加到17种,引入采伐许可证制度
1953	《公益林整备临时措施法》	开始实施《公益林整备十年计划》
1954	《公益林治理临时措施法》	强化森林经营,由政府收购民有林;按流域确定森林经营计划
1962	《森林法》修订	增设全国森林计划和地区森林计划,设立采伐报告制度
1964	《林业基本法》	促进林业产业的发展,提高林业经营者的社会地位
1968	《森林法》修订	设立森林经营计划制度,森林计划时间延长5年
1974	《森林法》修订	林业开发许可制度,采伐报告制度中加入劝告
1978	《森林组合法》	从森林法中独立
1991	《森林法》修订	建立新的森林计划制度
1996	《确保林业劳动力促进法》	促进林业雇佣劳动力的稳定
1998	《森林法》修订	市町村森林整备计划制度,森林经营权限下放到市町村
2001	《林业基本法》被修改为《森林·林业基本法》	制订了森林·林业基本计划,确定了发挥森林的多种功能和促进林业可持续发展为根本内容的政策方向
2003	《森林法》修订	对公益林择伐的采伐许可制更改为事前报告制
2011	森林计划制度的修改	将森林作业计划改为森林经营计划,增设林地所有者申报制度

关于公益林的采伐,应符合指定的施业条件,并且需要经过都道府县知事的许可。根据不同林种采取不同的采伐方式,可以是禁伐、择伐或皆伐。关于公益林的指定、解除和变更,农林水产大臣或都道府县知事拥有指定和解除公益林的权限。农林水产大臣可以向林政审议会进行咨询,都道府县知事可以向都道府县森林审议会进行咨询。此外,对于公益林的管理非常严格,立木的损伤,家畜的放牧,林下杂草、枯枝、落叶的采集,土石、树根的采取、开呈等对土地形态的变更,必须得到都道府县知事的许可。对于全国的

森林资源，政府根据森林治理和保护的目标及森林、林业经营的基本方针，通过森林计划制度的实施，实现森林资源的合理配置。具体的森林计划基本框架如图 10.2 所示。

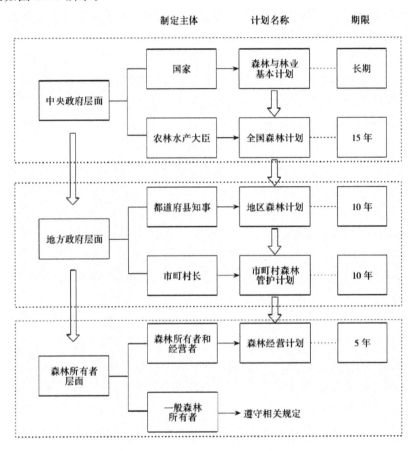

图 10.2 日本森林计划基本框架

（三）混合型政策工具

混合型政策工具主要包括补贴、国家赎买、征税（水源税）和森林教育等。

日本对于公益林补贴政策工具的运用非常丰富，对于私有公益林的补偿措施有损失补偿、税制、融资等。公益林补偿的实质是对所有权限制的补偿，按照《宪法》和《森林法》的规定，根据权属（国有、私有）的不同对权利受损者做出补偿或不补偿的决定。对于"私有林中因禁伐或限制采伐的公益林及满足标准伐期 50 年以上所造成的经济损失，由国家进行经济补偿"。在禁伐情况下，补偿金额为立木价格的 5%，损失补偿和造林补贴由中央财政和地方财政按照 2∶1 分担。在资金方面，对公益林造林给予低息长期贷款和高于一般林地的造林补助。对于税收减免形式多样，税基构成优惠是从总额中扣除必要成本后再进行计算，减征幅度最大的是山林所得税。

日本是对公益林进行国家赎买和委托管理的国家。《森林法》第 25 条规定了公益林的购买措施，对不让采伐的公益林采取国家赎买形式。除了国家赎买，还可采取委托管理的形式，从而加强对森林资源的管理。

公益林补偿最为普遍的税种就是水源税（也称森林环境税）。1964 年日本建立了第一个水源林基金，基金主要用于水源涵养区森林的经营和水源地区生态环境的保护，此后全国有 19 个都道府县建立了水源林基金。2003 年正式征收水源税，征收资金全部纳入森林环境保全基金，专款专用。在征收水源税中，高知县是比较有代表性的一个县，其做法是将水源税定位于法定外税，不纳入地方财政。水源税主要是向居住地的居民和法人等额征收，每年每人（或法人）500 日元，生活困难的低收入人群可享受免税特例。税收实行与县民税合并征收的方式，税收成本由县财政转移支付。在使用方面设立了"高知县森林环境保全基金"，水源税全额转入该基金，单设账户，专款专用。

森林教育是一个包含森林、林业、森林环境和森林文化教育等内容的广泛概念。森林教育形式是多种多样的，如林间学校、森林体验、林业体验、自然观察、采集红叶、研修、山村生活体验、森林志愿者、旅游等。参加森林教育的年龄层也从儿童到老年人，范围十分广泛。参加的团体包括学校、儿童会、俱乐部、夫妇、家庭、公司、自治会团体等。对于小学、初中、高中的森林环境教育而言，学校起重要作用，在学校开设环境教育课程是环境教育制度化的体现。对于森林作用的宣传，可在活动现场对当地学生、民众进行教育，让他们了解森林及其功能，或通过多种媒介宣传森林的作用，增加公众对森林的了解和认识，感受森林和日常生活联系的紧密性。

三、美国的森林生态效益补偿制度

（一）美国林业制度体现的可持续发展原则

美国林业的发展大致分为 6 个阶段（表 10.8）：1.19 世纪中期以前为森

林初期利用阶段；2.19 世纪中期至 20 世纪 20 年代初，美国内战之后，经济高速发展，因第一次世界大战爆发，森林资源大规模开发，以备军需物资消耗增加，该阶段美国林业处于森林破坏阶段；3.20 世纪 20 年代至 60 年代，因第二次世界大战爆发，国家全面干预金融财政、工业、农业等领域，而第二次世界大战后期，国有林的木材供应成为林区的主要活动，美国林业不断演变成边治理边破坏阶段；4.20 世纪 60 年代至 80 年代期间，美国资本主义迅猛发展，工业发展带来的环境问题逐渐显现，引起了环保人士的密切关注，美国林业逐渐追求森林多目标利用，以实现森林资源利用程度的最大化；5.20 世纪 80 年代至 90 年代，美国林业进入了以生态利用为主兼顾产业利用阶段，美国对国有林实施森林生态系统管理，美国林业向可持续发展转变；6.21 世纪至今，美国林业发展进入可持续利用阶段。

表 10.8 美国林业管理思想演进

时间	所处阶段	管理办法	经营特征
19 世纪中期以前	森林初期利用阶段	森林资源皆伐	销售木材、开发林地成耕地
19 世纪中期至 20 世纪 20 年代初	森林破坏阶段	森林资源开发利润最大化	木材砍伐与利用、采矿、放牧
20 世纪 20 年代至 60 年代	边治理边破坏阶段	环境保护与林木资源开发并重	交通运输的发展、木材防腐技术和木材综合利用率的提高
20 世纪 60 年代至 80 年代期间	森林多目标利用阶段	森林多目标、多用途管理	加强对野生动植物以及栖息地的保护，木材产品不再被视为唯一的森林产品
20 世纪 80 年代至 90 年代	生态利用为主兼顾产业利用阶段	注重森林生态系统的管理	将森林管理与美学和休闲融合
21 世纪至今	可持续利用阶段	农林复合生态系统管理	农林生态系统与土地管理方法结合，提高现有土地的利用率

资料来源：谷瑶等（2016）。

自 20 世纪以来，美国主要在自然资源保护、促进森林资源恢复等方面对林业政策和制度进行了调整。美国的林业政策和制度比较健全，相关法规立法程序科学严谨、体系完备、条文详尽，具现实的可操作性，而且美国林业相关法规一直体现着可持续发展的原则。早在 1897 年，美国国会就通过了建立林业体系的基本法律，即《系统管理法》；1960 年国会通过了《森林多种利用及永续生产条例》和《多用途和持续高产法》，强调林业资源的更大范围永续利用，要求林业经济可持续地提供更高质量的林产品；1974 年通过了《森林和草地可再生资源计划法》；1976 年通过了《国有林管理法》；1978 年通过的林业法律有《可更新资源推广法》、《可更新资源研究法》、《协作林业援助法》和要求林业为提供清洁水源发挥作用的《清洁水法》；1980 年的《土地休耕保护法》和《环境综合性反应、补偿和责任法》（又称《超级基金法》）；1988 年的《森林生态系统污染防治法》；1990 年的《国际林业合作法》；1992 年的《森林生态健康法》；等等。1993 年，美国成立了"森林生态系统经营评价工作组"（FEMAT），工作组由美国农业部林务局、商业部的两个局、内政部的土地管理、环保 4 个局组成，负责对森林生态系统经营进行评价。工作组在 1993 年发表了《森林生态系统经营：生态、经济和社会的评价》，该报告的出台预示着美国的森林经营思想从传统的永续生产经营向经济、生态、社会多效益利用的现代林业转变。同年克林顿接受戈尔的建议拟提出 BTU 税法，这实质上是一部生态税草案，但是受到了共和党人以及石油和天然气生产州议员的反对，最后搁浅。此后美国再没有提出生态税法案，但是专家认为这种情况迟早会改变。2006 年，针对过去十几年美国政府对于森林生态环境管理的政策缺陷所造成的严重后果，布什签署了一份关于保护森林生态环境的法令。这些法律的颁布，对管理国家的林业资源和森林的持续发展起到了重要作用。

（二）土地休耕保护计划

土地休耕保护计划（Conservation Reserve Program，CRP）源自 1956 年"土地银行计划"（Soil Bank Program，SBP）。1985 年，美国国会通过的食品安全保障法案（Food Security Act）正式设立了 CRP 项目，1986 年开始正式实施。1990 年和 1996 年农业法案中做了进一步完善，计划到 2002 年，休耕保护土地约 1470 万公顷。2002 年美国农业法重新授权将该计划实施至 2007 年，全国范围内休耕的面积增加到约 1583 万公顷。对同意将环境脆弱耕地置于保护性覆盖的土地业主进行年度租金补偿，例如人工培植的或者天然的草坪、野生植物、树木、河岸缓冲带或河岸两旁的隔离地带，等等。全国范围内符合条件的土地所有者都可以参与土地休耕计划，并且补偿年限为 10—15 年。主要目标之一是针对那些土壤极易侵蚀的和其他环境敏感的作物用地进行补贴，扶持农作物生产者实施退耕还林、还草等长期性植被保护措施，最终达到改善水质、控制土壤侵蚀、改善野生动植物栖息地环境的目的。

CRP对申请者有严格的条件要求，只有满足计划所规定的各种条件的农场主才能够得到补贴。申请CRP的生产者在签署CRP协议申请结束日期之前必须拥有或者耕作土地至少12个月。对土地的要求包括：农作物用地必须在前6年中已经耕种了4年，且能以正常的方式种植农作物；或者是特定的牧场边缘的可以作为河岸缓冲带或河岸两旁的隔离地带的土地。另外还要满足以下至少一种附加条件：1. 土地的加权平均侵蚀指数达到8；2. 即将到期的CRP土地；3. 位于国家或州政府确定的CRP优先区域。列入CRP的土地一是要休耕，退出粮食种植；二是要采取植被绿化措施，包括种植多年生的草类、豆科草类、灌木或林木。为了确保项目的实施不对农业生产造成负面影响，通常每个县最多允许不超过25％的耕地纳入CRP。2003年5月至6月，CRP开展了新的农业法实施以来的首次项目申请与签约，共收到申请71077份，涉及耕地167.6万公顷，实际批准申请38621份，签约面积80.8万公顷。

农场服务局每年向CRP参与者提供补贴，CRP提供的补贴由以下几部分构成：一是土地租金补贴，对于农民自愿退耕并纳入CRP的土地，农场服务局将根据这些土地所在地的土地相对生产率和当地的旱地租金价格，评估、确定一个年度土地租金补贴价格。农民可按照这个补贴价格申请加入CRP，也可自愿降低补贴价格，以增加其获准加入CRP的可能性。农民获准加入CRP后，即可按批准的补贴面积和年度土地租金补贴价格享受土地租金补贴。二是分担植被保护措施的实施成本，分担成本是指根据农民实施种草、植树等植被保护措施的成本，CRP向农民提供不超过成本50％的现金补贴。另外还有可能提供9.9美元/公顷·年的补助作为一些特别维持责任的鼓励金。有时对于一些持续签约的项目，每年还提供不超过年租金20％的其他的经济资助作为激励。除负责实施该计划的农场服务局外，美国农业部自然资源保护局（Natural Resources Conservation Service，NRCS）和美国农业部合作研究、教育与推广局，以及各州林业机构、地方水土保持机构和相关的私有机构等，也为CRP计划提供技术支持。

（三）鼓励私有林发展

在美国，私有林地通常由林业所有者本人（家庭）或聘请的专业技术人员来经营，管理者决定采伐时间及数量。美国私有林地占全国林地的60％，私有森林面积 1174 亿公顷，占全国森林面积的 57.6%。美国发展私有林之所以成功，主要有以下几方面的原因：1. 林业产权分明。政府部门对私有林区的经营活动无权直接干涉，而是通过立法和制定政策引导私有林符合政府所要达到的目标。私有林主自主经营，其拥有的林地是私有财产，受到法律保护。2. 资助政策及发放专门贷款。政府对私有林主的人工造林给予财政上的补助，补助额一般为 50%—70%，由政府在各年度通过的"农业水土保护计划""造林税收激励计划""林业鼓励计划""部门合作计划"投资中分摊付给。同时，政府还向他们发放了利率低、贷款期限较长的专项贷款。美国的木材税收项目较少，仅有地方税和联邦所得税。3. 生态效益补偿制度。《华盛顿州森林指南》中规定，河流和小溪两岸边必须保留 60 米宽的防护林带。这项规定给私有林主造成了经济损失。华盛顿州政府以市场价核算防护林带的森林价值，并按其总价值的 50% 给予林主一次性补偿。同时，为了在河岸缓冲区种植林木和恢复湿地，改善水质、减少土壤侵蚀和保护野生动物栖息环境，美国联邦政府与一些州共同启动了名为保护区建设项目的流域管理新项目。该项目将对自愿放弃农业生产而进行植被恢复的土地所有者提供 10—15 年的财政扶持，以保护生态脆弱的土地。4. 提供研发和技术支持。1978 年通过的林业合作援助法案（Cooperative Forestry Assistance Act）明确了林业合作发展的思路，即林业企业及咨询公司开始独立地为非工业私有林所有者提供帮助。1990 年，联邦政府又开始实施一项技术扶持计划（Forest Steward-ship Program），政府林业技术人员向这些所有者提供一整套的技术支持，包括编写林业管理计划书，开发多用途林业生产以及实施最佳林业管理措施等，帮助非工业私有林所有者提高森林管理水平。

（四）积极发展森林碳汇

1. 保持并增加森林碳库

美国森林除提供足够的木材产品外，还在保障优质水源、抵消温室气体排放、减缓气候变化等方面起着重要作用。据研究，美国森林在 1700—1950 年的 250 年间，表现为碳源，因为工业革命期间森林遭到持续大规模的破坏，到 1900 年，这种破坏达到顶点，当年造成 29 亿吨的二氧化碳排放。经过 20 世纪持续的森林恢复，美国森林逐渐由碳源转变为碳汇，目前森林每年吸收的二氧化碳量约为 7 亿吨，相当于当年化石燃料碳排放量的 12%。鉴于历史的教训，美国在关注森林传统功能的同时，提出要尽量减少森林破坏、加快恢复森林植被、发展生物质能源、开发木材替代品、发展混农林业与城市林业等。他们重视森林的科学管理，将森林碳库管理的理念纳入森林经营之中，在管理活动中注重碳平衡和减少对碳库的干扰，努力控制林火和病虫害的发生，让森林处于较稳定的状态，在不断增强碳汇功能的同时，尽力保持和增加森林碳库。

2. 计量与监测森林碳汇

美国科学家认为，遥感技术主要适用于分析碳汇时空格局变换以及因土地利用变化而产生的碳汇变化等，而难以适应政府间气候变化专门委员会（IPCC）提出的对森林地上生物量、地下生物量和土壤生物量的计量要求。因此，美国大尺度的碳汇计量主要采用遥感和模型相结合的方法。他们利用多期遥感数据估测植被覆盖状况，分析植被的光合作用，研究地表物候变换情况，估算森林生态系统的初级生产力（GPP）和净初级生产力（NPP）等。利用通量塔观测数据，结合遥感数据资料，他们也估算了全国森林生态系统的碳储量和碳吸收能力，并从树木的生命周期和生长周期两个尺度研究了森林碳库的碳平衡情况。关于森林采伐后木制品碳储量的计量和估算，目前美国普遍采用如下标准：纸和纸制品以年为生命周期，家具以 150 年为生命周期。此外美国林务局注重开展碳汇计量服务，开发了基于网络技术的决策支持系统，利用美国森林调查数据和气象数据估算森林碳储量，用户可以选择国家、州和小到几个县的空间区域，选择森林类型和立地条件估算碳储量。

3. 研究森林生态系统碳循环机理

美国自 1991 年建立第一个碳通量塔起至今已经建立了 100 多个。长期积累的观测数据为美国碳循环和碳汇机理研究提供了翔实的数据资料。科学家对陆地生态系统的碳循环研究表明，地球热带区域由于植被较强的生长能力、寒带区域由于较弱的呼吸分解能力，而成为陆地生态系统的主要碳库；温带区域由于土地多用于农业以及沙漠面积较广等原因对碳的吸收能力较低。从时间上来看，陆地生物圈在 20 世纪 80 年代基本上保持碳平衡，到 90 年代，转变为碳汇。产生这种变化的主要原因是土地利用变化，包括大规模的植树造林（主要在弃耕农田上造林）、防止森林火灾等。同时在小尺度上也做了大量的研究工作，如北卡州立大学对美国东南部广泛分布的火炬松林研究表明，由于采伐迹地剩余物和土壤的呼吸作用，人工栽培的火炬松林地在最初的 4—5 年内碳泄漏大于碳吸收，即表现为碳源，随后由于火炬松生长能力的增强而逐步转变为碳汇。

4. 分析影响森林碳库的因素

科学家研究森林碳汇的干扰因素结果表明，土地利用变化、森林火灾、病虫害、飓风是造成美国森林碳汇动态变化的主要因素。据估测，通过减少毁林和林地退化再造林、提高现有碳库的储碳能力、发展林业生物质能源以及林产品减排等措施，美国每年能增加固定约16亿吨二氧化碳，未来50年内造林和森林经营管理是减缓温室气体排放的重要手段。据统计，1990—2000年间火灾平均每年造成森林1亿吨以上的二氧化碳损失，2001—2006年间每年损失森林500万英亩以上，1990—2004年间，飓风每年造成1000万吨以上的二氧化碳损失。特别是1995年之后，这种损失稳定在1400万吨以上。1970—1990年间，经常爆发的大规模的森林病虫害如锈病、天牛等，平均每年造成4.5Tg（Tg＝百万吨）以上的二氧化碳损失，90年代之后病虫害造成的森林碳汇损失逐渐减少。但是，随着全球气候变暖趋势的持续，预计未来由于恶劣天气、城市化、土地破碎化、林地流转、可燃物的积累、高温、夏季干燥、虫口密度增大、寄主范围转移等原因，美国每年将损失100万英亩以上的林地和草地，森林火灾的发生频率增加，病虫害和飓风频发，森林碳汇可能损失更大。因此，美国东部森林环境威胁评估中心和联邦政府州政府、大学及非政府组织合作开展了环境威胁预测、监测和评估工作。针对已发现的森林威胁，开发应用了林火项目分析系统、相对风险评估框架与工具等，对林火管理进行影响评价，为联邦和州政府森林管理者制定林火管理计划、经费预算以及建立森林固碳补贴政策等提供依据。

四、哥斯达黎加森林生态补偿制度

哥斯达黎加是一个发展中的小国家，面积虽然只占世界面积的0.03%，但是生物量却占世界的5%，是生物多样性密度最高的国家之一。哥斯达黎加领土覆盖着40%的原始森林。然而由于种植业的扩展，哥斯达黎加毁林开荒日趋严重，森林面积一度下降，严重危害着生态环境。从20世纪70年代末，哥斯达黎加开始通过生态补偿等措施来改善生态环境。哥斯达黎加建立了一个正式的、全国范围内的补偿制度，是发展中国家实行生态补偿的先行者，该项目曾帮助哥斯达黎加从世界上森林砍伐率最高的国家，在21世纪实现了森林采伐率的负增长。

（一）森林生态补偿制度概况

20世纪70年代，由于木材供应量不断减少，哥斯达黎加最早通过退税来鼓励商品林种植。原本的森林信用认证（Forest Credit Certificate，FCC）只是允许税收较高的工商参与，到了1986年扩大了参与范围，允许各种各样的参与者获得森林信用认证。1995年，哥斯达黎加推出了森林保护认证（Forest Protection Certificate，FPC），FPC支持森林保护胜过鼓励商品林种植。FPC的推出具有重要的意义，使得森林的管护工作得到了更为有效的推动。1996年哥斯达黎加颁布的《森林法》第7575号描述了森林生态系统可以提供的四种生态服务：1. 减少温室气体排放；2. 水文服务，包括提供饮用水、灌溉和发电；3. 生物多样性保护；4. 生态旅游和提供自然景观。这项法律为土地所有者通过合同提供所需要的服务奠定基础，同时，通过这项法律建立了FONAFIFO。FONAFIFO是一个具有独立法律地位的半自治机构，其理事会由三个公共部门（环境和能源部、农业部和国家银行系统的代表以及由国家森林办公室的团体理事会指定的两个私营森林部门）的代表组成。FONAFIFO的地位使其可以自主决定认识安排和资金管理，但同时也受到政府的各种管制，其预算必须经财政部门审批，每年由行政法令设定补偿金额和优先权。1997年，哥斯达黎加在已有的造林和森林管理的补偿措施及相应的管理制度的基础上，开始实施森林生态补偿制度（Pagopor Servicios Ambientales，PSA）。此时，《森林法》有两项重要的变化：1. 转变之前补偿商品林产业，改为补偿森林所提供的生态系统服务；2. 目的税和受益方支付代替国家财政成为补偿资金的主要来源。在其他方面，PSA项目类似于森林部门已有的激励措施。直到2000年，PSA项目资助的活动同先前的政策工具所资助的活动也大体一样，都资助商品林的种植、可持续森林管理和森林保护，在补偿数量和时间等方面也只是之前项目的延续。2004年，PSA引入了农林合同和自然再生合同，项目从最初的目标不明确向日益高级的目标演进。

（二）生态系统服务的付费者

哥斯达黎加颁布的《森林法》第7575条明确阐述了森林在提供水服务方面的重要作用，所以PSA项目实施的重要支柱是水电部门及其他用户所支付的费用。但是，《森林法》没有强制受益方必须进行付费补偿，而FONAFIFO

负责森林生态补偿制度，它需要并且一直致力于与用水户的谈判并达成协议，使其为所用的水服务付费，同时制定一系列措施有效促进其实施。

根据不同情况，FONAFIFO 与林地所有者之间签订的生态补偿合同分为四种：1. 森林保护合同，这是森林生态补偿制度的优先选择，FONAFIFO 总投资额的 80％被用于森林保护合同；2. 造林合同，这是森林生态补偿制度的第二选择，占用了 FONAFIFO 投资的 13％；3. 森林管理合同（2003 年时取消），这是森林生态补偿制度的第三选择，占 FONAFIFO 投资的 6％；4. 自筹资金植树合同，占用了 FONAFIFO 投资的 1％。《森林法》从最初就规定了 FONAFIFO 拥有多样化的资金来源，主要有国家投入自建、与私有企业签订的协议、项目和市场工具。经历缓慢的起步后，生态系统服务认证（Environmental Services Certificates，ESC）实施过程改进后，与水资源使用者达成协议的速度迅速增长。ESC 是计算特定区域保护每公顷森林所需要补偿金额的标准尺度。它的应用是 FONAFIFO 可以向感兴趣的用水户销售适当数量的认证授权，从而取代了原来每笔协议签署前的谈判过程。2005 年，哥斯达黎加通过修改水税（原来仅对用水户征收接近于零的名义税费）和引入流域保护收费，拓展了水资源补偿的使用范围，并将每年筹集到的总费用的 25％用于 PSA 项目，50％分配给环境部和水能部门，另外 25％分配给保护区。这种新的税收通过总统法令设立，并将被纳入新《水法》中。水税表明了由资源协议向强制性协议的转变，这给环境保护的资金带来了快速、可持续性。水税制度要求水税的收入必须用于征收水税的流域，并使该流域用水户受益，这保证了资金能够用在水需求最大的地方。同时，水用户可以从应付的水税中扣除缴纳给 FONAFIFO 的直接补偿款，这就保证了用水户缴纳的补偿金一项用于自愿补偿，另一项用于强制性的税收。事实上，这项规定会导致自愿协议的增加，从而有效地保证森林补偿资金的供给。

《森林法》中提到美丽的自然景观也是森林提供的生态服务之一，这就要求森林景观服务的使用者为森林景观付费。但是 PSA 项目补偿资金中只有部分来自服务的使用者。项目在实施过程中，虽然要求服务使用者付费，可是刚开始人们因不了解生态补偿而不愿意对生态系统服务付费，而且在许多用水户共享同一流域或者在高度分散的旅游业中，PSA 项目的实施缺乏直接的协议，用户在一定程度上可以依靠政府财政补偿保护自己的区域环境，那么这样一来就导致很多享用景观服务的使用者不付费。

（三）森林生态补偿制度的实施及效果

PSA 项目定位于补偿私人土地使用者，目的是整合保护区外的景观环境。FONAFIFO 掌管全部工作，成立了 8 个区域办事处推行政策、签订合同并监督执行。土地所有者要想参与项目，必须递呈由持证的林务员提供的可持续森林管理计划，按照《森林法》规定，一旦计划获得批准，就同 FONAFIFO 签订生态补偿合同。开始的补偿可以在合同签订时申请，但以后每年的补偿将在监测后视情况而定。按照森林保护合同，补偿金额为 43 美元/公顷·年，而商品林种植合同的支付金额为 550 美元/公顷，补偿时间为 5 年。同时，为反映通货膨胀的影响，补偿金额每年都要调整。双方同意后，合同可以更新，同时要求参与者 15 年内要按照合同规定的方式使用土地。由于在地契中有约束条款，所以即使土地被卖掉，新的土地使用者也要遵守其中的条款，每项补偿计划也需要可信任的合约监督和确认体系。监督工作主要包括 SINAC、FUNDECOR 及持证林务员在内的负责与农民签约的机构执行，并通过定期的审核来确定监督工作是否准确。在生态标签资金的支持下，FONAFIFO 建立了一个最先进的数据库来跟踪调查项目执行情况，不履行合同的参与者将被取消以后的补偿，渎职的持证林务员将被吊销执照。

森林生态补偿制度的实施，使得哥斯达黎加的森林覆盖率大幅提高，截至 2005 年，约 27 万公顷的土地登记加入 PSA 项目，所登记的森林面积约占整个国家森林面积的 10%。首先，森林保护合同使得土地所有者不仅不愿意砍伐森林，而且还自愿造林，保证了森林建设的持续发展。其次，哥斯达黎加的森林提供的生态服务质量也得到明显改善。水服务、生物多样性保护服务及森林碳汇服务都得到有效提高。最后，哥斯达黎加的 PSA 项目为减少贫困提供了可能。

五、国外森林生态补偿的启示

通过对部分发达国家和发展中国家森林（公益林）生态补偿情况的分析，可以发现，无论是发达国家还是发展中国家都有一些共性的做法，是非常值得我们借鉴的。

（一）完善相应的立法

从前面的分析可知，国外大都倾向于通过立法手段将森林生态效益市场补偿制度化、法定化，这是一种较为有效的方法，典型的如哥斯达黎加、日本等。哥斯达黎加在《森林法》中确立了森林环境服务付费制度，为森林生态效益市场补偿的开展提供了法律支持，并在其他的相关法律中也有规定。我国历来高度重视森林资源生态补偿问题，并初步建立起一系列环境法律法规。但是在国家立法和地方立法之间缺乏一致性和协调性，对森林生态补偿的规定尚不够系统、分布零散、效果不强，偏重于不同管理角色的权限和利益，未能真正构建完善的森林生态补偿法律制度体系。地方性立法对森林资源生态补偿实施细则内容的规定也不完善，虽然在一些法律法规中对森林生态补偿做出了原则性的规定，但是有关生态补偿的内容却是模糊和空缺的。在缺乏地方立法支撑的情况下，森林生态补偿难以落到实处。具体而言，可将我国森林生态补偿实践中积累的经验以及出台相关的政策、措施等上升到立法层次，使其制度化、法定化。这些具体内容应主要在《森林法》及其《实施条例》中加以规定；同时，还应在《环境保护法》、《自然保护区条例》、《野生动物保护法》等相关环境法中有所规定，形成较为完备的法律体系。

我国森林生态补偿立法应该将生态价值观作为其指导思想。要做到以下两个方面：第一，在法律法规制定和实施上要以森林为中心，以生态效益为本位，强调人类利益与自然利益的统一，提倡人与森林和谐相处、共同发展。环境伦理学创始人罗尔斯顿就曾说，"生物拥有内在价值"，"大自然作为一个进化的生态系统，人类只是其后来的一个加入者之一，大自然的价值在人类出现以前早已存在"。因此，我们在森林生态补偿的制度设计上既要体现社会权利，又要尊重自然权利。第二，在森林生态补偿法律法规设计上要体现自然正义和代际公平原则。森林生态补偿法律制度设计应该遵循自然法则，强调为了人类和生态的共同利益，应该在尊重森林资源自身的繁衍、恢复、再生规律的同时，进行适度的开发和获取适当的利益，并对森林资源生态效益予以必要的补偿。同时，森林生态补偿法律制度设计也应该考虑到代际公平，不仅要在法律法规中体现当代人的利益，而且必须将后代人的利益也纳入法律规范中一并体现，当代人应该充分认识到在同一空间、不同时间维度下生活的后代人也同样应当享有使用自然资源和优良生存环境的权利。当代人应该作为后代人利益的代表，应肩负起更多的责任和义务，以保证后代人的环境享有权和参与权。

（二）明晰公益林生态效益的产权

尽管我国的林业发展取得了长足的进步，但是林业产权制度的改革相对滞后，林业领域权责利三者分离，严重影响了造林、育林、营林的积极性，制约了林业产业的发展。总的来说，森林资源管理最大的问题就是林业产权问题。如果林权得不到落实，收益权和处置权不能实现，森林的所有者和经营者就不可能有保护和发展森林资源的动力，森林生态效益的受益者在利益最大化的驱使下就会无穷无尽地向森林资源索取，"公地的悲剧"就会演化为"公林的悲剧"。公有产权林看似管理部门众多，实则众多管理部门权益重叠现象严重，结果是仿佛谁都在管但是谁都没管好。公有林在所有权与经营权分离、权责利不明确的情况下，经常伴随着经营者的滥伐和非经营者的盗伐，最终导致国有林资源严重破坏。而集体林的经营模式理论上是群众自治管理，实质也是委托式管理，这种双重管理模式造成了集体林管理运行上的不透明，侵害群众集体利益和生态利益的事时有发生。

公益林生态效益产权的明晰是进行公益林生态效益市场补偿的前提条件。如果公益林生态效益的产权界定不清，就难以确定公益林生态效益市场补偿的补偿主体与受偿主体，则公益林生态效益市场补偿将难以进行。国外大多是以私有制为主的国家，私有林面积在全国森林总面积中占据的比重较大，故其森林生态效益的产权较为明晰；相反，我国是以公有制为主的国家，私有林成分所占比例较小。根据《宪法》和《森林法》的相关规定可知，国家和集体是森林资源的所有权主体，则依附于森林资源而存在的生态效益理应属于国家或集体所有，这就导致了森林生态效益的产权模糊。因而，有必要对我国公益林生态效益的产权加以明确的界定，这是开展公益林生态效益市场补偿的前提条件，尤为重要。明晰公益林生态效益的产权，还需要林权改革的进一步深化，从而通过国家或集体的所有权与经营权相分离的途径来解决。

（三）丰富并完善补偿措施

我国当前的森林生态补偿或是林业补贴主要依靠的是政府公共财政给付的方式，所以很容易受到政府财力及政策法律法规的限制，而完全开放的市场则能实现资源的最优配置。故而，如何开发和拓展我国森林生态补偿的市场途径就成为一个非常重要的议题。在 2009 年丹麦哥本哈根气候变化大会、2010 年墨西哥坎昆气候变化大会以及 2011 年南非德班气候变化大会之后，我国也依据相应的减排义务拉开了 CDM 清洁发展机制的工作序幕。在清洁发展机制即 CDM 中，像中国这样的发展中国家是可以直接获益的，也就是让发达国家用资金和技术换取各种温室气体的排放权，进而将温室气体的减排量变成一种特殊的商品。众所周知，森林是吸收和存储碳元素最好的生态系统，所以大力发展 CDM 机制，便能够通过市场途径将森林生态功效转化为切实的经济效益，所以当前我国效仿欧盟的欧盟排污权交易体系（EUETS）而建立的 CDM 机制，可以说是我国进行森林生态补偿市场途径尝试的第一步。

森林生态系统除了能够在吸收和储存碳元素方面发挥其原有的优势之外，还能够为人类提供多种多样的林产品，如何通过林产品的销售价格而实现对森林经营者和管理者的补偿也能够促使另外一种森林生态补偿市场途径的发展，即森林生态标签认证制度。在欧盟，有当前全世界最为权威的泛欧森林认证体系，且由于 WTO 规则中绿色贸易壁垒以及西方消费者选择林产品倾向的原因，拥有欧盟泛欧森林认证体系标识的林产品不仅会拥有一个更为诱人的价格，同时也会受到更多人的青睐。我国也制定了中国的森林认证体系。森林认证是目前国际上流行的生态环保认证，被认为是促进生态与经济双赢的有效手段。它包括森林经营认证和产销监管链审核，由一个独立的第三方按照一套国际上认可的森林可持续经营标准和指标体系，对森林的经营管理方式进行评估，并签发一个书面证书，以证明这片森林的经营方式与环境友好具有可持续性，做到了保护生物多样性及其价值，维持生态功能和森林的完整性，保护濒危物种及其栖息地。从经过"森林认证"的森林中采伐出来的木材及其制品可以贴上"绿色标签"，以明确地注明木材和木材产品是来自世界上那些经营良好的森林，方便木制品生产厂家和消费者了解木材和木制品的来源，方便他们以环保的行为选购木材、纸张等林产品，从而支持森林的可持续经营和林业向良性的方向发展。

当然，除了大力发展以上两种当前国际上较为先进的森林生态补偿的市场途径之外，通过加强一些传统的市场补偿途径也是一种必然。例如通过增加自然保护区的门票收入来增加保护区的收入，进而以所获得的更多的资金来保育森林和改善为保育森林而做出牺牲的人们的生活水平，以及通过向特定的人群和组织征收环境税的方式，来让所创造的财富进行二次分配，也可以增加补贴林区和林区生活者的资金数额。

市场是一个动态的且会自我调节的场所，同样也是实现某种既定目的的工具。所以森林生态补偿放置在市场的大环境当中，必将能够融入市场，并且依靠市场而发挥其自身应有的功能，从而实现森林生态补偿所具有的公平的价值。故而，正在起步阶段并尝试以市场途径实施森林生态补偿的我国，应该大力开发和发展市场补偿的途径和机制，从而弥补我国主要依靠政府公共财政来进行森林生态补偿现状的不足。

（四）为公益林生态效益市场补偿提供政策支持与技术服务

在公益林生态效益市场补偿过程中，往往会涉及一些技术性操作、生态效益市场的相关交易信息的获取、交易平台的搭建等问题，这将会增加公益林生态效益市场交易的成本，从而阻碍市场补偿的开展。政府应在公益林生态效益市场补偿中发挥其应有的作用，以降低交易成本，为市场补偿的顺利进行提供有利的条件。比如在美国的退耕项目中，联邦政府出台了一系列的政策与措施，并提供相应的技术信息、技术指导、教育、培训、宣传等服务，以推动退耕计划的实施。再如，哥斯达黎加政府成立了专门的国家森林基金来负责执行环境付费制度，同时还设立了联合执行办公室来引导碳补贸易活动的开展。相较而言，我国政府则主要侧重其行政管理职能的发挥，而在提供技术服务与政策引导等方面的服务性职能较为欠缺，这将不利于公益林生态效益市场补偿的发展。因此，政府应在公益林生态效益市场补偿中转变职能，从直接管理者向间接管理者转变，且主要充当生态效益市场的服务者角色，为市场补偿活动的开展提供更多的政策支持与技术服务。

此外，还应制定适合我国的中央环境金融工具。当前我国的森林生态补偿主要还是依靠政府的公共财政支持，但是单纯财政部划拨资金来实现森林生态补偿在当今看来还是一个比较传统的方式。在欧盟体系中，除了有欧盟委员会和各国政府的财政专项资金以外，欧盟还拥有一个非常重要的公共财政补贴手段，即 LIFE 环境金融工具。这是一个针对各种环境问题而予以补贴的金融工具，它不但弥补了政府单一财政支付的不足，同样也拓展了利用经济和金融措施来实现林业补贴的方式。在这一点上，我国可以直接效仿欧盟，创制自己国家的环境金融工具。并以此环境金融工具为基础，建立完善的针对保护环境和保育自然的金融支付体系，进而将林业补贴与生物多样性保护、森林自然景观恢复以及濒危物种的救助相结合，将政府财政支出与环境金融工具支付相结合，从而在宏观和微观上实现最佳的资源配置。

附　表

附表 1　天然林保护工程相关的法规及制度

时间	颁布机关	法规、规章、制度
1998	财政部	天然林保护工程专项资金管理办法
1999	国家林业局	天然林保护工程公益林项目会计核算办法（试行）
1999	国家林业局	天然林保护工程财政资金管理规定
2001	国家林业局	重点地区天然林资源保护工程建设资金管理规定
2001	国家林业局	重点地区天然林资源保护工程建设项目管理办法（试行）
2001	国家林业局	天然林资源保护工程检查验收办法
2001	国家林业局	天然林资源保护工程管理办法
2003	国家林业局	关于严格天然林采伐管理的意见
2004	国家林业局	天然林资源保护工程森林管护管理办法
2006	国家林业局、财政部	关于做好天然林保护工程区森工企业职工"四险"补助和混岗职工安置等工作的通知
2006	中国银监会、国家林业局	关于下达天然林保护工程区森工企业金融机构债务免除额（第二批）等有关问题的通知
2006	国家林业局、财政部、中国银监会	关于做好天然林保护工程区木材加工等企业关闭破产工作的通知
2007	国家林业局	关于印发《天然林资源保护工程营造林管理办法》的通知
2007	国家林业局	关于印发《天然林资源保护工程"四到省"考核办法》的通知
2008	国家林业局	关于做好天然林保护工程区灾后恢复重建工作的通知
2008	国家林业局	关于认真做好新增天保工程投资用于公益林建设管理工作的通知

续表

时间	颁布机关	法规、规章、制度
2012	国家林业局	关于印发《天然林资源保护工程森林管护管理办法》的通知
2013	国家林业局	关于进一步加强天保工程区公益林管护工作的指导意见
2013	国家林业局	关于切实加强天保工程区森林抚育工作的指导意见
2015	国家林业局	关于严格保护天然林的通知

注：表中"颁布机关"一列中的机构，均为时设机构，部分机构已更名或撤并。

附表 2　退耕还林工程相关的法规及制度

时间	颁布机关	法规、规章、制度
2000	国务院	国务院关于进一步做好退耕还林还草试点工作若干意见
2001	国家林业局	退耕还林工程建设检查验收办法
2002	国务院	国务院关于进一步完善退耕还林政策措施若干意见
2002	国务院	退耕还林条例
2003	国家林业局	退耕还林工程建设监理规定
2004	国家林业局	关于进一步完善退耕还林工程人工造林初植密度标准的通知
2004	国家林业局	关于做好退耕还林工程大户承包管理工作的通知
2005	国家林业局	关于做好退耕还林工程封山育林工作的通知
2005	国务院办公厅	关于切实搞好"五个结合"进一步巩固退耕还林成果的通知
2005	国家林业局	关于进一步加大退耕还林工程有关问题查处力度，切实巩固退耕还林成果的紧急通知
2007	国务院	关于完善退耕还林政策的通知
2007	国家林业局	关于进一步做好当前退耕还林工作的通知
2008	国家林业局	关于印发《退耕还林验收办法（试行）》的通知
2008	国家林业局	关于加强退耕还林工程灾后恢复重建及成果巩固工作的通知
2015	财政部等八部门	关于扩大新一轮退耕还林还草规模的通知
2015	国家林业局	关于印发《新一轮退耕还林工程作业设计技术规定》的通知
2015	国家林业局	关于印发《退耕还林工程档案管理办法》的通知
2018	国家林业和草原局	关于印发《新一轮退耕地还林检查验收办法》的通知

注：表中"颁布机关"一列中的机构，均为时设机构，部分机构已更名或撤并。

附表3　公益林生态效益补偿相关的法规及制度

时间	名称	具体内容
1981	关于保护森林发展林业若干问题的决定	建立国家林业基金制度。要把国家的林业投资、财政拨款、银行贷款、按照规定提取的育林基金和更改资金、列入林业基金，由中央和地方林业部门按规定权限分级管理，专款专用。
1982	关于制止乱砍滥伐森林的紧急指示	切实加强林政管理，普遍制定乡规民约，严格执行木材采伐审批和运输管理制度。
1984	关于深入扎实地开展绿化祖国运动的指示	在植树造林中，不仅要发展用材林，而且要大力发展各种经济林、薪炭林、防护林和特种用途林等，树种也要多样，合理配置。
1984	森林法	对林地使用权、林木所有权等问题做出规定，突出强调林地使用者和林木所有者权益保护问题。
1992	关于一九九二年经济体制改革要点的通知	明确提出要建立林价制度和森林生态效益补偿制度。
1993	关于进一步加强造林绿化工作的通知	指出要改革造林绿化资金投入机制，逐步实行征收生态效益补偿费制度。
1998	森林法	第8条第2款：国家设立森林生态效益补偿基金。
2000	森林法实施条例	条例规定：防护林、特种用途的经营者有获得森林生态效益补偿的权利。
2001	关于开展森林生态效益补助资金试点工作的意见	标志我国的公益林补助试点工作的正式启动。
2003	关于加快林业发展的决定	实行林业分类经营管理体制。公益林业要按照公益事业进行管理，以政府投资为主，吸引社会力量共同建设；凡纳入公益林管理的森林资源，政府将以多种方式对投资者给予合理补偿。
2004	中央森林生态效益补偿基金管理办法	财政部建立中央森林生态效益补偿基金，补偿标准：每年每亩5元，其中4.5元用于补偿性支出，0.5元用于森林防火等公共管护支出。
2004	重点公益林区划界定办法	规定了公益林具体划定范围、条件等。
2007	新修订的中央财政森林生态效益补偿基金管理办法	补偿对象：重点公益林的所有者和经营者；补偿标准：每年每亩5元，直接管护的补偿由原来的每亩4.50元提高到4.75元。

时间	名称	具体内容
2008	关于全面推进集体林权制度改革的意见	建立和完善森林生态效益补偿基金制度，按照"谁开发谁保护、谁受益谁补偿"的原则，多渠道筹集公益林补偿基金，逐步提高中央和地方财政对森林生态效益的补偿标准。
2009	国家级公益林区划界定办法	修订了国家级公益林的区划范围和标准等。
2009	关于进一步推进三北防护林体系建设的意见	按照森林分类经营的原则，工程建设区营造的生态公益林，符合条件的，分别纳入中央和地方森林生态效益补偿范围。
2010	关于加大统筹城乡发展力度，进一步夯实农业农村发展基础的若干意见	中央财政从 2010 年开始，国有林补偿标准提高为每亩每年 5 元，集体和个人所有的国家级公益林补偿标准提高到每亩每年 10 元。
2012	关于加快林下经济发展的意见	要把林下经济发展与森林资源培育、天然林保护、重点防护林体系建设、退耕还林、防沙治沙、野生动植物保护及自然保护区建设等生态建设工程紧密结合。
2013	国家级公益林管理办法	加强和规范国家级公益林保护管理。
2015	关于加快推进生态文明建设的意见	加强森林保护，将天然林资源保护范围扩大到全国；大力开展植树造林和森林经营，稳定和扩大退耕还林范围，加快重点防护林体系建设。
2016	关于健全生态保护补偿机制的意见	健全国家和地方公益林补偿标准动态调整机制。完善以政府购买服务为主的公益林管护机制。合理安排停止天然林商业性采伐补助奖励资金。
2016	关于印发"十三五"生态环境保护规划的通知	继续实施森林管护和培育、公益林建设补助政策。严格保护林地资源，分级分类进行林地用途管制。加强"三北"、长江、珠江、太行山、沿海等防护林体系建设。
2016	关于运用政府和社会资本合作模式推进林业生态建设和保护利用的指导意见	引导鼓励社会资本积极参与林业生态建设和保护利用领域建设。

时间	名称	具体内容
2016	关于全民所有自然资源资产有偿使用制度改革的指导意见	严格执行森林资源保护政策,充分发挥森林资源在生态建设中的主体作用。
2016	林业改革发展资金管理办法	森林生态效益补偿补助包括管护补助支出和公共管护支出。
2017	国家级公益林区划界定办法	修订了国家级公益林的区划范围和标准等。
2017	国家级公益林管理办法	加强和规范国家级公益林的保护和管理。
2017	关于建立资源环境承载能力监测预警长效机制的若干意见	建立生态产品价值实现机制,综合运用投资、财政、金融等政策工具,支持绿色生态经济发展。
2018	关于进一步放活集体林经营权的意见	积极发展森林碳汇,探索推进森林碳汇进入碳交易市场。鼓励探索跨区域森林资源性补偿机制,市场化筹集生态建设保护资金,促进区域协调发展。
2018	关于全面加强生态环境保护 坚决打好污染防治攻坚战的意见	对生态严重退化地区实行封禁管理,稳步实施退耕还林还草和退牧还草,全面保护天然林。

参考文献

一、中文文献

白江迪、沈月琴、朱臻等：《农户风险和时间偏好对森林碳汇经营意愿的影响分析》，《林业经济问题》2016 年第 1 期。

北京市社科院"北京山区自然资源可持续利用研究"课题组：《北京山区生态林补偿政策相关问题的思考》，《北京市社会科学院报》2006 年第 16 期（总第 114 期）。

白斯琴、陈钦：《生态公益林补偿标准的支付意愿影响因素研究》，《林业经济问题》2015 年第 6 期。

薄其皇：《基于机会成本的森林生态补偿标准研究》，西北农林科技大学，2015 年。

蔡艳芝、刘洁：《国际森林生态补偿制度创新的比较与借鉴》，《西北农林科技大学学报》（社会科学版）2009 年第 4 期。

蔡银莺、张安录：《基于农户受偿意愿的农田生态补偿额度测算——以武汉市的调查为实证》，《自然资源学报》2011 年第 2 期。

曹小玉、刘悦翠：《中国森林生态效益市场化补偿途径探析》，《林业经济问题》2011 年第 1 期。

常丽霞：《西北生态脆弱区森林生态补偿法律机制实证研究》，《西南民族大学学报》（人文社会科学版）2014 年第 6 期。

陈波、支玲、刑红：《中国森林生态效益补偿研究综述》，《林业经济问题》2007 年第 1 期。

陈根长：《中国森林生态补偿制度的建立和完善》，《林业科技管理》2002 年第 3 期。

陈建铃、戴永务、刘燕娜：《福建生态公益林补偿政策绩效棱柱评价》，《林业经济问题》2015 年第 5 期。

陈钦：《公益林生态补偿研究》，中国林业出版社 2006 年版。

陈钦、陈治淇、白斯琴等：《福建省生态公益林生态补偿标准的影响因素分析——基于经济损失的补偿标准接受意愿调研数据》，《林业经济》，2017 年第 2 期。

陈钦、刘伟平：《公益林生态效益补偿的制度变迁分析》，《林业经济》2000 年第 4 期。

陈钦、魏远竹：《公益林生态补偿的理论分析》，《技术经济》2007 年第 4 期。

陈曦、李姜黎：《欧盟森林生态补偿制度探析——LIFE 环境金融工具的应用与效果》，《国家林业局管理干部学院学报》2011 年第 3 期。

陈永伟、陈立中：《为清洁空气定价：来自中国青岛的经验证据》，《世界经济》2012 年第 4 期。

程启月：《评测指标权重确定的结构熵权法》，《系统工程理论与实践》2010 年第 7 期。

崔一梅：《北京市生态公益林补偿机制的理论与实践研究》，《北京林业大学》，2008 年。

戴其文、彭瑜、刘澈元等：《猫儿山自然保护区生态受益者支付意愿及影响因素》，《长江流域资源与环境》2014 年第 7 期。

戴小廷、杨建州：《森林环境资源改善居民居住环境服务支付意愿及影响因素分析——以武夷山自然保护区为例》，《西北林学院学报》2014 年第 6 期。

杜丽永、蔡志坚、杨加猛等：《运用 Spike 模型分析 CVM 中零响应对价值评估的影响——以南京市居民对长江流域生态补偿的支付意愿为例》，《自然资源学报》2013 年第 6 期。

段显明、许玫、林永兰：《关于森林生态效益经济补偿机制的探讨》，《林业经济问题》2001 年第 2 期。

樊辉、赵敏娟、中恒通：《西北生态脆弱区居民生态补偿意愿研究》，《西北农林科技大学学报》2016 年第 3 期。

樊淑娟：《基于外部性理论的我国森林生态效益补偿研究》，《管理现代化》2014 年第 2 期。

冯骥、刘梦婕、温亚利：《福建三明市完善森林生态补偿制度研究》，《林业经济》2015 年第 2 期。

高岚、崔向雨、米锋：《生态公益林补偿政策评价指标体系研究》，《林业经济》2008 年第 12 期。

高素萍、李美华、苏万揩：《森林生态效益现实补偿费的计量》，《林业科学》

2006 年第 2 期。

巩芳、王芳、长青等：《内蒙古草原生态补偿意愿的实证研究》，《经济地理》2011 年第 1 期。

谷瑶、朱永杰、姜微：《美国林业发展历程及其管理思想综述》，《西部林业科学》2016 年第 3 期。

关海玲、梁哲：《基于 CVM 的山西省森林旅游资源生态补偿意愿研究——以五台山国家森林公园为例》，《经济问题》2016 年第 10 期。

郭慧敏、王武魁、冯仲科：《基于 GIS 与 RS 的退耕还林生态补偿金的确定》，《农业工程学报》2015 年第 15 期。

国家林业局植树造林司：《全国生态公益林建设标准》，中国标准出版社 2001 年版。

郭佳、包慧娟：《奈曼旗退耕还林生态补偿机制研究》，《内蒙古师范大学学报》（自然科学汉文版）2012 年第 1 期。

郭梅、彭晓春、郑延敏等：《东江源受偿意愿调查与跨省生态补偿机制研究》，《环境科学与技术》2013 年第 5 期。

郭孝玉、付爱平、柯云等：《农户对公益林差异化生态补偿的认知差异及其影响因素——基于赣江源区农户调查的实证分析》，《林业经济》2017 年第 1 期。

韩洪云、喻永红：《退耕还林生态补偿研究——成本基础、接受意愿抑或生态价值》，《农业经济问题》2014 年第 4 期。

何栋材：《森林固碳能力的国内外研究进展》，《生态经济学报》2007 年第 5 期。

何桂梅、周彩贤、王小平：《北京森林生态效益补偿机制探索与实践》，《林业经济》2011 年第 3 期。

何可、张俊飚：《农业废弃物资源化的生态价值——基于新生代农民与上一代农民支付意愿的比较分析》，《中国农村经济》2014 年第 5 期。

洪明慧、胡晨沛、顾蕾等：《REDD＋机制下农户参与森林经营碳汇交易意愿及其影响因素》，《浙江农林大学学报》2017 年第 2 期。

洪尚群：《论"谁受益，谁补偿"原则的完善与实施》，《环境科学与技术》2000 年第 4 期。

简盖元、刘伟平、冯亮明：《森林碳生产的价格补偿分析》，《林业经济问题》2013 年第 2 期。

姜波、姚顺波、王怡菲：《农户参与公益林建设意愿影响因素的实证分析——基于广西、湖南、河南 3 省调查问卷》，《林业经济》2011 年第 3 期。

蒋海：《中国退耕还林的微观投资激励与政策的持续性》，《中国农村经济》2003 年第 8 期。

姜志德：《联合生产视角下的退耕还林生态补偿机制创新》，《甘肃社会科学》2014 年第 1 期。

李波：《广州市森林生态效益补偿专项资金第三方绩效评价》，《广西大学学报》（哲学社会科学版）2016 年第 5 期。

李芬、李文华、甄霖等：《森林生态系统补偿标准的方法探讨——以海南省为例》，《自然资源学报》2010 年第 5 期。

李国平、郭江：《榆林煤炭矿区生态环境改善支付意愿分析》，《中国人口·资源与环境》2012 年第 3 期。

李国平、郭江、李治等：《煤炭矿区生态环境改善的支付意愿与受偿意愿的差异性分析——以榆林市神木县、府谷县和榆阳区为例》，《统计与信息论坛》2011 年第 7 期。

李国平、石涵予：《退耕还林生态补偿标准、农户行为选择及损益》，《中国人口·资源与环境》2015 年第 5 期。

李国平、张文彬：《退耕还林生态补偿契约设计及效率问题研究》，《资源科学》2014 年第 8 期。

李国志：《城镇居民公益林生态补偿支付意愿的影响因素研究》，《干旱区资源与环境》2016 年第 11 期。

李华：《完善西藏森林生态效益补偿体系建设研究》，《东北林业大学》2016 年。

李华、李顺龙：《区域性森林碳汇效益补偿机制——以黑河地区为例》，《东北林业大学学报》2015 年第 6 期。

李洁、陈钦、王团真等：《生态公益林保护造成林农实际经济损失的影响因素研究——基于福建省 5 县调查数据》，《中南林业科技大学学报》（社会科学版）2017 年第 2 期。

李洁、陈钦、王团真等：《林农森林生态效益补偿政策满意度的影响因素分析——基于福建省六县市的林农调研数据》，《云南农业大学学报》（社会科学）2016 年第 5 期。

李军龙：《森林生态补偿对农户生计资本影响的实证研究——以闽江源流域为例》，《宜宾学院学报》2013 年第 4 期。

李明阳、郑阿宝：《我国公益林生态效益补偿政策与法规问题探讨》，《南京林业大学学报》（人文社会科学版）2003 年第 2 期。

李怒云、徐泽鸿、王春峰等：《中国造林再造林碳汇项目的优先发展区域选择与评价》,《林业科学》2007 年第 7 期。

李琪、温武军、王兴杰:《构建森林生态补偿机制的关键问题》,《生态学报》2016 年第 6 期。

李坦、秦国伟、崔玉环:《安徽省森林生态效益补偿林农参与意愿评价研究》,《林业经济》2015 年第 2 期。

李炜、王玉芳、刘晓光:《森林生态系统生态补偿标准研究——以伊春林管局为例》,《林业经济问题》2012 年第 5 期。

李文华、李世东、李芬等:《森林生态补偿机制若干重点问题研究》,《中国人口·资源与环境》2007 年第 2 期。

李晓、王晨筱、陈凯星等:《公众参与森林生态建设主观意愿的影响因素分析——基于支付意愿研究视角》,《林业经济问题》2015 年第 3 期。

李琰、李双成、高阳等:《连接多层次人类福祉的生态系统服务分类框架》,《地理学报》2013 年第 8 期。

梁宝君、石焱、袁卫国:《我国森林生态效益补偿政策的回顾与思考》,《中南林业科技大学学报》(社会科学版)2014 年第 5 期。

梁丹:《全球视角下的森林生态补偿理论和实践——国际经验与发展趋势》,《林业经济》2008 年第 12 期。

梁增然:《发达国家森林生态补偿法律制度分析与借鉴》,《郑州大学学报》(哲学社会科学版)2015 年第 4 期。

梁增然:《我国森林生态补偿制度的不足与完善》,《中州学刊》2015 年第 3 期。

刘璨、张巍:《退耕还林政策选择对农户收入的影响:以我国京津风沙源治理工程为例》,《经济学季刊》2006 年第 1 期。

刘晶:《环境正义视域下的我国森林生态补偿问题探析》,《北京林业大学学报》(社会科学版)2017 年第 2 期。

刘灵芝、范俊楠:《构建森林生态补偿市场化激励机制的探讨——以神农架林区为例》,《林业经济问题》2014 年第 6 期。

刘灵芝、刘冬古:《森林生态补偿方式运行实践探讨》,《林业经济问题》2011 年第 4 期。

刘梦婕、刘影、冯骥等:《基于不同利益视角下的生态公益林补偿问题研究——以福建省三明市为例》,《北京林业大学学报》(社会科学版)2013 年第 4 期。

刘永春:《安徽省森林生态效益补偿工作的实践与思考》,生态环境效益补偿政策与国际经验研讨会，2002年。

吕洁华、张洪瑞、张滨：《森林生态产品价值补偿经济学分析与标准研究》，《世界林业研究》2015年第4期。

马宏薇、吴相利：《森林生态补偿标准研究——以伊春市为例》，《哈尔滨师范大学自然科学学报》2015年第5期。

宁可、沈月琴、朱臻：《农户对森林碳汇认知及碳汇林经营意愿分析——基于浙江、江西、福建3省农户调查》，《北京林业大学学报》（社会科学版）2014年第2期。

庞森：《后退耕还林时期生态补偿的难点与问题探析》，《社会科学研究》2012年第5期。

彭亚勇：《兰坪县森林生态效益补偿机制研究》，《中国林业经济》2014年第3期。

沈茂英、沈桂龙：《有效实施退耕还林（草）试点工程的若干政策建议》，《农村经济》2001年第1期。

沈田华：《三峡水库重庆库区生态公益林补偿机制研究》，西南大学，2013年。

施海智：《基于成本法的宁夏六盘山区森林生态补偿标准研究》，《湖北农业科学》2015年第15期。

石玲、马炜、孙玉军等：《基于游客支付意愿的生态补偿经济价值评估——以武汉素山寺国家森林公园为例》，《长江流域资源与环境》2014年第2期。

宋晓华、郑小贤：《公益林经济补偿的研究》，《北京林业大学学报》2001年第3期。

田红灯、田大伦、闫文德等：《贵阳市公益林生态效益价值及补偿标准CVM评估》，《中南林业科技大学学报》2013年第8期。

万海远、李超：《农户退耕还林政策的参与决策研究》，《统计研究》2013年第10期。

万志芳、耿玉德：《关于公益林生产经营补偿的思考》，《林业经济问题》1999年第3期。

万志芳、蒋敏元：《林业生态工程生态效益计量的理论和方法研究》，《林业经济》2001年第11期。

王冬米：《关于建立生态公益林效益补偿机制的思考》，《南京林业大学学报》2002年第4期。

汪海燕、张红霄：《环境公平视角下公益林补偿主体权利义务配置研究》，《林业经济》2012年第12期。

王娇、李智勇、胡丹：《辽宁省森林成本补偿标准研究》，《林业经济》2015年第 7 期。

王清军、陈兆豪：《中国森林生态效益补偿标准制度研究——基于 10 省地方立法文本的分析》，《林业经济》2013 年第 2 期。

汪小勤、黎萍：《从"退耕还林"和"禁伐"政策的实施看对农民利益的补偿》，《改革》2001 年第 3 期。

王雅敬、谢炳庚、李晓青：《公益林保护区生态补偿标准与补偿方式》，《应用生态学报》2016 年第 6 期。

王永莲、杨卫军：《退耕还林：一种契约角度的分析》，《贵州社会科学》2005年第 5 期。

韦贵红：《我国森林生态补偿立法存在的问题与对策》，《北京林业大学学报》（社会科学版）2011 年第 4 期。

吴红军、李剑泉：《我国森林生态效益补偿政策探析》，《林业资源管理》2010年第 5 期。

吴萍、吕东锋、陈世伟：《集体林权改革后的公益林生态补偿制度的完善》，《江西社会科学》2012 年第 12 期。

吴水荣、顾亚丽：《国际森林生态补偿实践及其效果评价》，《世界林业研究》2009 年第 4 期。

吴水荣、马天乐、赵伟：《森林生态效益补偿政策进展与经济分析》，《林业经济》2001 年第 4 期。

吴伟光、沈月琴、徐志刚：《林农生计、参与意愿与公益林建设的可持续性——基于浙江省林农调查的实证分析》，《中国农村经济》2008 年第 6 期。

吴小旋、田红灯、田大伦：《公益林生态效益价值居民支付意愿实证分析——以贵阳市为例》，《中南林业科技大学学报》（社会科学版）2013 年第 3 期。

肖彦山：《森林生态补偿法律制度的理论基础》，《石家庄经济学院学报》2015年第 3 期。

谢利玉：《浅论公益林生态效益补偿问题》，《世界林业研究》2000 年第 3 期。

徐晋涛、陶然、徐志刚：《退耕还林：成本有效性、结构调整效应与经济可持续性：基于西部三省农户调查的实证分析》，《经济学季刊》2004 年第 1 期。

徐莉萍、赵冠男、戴子礼：《国外市场机制下森林生态效益补偿定价理论及其借鉴》，《农业经济问题》2016 年第 8 期。

杨帆、赵仕通、曾维忠：《自愿市场视角下城市居民森林碳汇购买意愿的影响因素分析——基于 347 位成都市民的调查》，《西北林学院学报》2015 年第

2 期。

　　杨光梅、闵庆文、李文华等：《我国生态补偿研究中的科学问题》，《生态学报》2007 年第 10 期。

　　杨浩、曾圣丰、曾维忠等：《基于希克斯分析法的中国森林碳汇造林生态补偿——以"放牧地－碳汇林地"土地用途转变为例》，《科技管理研究》2016 年第 9 期。

　　杨利雅、张立岩：《森林生态补偿制度存在的问题及对策——以辽宁阜新蒙古族自治县为例》，《东北大学学报》（社会科学版）2010 年第 4 期。

　　杨小军、纪雪云、徐晋涛：《政府赎买生态公益林补偿机制研究——基于农民接受意愿（WTA）的调查》，《林业经济》2016 年第 7 期。

　　杨晓萌：《生态补偿机制的财政视角》，东北财经大学出版社 2013 年版。

　　杨晓阳、张凤臣、柴永煜等：《关于我国森林生态效益补偿制度的思考——以青海海西州森林生态效益补偿实施为例》，《林业资源管理》2007 年第 2 期。

　　杨子生、韩华丽、朱玉碧等：《退耕还林工程驱动下的土地利用变化合理性研究——以云南芒市为例》，《自然资源学报》2011 年第 5 期。

　　姚顺波、郑少锋：《林业补助与林木补偿制度研究——兼评森林生态效益研究的误区》，《开发研究》2005 年第 1 期。

　　叶文虎、魏斌、仝川：《城市生态补偿能力衡量和应用》，《中国环境科学》1998 年第 4 期。

　　应宝根、袁位高、阮雁飞等：《浙江省公益林补偿资金成效与优化策略研究》，《林业经济》2011 年第 2 期。

　　于金娜、姚顺波：《基于碳汇效益视角的最优退耕还林补贴标准研究》，《中国人口·资源与环境》2012 年第 7 期。

　　余亮亮、蔡银莺：《生态功能区域农田生态补偿的农户受偿意愿分析——以湖北省麻城市为例》，《经济地理》2015 年第 1 期。

　　于牧雁：《日本公益林补偿政策工具应用的经验借鉴》，《世界农业》2017 年第 5 期。

　　于同申、张建超：《健全公益林生态补偿制度研究》，《福建论坛》（人文社会科学版）2015 年第 7 期。

　　于文金、谢剑、邹欣庆：《基于 CVM 的太湖湿地生态功能恢复居民支付能力与支付意愿相关研究》，《生态学报》2011 年第 23 期。

　　曾以禹、吴柏海、周彩贤等：《碳交易市场设计支持森林生态补偿研究》，《农业经济问题》2014 年第 6 期。

张爱美、陈绍志、朱可亮．《我国以天然林保护工程为主体的公益林生态效益补偿及其估值研究》，《生态经济》2014 年第 11 期。

张道卫：《为什么中国的许多林地不长树？》，《管理世界》2001 年第 3 期。

张殿发、张祥华：《西部地区退耕还林急需解决的问题及建议》，《中国水土保持》2001 年第 3 期。

张峰、周彩贤、于海群：《北京市建立基于森林碳汇管理的生态补偿机制的思路探讨》，《林业经济》2017 年第 3 期。

张惠光：《生态公益林补偿标准的探讨》，《林业勘察设计》2003 年第 1 期。

张露予：《对区际森林生态补偿机制的构想》，《经济与社会发展》2010 年第 10 期。

张茂月：《浅析无因管理制度规则对森林生态效益补偿制度设计的借鉴意义》，《中国农业资源与区划》2014 年第 3 期。

张眉：《CVM 下公益林补偿影响因素实证分析》，《江西农业大学学报》（社会科学版）2012 年第 1 期。

张眉、刘伟平：《公益林生态效益价值居民支付意愿实证分析——以广州市为例》，《江西农业大学学报》（社会科学版）2011 年第 1 期。

张涛：《森林生态效益补偿机制研究》，中国林业科学研究院博士学位论文，2003 年。

张颖、倪婧婕：《森林生物多样性支付意愿影响因素及价值评估——以甘肃省迭部县为例》，《湖南农业大学学报》（社会科学版）2014 年第 5 期。

张媛：《森林生态补偿的新视角：生态资本理论的应用》，《生态经济》2015 年第 1 期。

赵敏娟、姚顺波：《基于农户生产技术效率的退耕还林政策评价——黄土高原区 3 县的实证研究》，《中国人口·资源与环境》2012 年第 9 期。

赵士洞、张永民：《生态系统与人类福祉——千年生态系统评估的成就、贡献和展望》，《地球科学进展》2006 年第 9 期。

赵杏一：《美国、德国、日本森林生态补偿法律制度研究》，《世界农业》2016 年第 8 期。

郑宇：《农户视角下的生态公益林补偿政策评价——以安徽省文祥村为例》，《江苏农业科学》2013 年第 11 期。

郑恒：《利益相关者的森林生态效益补偿政策评价》，福建师范大学，2016 年。

支玲、谢彦明、张媛等：《西部天保工程区集体公益林生态补偿效益评价——以云南省玉龙县、贵州省修文县、陕西省靖边县为例》,《林业经济》2017年第2期。

钟晓玉、董希斌：《我国森林资源生态效益补偿机制的探讨》,《森林工程》2008年第1期。

朱小静、Carlos M R、张红霄等：《哥斯达黎加森林生态服务补偿机制演进及启示》,《世界林业研究》2012年第6期。

宗明绪、夏春萍：《农户对森林生态效益的支付意愿及其影响因素——基于对十堰市张湾区和丹江口地区的调查》,《华中农业大学学报》(社会科学版) 2013年第4期。

邹佰峰、刘经纬：《森林资源代际补偿理论基础及可行性路径选择》,《学术交流》2015年第9期。

二、英文文献

Adhikari B, Boag G. Designing payments for ecosystem services schemes: some considerations [J]. Current Opinion in Environmental Sustainability, 2013, (5):72-77.

Alix G J, Wolff H. Payment for Ecosystem Services from forests[J]. Annual Review of Resource Economics, 2014,(6):361-380.

Amigues J P, Boulatoff C, Desaigues B, et al. The benefits and costs of riparian analysis habitat preservation: a willingness to accept/willingness to pay contingent valuation approach[J]. Ecological Economics, 2002, 43(1): 17-31.

Barbier E B. Valuing environmental functions: tropical wetlands[J]. Land Economics, 1994, (70):155-173.

Bateman I J, Diamond E, Langford I H, et al. Household willingness to pay and farmers(willingness to accept compensation for establishing a recreational woodland[J]. Journal of Environmental Planning and Management, 1996,(39):21-43.

Boyd J, Banzhaf S. What are ecosystem services? The need for standardized environmental accounting units[J]. Ecological Economics, 2007, 63(2/3): 616-626.

Bremer L L, Farley K A, Lopez-Carr D. What factors influence participation in payment for ecosystem services programs? An evaluation of Ecuador's SocioPáramo program[J]. Land Use Policy, 2014,(36):122-133.

Brown T C, Bergstrom J C, Loomis J B. Defining, valuing, and providing ecosystem goods and services. Natural Resources Journal, 2007, 47(2): 329-376.

Brown M, Clarkson B, Barton C. Implementing ecological compensation in New

Zealand: stakeholder perspectives and a way forward[J]. Journal of the Royal Society of New Zealand, 2014, 44(1):34-47.

Buckley C, Hynes S, Rensburg T M, et al. Walking in the Irish countryside: landowner preferences and attitudes to improved public access provision[J]. Journal of Environmental Planning and Management, 2009,52(8): 1053-1070.

Carlo R. Ecological compensation in spatial planning in Italy[J]. Impact Assessment and Project Appraisal, 2013,31(1):45-51.

Carmon Z, Ariely D. Focusing on the foregone: How value can appear so different to buyers and sellers[J]. Journal of Consumer Research, 2000, 27(3). : 360-370.

Cho S H, Newman D H, Bowker J M. Measuring rural homeowners' willingness to pay for land conservation easements[J]. Forest Policy and Economic, 2005, 7(5): 757-770.

Costanza R, Darge R, Degroot R et al. The value of the world's ecosystem services and natural capital. Nature, 1997, 387(6630): 253-260.

Cuperus R, Canters K J, Piepers A. Ecological compensation of the impacts of a road: preliminary method for the A50 road link (Eindhoven-Oss, the Netherlands) [J]. Ecological Engineering, 1996,(7):327-349.

Daily G C. Nature's services: societal dependence on natural Ecosystems [M]. San Francisco: Island Press, 1997.

Deng H B, Zheng P, Liu T X, et al. Forest ecosystem services and eco-compensation mechanisms in China [J] . Environmental Management, 2011, (48): 1079-1085.

DeGroot R S, Wilson M A, Boumans R M J. A typology for the classification, description and valuation of ecosystem functions, goods and services[J]. Ecological Economics, 2002, 41(3): 393-408.

Engel S, Pagiola S, Wunder S. Designing payments for environmental services in theory and practice: an overview of the issues[J]. Ecological Economics, 2008, (5):663-674.

Fisher B, Turner R K, Morling P. Defining and classifying ecosystem services for decision making[J]. Ecological Economics, 2009, 68(3): 643-653.

Ghazoul J, Garcia C A, Kushalappa C. Landscape labelling: a concept for next-generation payment for ecosystem service schemes[J]. Forest Ecology and Management，2009，(8):1889-1895.

Haines-Young R, Potschin M. Proposal for a Common International Classification of Ecosystem Goods and Services (CICES) for Integrated Environmental and Economic Accounting. 2010. http://www. nottingham. ac. uk/cem/pdf/UNCEEA-5-7-Bk1. pdf.

Hannes B. Accounting of forest carbon sinks and sources under a future climate protocol factoring out past disturbance and management effects on age-class structure [J]. Environmental Science & Policy, 2008,(11):669-686.

Horne P. Forest owners acceptance of incentive based policy instruments in forest biodiversity conservation:a choice experiment based approach [J]. Silva Fennica, 2006, 40(1): 169-182.

Hecken G V, Bastiaensen J, Vasquez W F. The viability of local payments for watershed services: empirical evidence from Matiguas, Nicaragua [J]. Ecological Economics, 2012,(7): 169-176.

Heckman A, James J. Sample Selection Bias as a Specification Error[J]. Econometrica,1979, 47(1): 153-161.

Hegde R, Bull G Q. Performance of an agro-forestry based payments for environmental services project in Mozambique: A household level analysis [J]. Ecological Economics, 2011,(7): 122-130.

Holdren J P, Ehrlich P R. Human Population and the Global Environment: Population Growth, Rising Per Capita Material Consumption, and Disruptive Technologies Have Made Civilization a Global Ecological Force[J]. American Scientist, 1974,(5):282-292.

Horowitz J K, McConnell. A willingness to accept, willingness to pay and the income effect [J]. Journal of Economic Behaviour & Ognization, 2003, (51): 537-545.

Igoe J, Neves K, Brockington D. A spectacular eco-tour aroundthe historic bloc:Theorising the convergence of biodiversity conservation and capitalist expansion [J]. Antipode, 2010, 42(3): 486-512.

Janine A, Simon B, Lukas J. Are ecological compensation areas attractive hunting sites for common kestrels (Falco tinnunculus) and long-eared owls (Asio otus) [J]. Journal of Ornithology, 2005,146 (3):279-286.

Jones W. LIFE and European forests[M]. Office for Official Publications of the

European Communities, 2006.

Jorgensen B S, Syme G J. Protest responses and willingness to pay: Attitude toward paying for storm water pollution abatement[J]. Ecological Economics, 2000, 33(2):251-265.

Katharine N F. Intellectual mercantilism and franchise equity: a critical study of the ecological political economy of international payments for ecosystem services [J]. Environmental Science & Policy, 2014, 6(12):137-146.

Kline J D, Alig R J, Johnson R L. Forest owner incentives to protect riparian habitat[J]. Ecological Economics, 2000,33(1):29-43.

Kosoy N, Corbera E, Brown K. Participation in payments for ecosystem services: case studies from the Lacandon rainforest, Mexico[J]. Geoforum, 2008,(33): 2073-2083.

Kramer R A, Mercer D E. Valuing a global environmental good: US residents (willingness to pay to protect tropical rain forests[J]. Land Economics, 1997,(8): 196-210.

Kremen C, Niles J O, Dalton M G, et al. Economic incentives for rain forest conservation across scales[J]. Science, 2000,288(5472):1828-1832.

Lindhjema H, Mitanib Y. Forest owners' willingness to accept compensation for voluntary conservation: a contingent valuation approach[J]. Journal of Forest Economics, 2012,(4):290-302.

Loomis J, Kent P, Strange L, et al. Measuring the total economic value of restoring ecosystem services in an impaired river basin: results from a contingent valuation survey[J]. Ecological Economics, 2000, 33(1):103-117.

Macmillan D C, Harley D, Morrison R. Cost effectiveness analysis of woodland ecosystem restoration[J]. Ecological Economics, 1998, 27(3):313-324.

Mahanty S, Gronow J, Nurse M, et al. Reducing poverty through community based forest management in Asia[J]. Journal of Forest and Livelihood, 2006,(5): 78-89.

Mahanty S, Suich H, Tacconi L. Access and benefits in payments for environmental services and implications for REDD+: lessons from seven PES schemes [J]. Land Use Policy, 2012,(31): 38-47.

Mantymaa E, Juutinen A, Monkkonen M, et al. Participation and compensation claims in voluntary forest conservation: a case of privately owned forests in Finland[J]. Forest Policy and Economics, 2009,11(7):498-507.

Marie A, Brown B, Clarkson J, et al. Ecological compensation: an evaluation of regulatory compliance in New Zealand[J]. Impact Assessment and Project Appraisal, 2013, 31(1):34-44.

Marika M, Suvi H, Eeva P, et al. Policy coherence in climate change mitigation: an ecosystem service approach to forests as carbon sinks and bioenergy sources [J]. Forest Policy and Economics, 2015,(1):153-162.

Martinez R. A Box-Cox double-hurdle model of wildlife valuation: The citizen's perspective [J]. Environmental and Resource Economics, 2006, 58(1):192-208.

Meineri E, Sophie D, David G, et al. Combining correlative and mechanistic habitat suitability models to improve ecological compensation[J]. Biol Rev, 2015, 90 (1):279-291.

Michael T. China's Sloping Land Conversion Program: Institutional Innovation or Business as Usual? [J]. Ecological Economics, 2008, 65(4):699-711.

Moxey A, White B, Ozanne A. Efficient contract design for agrienvironment policy[J]. Journal of Agricultural Economics, 1999, 50(2):187-202.

Muradian R, Corbera E, Pascual U, et al. Reconciling theory and practice: an alternative conceptual framework for understanding payments for environmental services[J]. Ecological Economics, 2010,(9):1202-1208.

Ozanne A, White B. Equivalence of input quotas and input charges under asymmetric information in agri-environmental schemes[J]. Journal of Agricultural Economics, 2007, 58(2): 260-268.

Pagiola S, Bishop J, Landel N. Selling forest environmental services: market-based mechanisms for conservation and development [J]. London: Routledge press, 2002

Pagiola S, Ramirez E, Gobbi J, et al. Paying for the environmental services of silvopastoral practices in Nicaragua[J]. Ecological Economics, 2007,(6):374-385.

Pearce D W. Blueprint 4:Capturing global environmental[M]. London:Earthsean, 1995.

Raunikar R, Buongiorno J. Willingness to pay for forest amenities: the case of non-industrial owners in the south central United States[J]. Ecological Economics, 2006,1(1):132-143.

Reiser B, Shechter M. Incorporating zero values in the economic valuation of environmental program benefits[J]. Environmetrics, 1999, 10(1):87-101.

Rocio M, Jorge M, Wunder S, et al. Heterogeneous users and willingness to pay in an ongoing payment for watershed protection initiative in the Colombian Andes [J]. Ecological Economics, 2012,(75):126-134.

Rodrigo S, Eric R. On the efficiency of environmental service payments, Costa Rica[J]. Ecological Economics, 2006,(8):131-141.

Sattout E J, Talhouk S N, Caligari P. Economic value of cedar relics in Lebanon: an application of contingent valuation method for conservation [J]. Ecological Economics, 2007, 61(2):315-322.

Sierra R, Russman E. On the efficiency of environmental service payments: a forest conservation assessment in the Osa Peninsula, Costa Rica [J]. Ecological Economics, 2006, 59(1):131-141.

Simon B, Martin S, Felix H, et al. The Swiss agri-environment scheme promotes farmland birds: but only moderately[J]. Journal of Ornithology, 2007,148 (2):295-303.

Smith R B W. The conservation reserve program as a least-cost land retirement mechanism[J]. American Journal of Agricultural Economics, 1995, 77(1):93-105.

TEEB. The Economics of Ecosystems and Biodiversity: Mainstreaming the Economics of Nature: A Synthesis of the Approach, Conclusions and Recommendations of TEEB[M]. Malta: Progress Press, 2010.

Thomas C B. Loss aversion without the endowment effect, and other explanations for the WTA-WTP disparity[J]. Journal of Economic Behavior & Organization, 2005, 57(5):367-379.

Trung T N, Van D P, John T. Linking regional land use and payments for forest hydrological services:a case study of Hoa Binh Reservoir inVietnam[J]. Land Use Policy, 2013, 7(33):130-140.

UNEP. Guidelines for country study on biological diversity[M]. Oxford: Oxford University Press, 1993.

United Nations Environmental Program. Millennium Ecosystem Assessment Ecosystems and Human Well-Being:Synthesis[M]. Washington DC Island Press, 2005.

Vatn A. An institutional analysis of payments for environmental services [J]. Ecological Economics, 2010,(69): 1245-1252.

Veisten K. Contingent valuation controversies:philosophic debates about economic theory[J]. Journal of Socio-Economics, In press. www. elsevier. com/locate/econbase. 2006.

Wallace K J. Classification of ecosystem services: Problems and solutions [J]. Biological Conservation, 2007, 139(3/4):235-246.

Wang X, Bennett J. Policy Analysis of the Conversion of Cropland to Forest and Grassland Program in China[J]. Environmental Economics and Policy Studies, 2008, 9(2):119-143.

White B. Designing voluntary agri-environment policy with hidden information and hidden action: A note[J]. Journal of Agricultural Economics, 2002, 53(4):353-360.

Whittington D, Pagiola S. Using contingent valuation in the design of payments for environmental services mechanisms: A review andassessment [J]. The World Bank Research Observer, 2012, 27(2): 261-287.

Wunscher T, Engel S, Wunder S. Determinants of participation in payments for ecosystem service schemes[J]. Tropentag, 2010, (9):14-16.

Wunscher T, Engel S, Wunder S. Spatial targeting of payments for environmental services: a tool for boosting conservation benefits[J]. Ecological Economics, 2008, (6): 822-833.

Williams Y, Alford R, Waycott M, et al. Niche breadth and geographical range: ecological compensation for geographical rarity in rainforest frogs [J]. Biology Letters, 2006, 2(4):532-535.

Yu J, Belcher K. An economic analysis of land owners' willingness to adopt wet land and riparian conservation management[J]. Canadian Journal of Agricultural Economics, 2011,(2): 207-222.

Zbindenm S R, Lee D. Paying for environmental services: an analysis of participation in Costa Rica's PSA program[J]. World Development, 2005, 33(2): 255-272.

责任编辑:忽晓萌
封面设计:汪　阳
责任校对:张红霞

图书在版编目(CIP)数据

中国公益林生态补偿机制研究/李国志 著. —北京:人民出版社,2019.10
ISBN 978－7－01－021150－3

Ⅰ.①中⋯　Ⅱ.①李⋯　Ⅲ.①公益林-生态环境-补偿机制-研究-中国
　Ⅳ.①S718.5

中国版本图书馆 CIP 数据核字(2019)第 176683 号

中国公益林生态补偿机制研究
ZHONGGUO GONGYILIN SHENGTAI BUCHANG JIZHI YANJIU

李国志　著

人 民 出 版 社 出版发行
(100706　北京市东城区隆福寺街 99 号)

北京虎彩文化传播有限公司印刷　新华书店经销

2019 年 10 月第 1 版　2019 年 10 月北京第 1 次印刷
开本:710 毫米×1000 毫米 1/16　印张:18
字数:286 千字

ISBN 978－7－01－021150－3　定价:45.00 元

邮购地址 100706　北京市东城区隆福寺街 99 号
人民东方图书销售中心　电话 (010)65250042　65289539